Lücke / Dietz
Innovation und Controlling

Institut für Betriebswirtschaftliche Produktions- und Investitionsforschung der Georg-August-Universität Göttingen

Prof. Dr. Wolfgang Lücke

Wolfgang Lücke, Jobst-Walter Dietz (Hrsg.)

Innovation und Controlling

GABLER

CIP-Titelaufnahme der Deutschen Bibliothek

Innovation und Controlling / Inst. für Betriebs-
wirtschaftl. Produktions- u. Investitionsforschung
d. Georg-August-Univ. Göttingen. Wolfgang
Lücke ; Jobst-Walter Dietz (Hrsg.). –
Wiesbaden : Gabler, 1989
NE: Lücke, Wolfgang [Hrsg.] ; Institut für Betriebswirtschaftliche Produktions- und Investitionsforschung <Göttingen>

Der Gabler Verlag ist ein Unternehmen der Verlagsgruppe Bertelsmann

Satz: Satzstudio RESchulz, Dreieich-Buchschlag

ISBN-13: 978-3-409-13404-0   e-ISBN-13: 978-3-322-87492-4
DOI: 10.1007/978-3-322-87492-4

Vorwort

Alljährlich veranstaltet das „Institut für Betriebswirtschaftliche Produktions- und Investitionsforschung" der Georg-August-Universität Göttingen im Wintersemester ein betriebswirtschaftliches Seminar, das dem Know-how-Transfer zwischen Wissenschaft und Praxis dient.

In dem Seminar referieren bedeutende Persönlichkeiten aus der Wirtschaft vor ca. 100 Studenten, die sich in Examensnähe befinden, und geladenen Gästen aus der Praxis über ihre Erfahrungen und Probleme. Im Anschluß an den Vortrag findet eine ausführliche Diskussion der Thematik mit dem Auditorium statt.

Da die zu verschiedenen Themenblöcken zählenden Referate der meist weit angereisten Praktiker nach Meinung der Herausgeber und der Verfasser gerade in der heutigen Zeit, in der ein Know-how-Transfer als sehr bedeutend zu beurteilen ist, einer weiteren Öffentlichkeit – sowohl in der Wissenschaft als auch in der Praxis – zugänglich gemacht werden sollen, stellt dieser Seminarband einen ersten Schritt zur Präsentation dieser Göttinger Veranstaltung dar. Aus den beiden Hauptthemengebieten des betriebswirtschaftlichen Seminars im Wintersemester 1987/88 „Innovation" und „Controlling" ergibt sich der Titel, wobei sich einige Aufsätze der Verbindung beider Themen widmen.

Die Autoren und die Herausgeber hoffen, daß ein derartiger Sammelband Anregungen für unternehmerische wie wissenschaftliche Vorhaben und Entscheidungen gibt, und sehen einer möglichen öffentlichen Diskussion mit Interesse entgegen.

WOLFGANG LÜCKE
JOBST-WALTER DIETZ

Inhaltsübersicht

Innovationsmanagement Strategien der regionalen Wirtschaftsförderung – Das Berliner Modell

Von Dipl.-Ing. Jürgen Allesch und Udo Meyer
Technologie-Vermittlungs-Agentur Berlin e. V. (TVA), Berlin

1. Potentialorientierte Regionalpolitik

2. Wirtschaftliche und infrastrukturelle Rahmenbedingungen in Berlin (West)

3. Das Berliner Modell des Technologietransfers und der Innovationsberatung

4. Perspektiven regionaler Wirtschaftsentwicklung

Literatur

1. Potentialorientierte Regionalpolitik

In allen westeuropäischen Industriestaaten ist die Entwicklung zu
beobachten, neue Methoden und Instrumentarien der regionalen
Wirtschaftsförderung zu konzipieren bzw. durchzuführen. Insbesondere sind Maßnahmen des Technologietransfers und der Innovationsberatung in den letzten Jahren verstärkt als Bestandteil regionaler Wirtschaftsförderung thematisiert worden. Für diese Entwicklungen, d.h. für eine Neuorientierung regionaler Entwicklungsstrategien, sind mehrere Gründe anzuführen.

Der in den siebziger Jahren einsetzende gesamtwirtschaftliche
Strukturwandel hat zu verschärften nationalen und internationalen
Wettbewerbsbedingungen geführt. Unter dem Gesichtspunkt der Regionalentwicklung ist in dieser wirtschaftlichen Umbruchsituation
seit Mitte der siebziger Jahre eine bis heute ungebrochene Ver-
schärfung der regionalen Disparitäten hinsichtlich der Erwerbs-
und Verdienstmöglichkeiten festzustellen. Dies hat zu neuen Anforderungen an regionale Wirtschaftsförderungsmaßnahmen geführt.
Das bis Mitte der siebziger Jahre praktizierte traditionelle
Konzept der Regionalentwicklung, Wirtschaftsförderung primär
durch Förderung privater Anlageinvestitionen (Industrieansied-
lung) umzusetzen, kann heute aus mehreren Gründen nicht mehr
greifen. Die Investitionsraten sind im Vergleich zu den Wach-
stumsphasen der fünfziger und sechziger Jahre rückläufig, die
Mobilität der Industriebetriebe ist dementsprechend gesunken
(vgl. EWERS et al., 1980). Maßnahmen der regionalen Wirtschaftsförderung müssen heute verstärkt die vorhandenen Potentiale in
einer Region als Ansatzpunkt aufgreifen.

Diese Aufgabenstellung ergibt sich auch aus einer weiteren Auswirkung des wirtschaftlichen Strukturwandels: der technologische
Wandel - insbesondere das Entwicklungspotential der Mikroelektronik und anderer Schlüsseltechnologien - bedingt immer kürzer wer-
dende Innovationszyklen. Der beschleunigten Umsetzung neuer wis-
senschaftlicher Erkennntnisse in die betriebliche Praxis, d.h.

Produkt- und Verfahrensinnovation, kommt eine zunehmend wichtige
Bedeutung zu. Regionalpolitik muß daher verstärkt auf die Initiierung und Durchführung von notwendigen Innovationsprozessen
ausgerichtet werden. Im Kern einer innovationsorientierten Regionalpolitik steht die Entwicklung und Etablierung von Wirtschaftsförderungsmaßnahmen, die geeignet sind, die Entfaltungsmöglich-
keiten eines endogenen Potentials an Industrie- und Dienstleistungsunternehmen zu verbessern. Das Ansetzen an vorhandenen
regionalen Wirtschaftsstrukturen heißt, in einem Handlungsinstrumentarium sowohl die Stärken als auch die Schwächen einer
Region zu berücksichtigen. Begreift man den vorhandenen Unterneh-
mensbestand als wesentliches Element des endogenen Potentials
einer Region, so erhalten im Unterschied zu traditionellen Kon-
zepten der Regionalpolitik die bestehenden kleinen und mittleren
Unternehmen eine wesentlich wichtigere Bedeutung.

Einer der Grundgedanken des im folgenden darzustellenden "Berliner Modells der Technologie- und Innovationsberatung" ist es,
eine innovationsorientierte regionale Wirtschaftsentwicklung mit
den Bedürfnissen, aber auch mit den Entfaltungspotentialen eines
vorhandenen Bestandes an kleinen und mittleren Unternehmen in
Einklang zu setzen.

Zum besseren Verständnis des empirischen Hintergrunds des Modells
sollen kurz die wirtschaftlichen und infrastrukturellen Rahmenbedingungen in Berlin(West) skizziert werden.

2. Wirtschaftliche und infrastrukturelle Rahmenbedingungen in
   Berlin (West)

Mit der wichtigen Ausnahme der geopolitischen Sonderstellung
existieren in Berlin(West) Strukturen, die in ähnlicher Weise in
vielen traditionellen europäischen Industriemetropolen anzutref-
fen sind. Berlin ist einerseits eine Technologiemetropole mit
einem großen Forschungspotential. Berlin hat zwei Universitäten

4

und mehrere Fachhochschulen mit mehr als 95.000 Studenten. Es gibt über 180 öffentliche und private Forschungsinstitute . Insgsamt arbeiten mehr als 40.000 Beschäftigte in wissenschaftlichen Bereichen, darunter ca. 13.000 Wissenschaftler. Nicht nur im Berliner Innovations- und Gründerzentrum, sondern in der gesamten Stadt gibt es eine wachsende Zahl von High-Tech-Unternehmen (vgl. ALLESCH/SCHRÖDER 1986).

Zur Verdeutlichung des Technologiepotentials seien drei Einrichtungen herausgegriffen:

Das Berliner Innovations- und Gründerzentrum wurde als erstes Gründerzentrum in der Bundesrepublik 1983 auf dem ehemaligen AEG-Gelände im Bezirk Wedding eröffnet. Der Grundgedanke, technologieorientierten Unternehmensgründern eine enge Zusammenarbeit mit den Forschungsinstituten der Technischen Universität zu ermöglichen, hat sich bewährt.

Das BIG startete mit 14 Unternehmen mit 26 Mitarbeitern. Mittlerweile hat sich die Zahl der im BIG ansässigen Firmen auf über 30 erhöht. Die Zahl der Mitarbeiter stieg auf über 220.

1984 wurde in unmittelbarer Nähe des BIG der Berliner Technologie- und Innovationspark errichtet. Damit wurde das ursprüngliche Konzept des BIG erweitert. Der TIP bietet Raum für anwendungsorientierte Forschungsinstitute der Technischen Universität Berlin, für ehemalige BIG-Firmen, für innovative mittelständische Unternehmen und für Entwicklungsabteilungen größerer Unternehmen. In unmittelbarer Nachbarschaft des TIP hat die Firma Nixdorf ein neues Werk für Computerfertigung errichtet.

Als wesentliches positives Ergebnis der Einrichtung des BIG ist festzuhalten, daß das BIG mit seiner Pionierfunktion und seiner dynamischen Entwicklung zum Kristallisationspunkt der Berliner Gründer- und High-Tech-Szene geworden ist. Die steigende Zahl technologieorientierter Unternehmengründungen in Berlin ist u.a.

auf die Anschubfunktion des BIG zurückzuführen.

Ein weiteres Beispiel für den Aufbau von Kooperationsbeziehungen
zwischen Wissenschaft und Wirtschaft ist das <u>Laser-Medizin-Zen-
trum</u>. Im Mai 1985 wurde in Berlin das erste Zentrum für Laser-
medizin in Deutschland als GmbH mit den Gesellschafterfirmen
Aesculap-Werke AG, MBB-Medizintechnik GmbH und Carl Zeiss gegründet. Durch einen Kooperationsvertrag ist die von den privaten
Firmen getragene Laser-Medizin-Zentrum GmbH (LMZ) mit der Freien
Universität verbunden.

Zu den Aufgaben der LMZ GmbH gehört die Verbreitung der anwen-
dungstechnischen Entwicklungen sowie die Durchführung von For-
schungsprojekten der Lasertechnik in der Medizin.

Das Land Berlin förderte die LMZ GmbH in der Aufbauphase mit
degressiv gestaffelten Sätzen. Mittelfristig wird sich das Zentrum ausschließlich aus Einnahmen durch Aufträge der Industrie und
durch Forschungsprojekte finanzieren.

Das 1986 eröffnete <u>Produktionstechnische Zentrum</u> ist für die
Bundesrepublik mit die wichtigste wissenschaftliche Einrichtung
für den Themenkomplex "Fabrik der Zukunft". In einem auch archi-
tektonisch beeindruckenden Gebäude sind zwei Institute vereint:
das Institut der technischen Universität für Werkzeugmaschinen
und Fertigungstechnik und das Fraunhofer-Institut für Produktions-
anlagen und Konstruktionstechnik. Mehr als 400 Mitarbeiter arbeiten an ca. 100 Arbeitsgebieten. Einige Beispiele aus der Breite des Spektrums:

- Robotertechnik und Roboterprogrammierung
- Lasertechnologie
- Einfluß der Informationssysteme auf die Arbeitswelt
- extraterrestrische Experiment- und Produktionssysteme
- Mensch-Maschine-Kommunikation für CAD-Systeme
- Expertensysteme für Technologiedaten

Neben diesem Forschungs- und Technologiepotential ist der indu-

strielle Sektor Berlins stark durch kleine und mittlere Unternehmen geprägt. Fast 95 % der ca. 2.200 Berliner Betriebe des Verarbeitenden Gewerbes haben weniger als 200 Beschäftigte. Ca. 75 %
der im Verarbeitenden Gewerbe beschäftigten Personen sind in
Betrieben mit weniger als 1000 Beschäftigten tätig.

Die Innovationsfähigkeit kleiner und mittlerer Unternehmen ist
unbestritten. Das in Berlin ansässige Deutsche Institut für Wirt-
schaftsforschung hat die Zahl der Forschung und Entwicklung be-
treibenden Unternehmen in Berlin auf 600 bis 700 geschätzt. Betrachtet man weiterhin die kleinen und mittleren Unternehmen in
Berlin nach Branchen, so zeigt sich, "... daß die allgemein als
technologieintensiv geltenden Zweige ADV, Chemie,Feinmechanik/
Optik, Elektrotechnik und Maschinenbau ein Drittel der Kleinbet-
riebe mit bis zu 20 Beschäftigten stellen." (DIW, 1987, S. 2)

Gleichzeitig ist es eine allgemeine Erkenntnis, daß das Innovati-
onspotential kleiner und mittlerer Unternehmen betriebsgrößen-
bedingten Restriktionen unterliegt. Die Innovationsfähigkeit
kleiner und mittlerer Unternehmen unterliegt Defiziten finanzieller, organisatorischer und personeller Natur.

Vor diesem Hintergrund hat der Senat von Berlin seit Jahren eine
verstärkt auf kleine und mittlere Unternehmen ausgerichtete Strategie der innovationsorientierten regionalen Wirtschaftsentwicklung konzipiert und durchgeführt. Im Vergleich zu den anderen
Bundesländern hat Berlin bei vielen Maßnahmen eine Vorreiterrolle
übernommen. Ein großer Teil dieser Maßnahmen läßt sich im Berliner Modell zusammenfassen.

3. Das Berliner Modell des Technologietransfers und der Inno-
vationsberatung

Wesentlicher Bestandteil der technologieorientierten Wirtschafts-
und Strukturpolitik des Senats von Berlin ist seit mehreren Jahren die Förderung des Technologietransfers (vgl. Der Senat von

Berlin, 1985 und 1986). In Berlin entstanden somit verschiedene
Einrichtungen, die modellhaft die neue gesellschaftliche Dienst-
leistung "Technologietransfer" entwickelt haben und durchführen:
an der Technischen Universität Berlin die Technologie-Transfer-
Stelle TU-Transfer, die Forschungsvermittlungsstelle an der
Freien Universität, die Technologie-Transfer-Stelle der Technischen Fachhochschule Berlin, das mehr auf die nationale Ebene
ausgerichtete VDI/VDE-Technologiezentrum Informationstechnik GmbH
und die regionale Technologie-Vermittlungs-Agentur-Berlin e.V.
(TVA).

Im Rahmen dieser Berliner Technologietransfer-Einrichtungen nimmt
die Technologie-Vermittlungs-Agentur (TVA) eine besondere Stellung ein. Im Unterschied zu den angebotsorientierten Transfer-
stellen auf Seiten der Hochschulen ist die TVA eine nachfrage-
orientierte regionale Innovationsberatungs-Einrichtung. In enger
Zusammenarbeit mit der Industrie- und Handelskammer zu Berlin und
der Wirtschaftsförderungsgesellschaft Berlin leistet die TVA seit
1978 Innovations- und Technologieberatung für kleine und mittlere
Unternehmen in Berlin. Die TVA ist ein eingetragener Verein mit
über 150 Mitgliedern aus Wirtschaft, Wissenschaft und Verwaltung.
Im Vorstand des Vereins sind vertreten: die Industrie- und Handelskammer zu Berlin, die Handwerkskammer zu Berlin, der Wirt-
schaftsverband Eisen-, Maschinen- und Apparatebau e.V. (WEMA),
der Verband der Berliner Elektroindustrie (VBEI), der Senator für
Wirtschaft und Arbeit und der Senator für Wissenschaft und Forschung. Rund 600 der 2200 Berliner Unternehmen des produzierenden
und verarbeitenden Gewerbes nutzen regelmäßig das Beratungs- und
Leistungsangebot der TVA.

Der Arbeitskonzeption der TVA unterliegt ein ganzheitlicher Ansatz für den Technologietransfer und die Innovationsberatung für
kleine und mittlere Unternehmen. Das seit 1978 systematisch und
kontinuierlich entwickelte "Berliner Modell" umfaßt ein breites
Handlungsinstrumentarium und gliedert sich in fünf Handlungsebenen (vgl. Abb. 1):

8

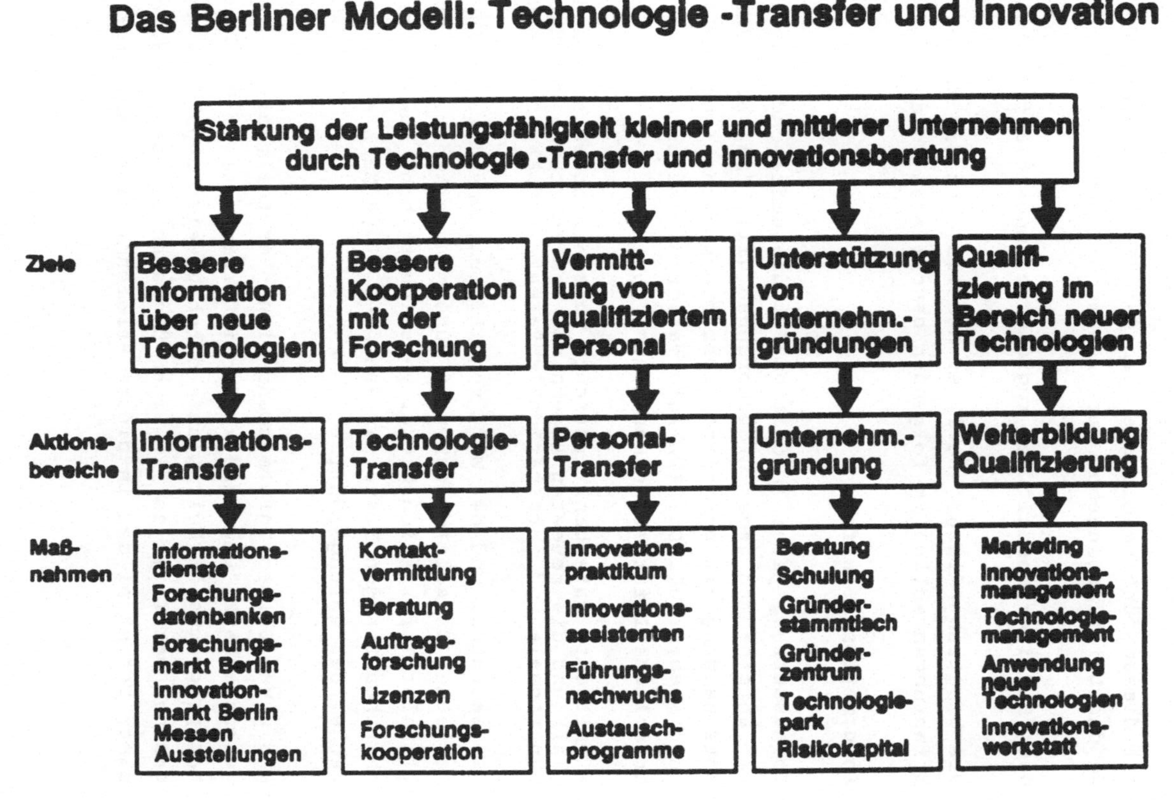

Das Berliner Modell: Technologie -Transfer und Innovation

Stärkung der Leistungsfähigkeit kleiner und mittlerer Unternehmen durch Technologie -Transfer und Innovationsberatung

Ziele

Bessere Information über neue Technologien
Bessere Koorperation mit der Forschung
Vermittlung von qualifiziertem Personal
Unterstützung von Unternehm.-gründungen
Qualifizierung im Bereich neuer Technologien

Aktions-bereiche

Informations-Transfer
Technologie-Transfer
Personal-Transfer
Unternehm.-gründung
Weiterbildung Qualifizierung

Maß-nahmen

Informations-dienste
Forschungs-datenbanken
Forschungs-markt Berlin
Innovation-markt Berlin
Messen
Ausstellungen

Kontakt-vermittlung
Beratung
Auftrags-forschung
Lizenzen
Forschungs-kooperation

Innovations-praktikum
Innovations-assistenten
Führungs-nachwuchs
Austausch-programme

Beratung
Schulung
Gründer-stammtisch
Gründer-zentrum
Technologie-park
Risikokapital

Marketing
Innovations-management
Technologie-management
Anwendung neuer Technologien
Innovations-werkstatt

Abb. 1

- Informationstransfer
- Technologietransfer
- Unternehmensgründungen
- Weiterbildung
- Personaltransfer

Mit diesen fünf Handlungsebenen des "Berliner Modells" ist in etwa das Leistungsangebot der TVA umschrieben.

Das "Berliner Modell" der regionalen Innovationsberatung

Die Umsetzung dieses "Berliner Modells" und die daraus gewonnen Erfahrungen sollen im folgenden beschrieben werden.

Informationstransfer

Voraussetzung jeder Innovation ist die umfassende Information. Für Unternehmen jeder Größenordnung gilt, daß vor jeder wichtigen Entscheidung die gezielte Informationsbeschaffung und -verarbeitung stehen muß. Der TVA-Informationsdienst unterstützt das betriebliche Informationsmanagement durch:

- weltweite Datenbankrecherchen über den neuesten Stand der Technik und die neuesten Ergebnisse von Forschung und Entwicklung.
- nationale und internationale Patent- und Marktrecherchen.

Die Bedeutung und der Wert von Informationen als Basis unternehmerischer Entscheidungen wird zunehmend erkannt. Die TVA als regionaler Informationsbroker verzeichnet hohe Zuwachsraten an Rechercheaufträgen.Bisher wurden über 3.000 Markt- und Technikrecherchen durchgeführt.

Als neuen Firmen-Informations-Dienst erstellt die TVA eine Umweltdatenbank "Umweltmarkt Berlin". Ziel der im Rahmen des Senatsprogramms "Arbeitsplätze durch Umwelttechnik" in Auftrag gegebenen Datei ist es, in einer übersichtlichen Gliederung das gesamte Potential der in diesem Bereich tätigen Berliner Firmen und

Forschungseinrichtungen vermarktungsorientiert darzustellen. Der
in Abstimmung mit der Industrie- und Handelskammer zu Berlin ein-
gerichtete "Umweltmarkt Berlin" umfaßt folgende Leistungen für
die Unternehmen:

- Auskunftsdienste über vorhandene Leistungsangebote und
  Vermittlung von Problemlösungen im Bereich Umweltschutz und
  Umwelttechnik
- Technologietransfer, Kooperations- und Kundenvermittlung
- Unterstützung bei der Entwicklung und Vermarktung neuer um-
  weltbezogener Technologien.

Technologietransfer und Innovationsberatung

Bedingt durch ihre Betriebsgröße verfügen kleine und mittlere Unternehmen oft nicht über die erforderlichen Forschungs- und Ent-
wicklungsressourcen und über das Know-how, um Entwicklungen ohne
fremde Hilfe durchzuführen. Hierzu fehlen Ihnen häufig:

- die personellen und apparativen Voraussetzungen; darüber hinaus
  können hochqualifiziertes Personal und teueres Gerät nicht kontinuierlich ausgelastet werden ,
- die finanziellen Möglichkeiten, da bei begrenzten finanziellen
  Mitteln Forschungs- und Entwicklungsrisiken zu hoch sind und
- die Kontakte und Erfahrungen mit externen Technologieanbietern.

An diesen betriebsspezifischen Engpässen setzt die Technologie-
und Innovationsberatung der TVA an. Die Berater der TVA verstehen
sich als Mittler zwischen dem Unternehmen als Nachfrager nach
technologischen Problemlösungen und den Experten aus Wissenschaft
und Wirtschaft, die die geeigneten Lösungen anbieten können. Nach
einer Problemanalyse im Unternehmen suchen die Berater der TVA
den geeigneten Partner, vermitteln die ersten Kontakte, helfen
bei der Vertragsgestaltung und betreuen das Kooperationsprojekt
bis zum Abschluß. Da Entwicklungen und Innovationen immer mit Kosten und Risiken verbunden sind, prüft die TVA gleichzeitig die
Fördermöglichkeiten durch öffentliche Förderprogramme und hilft
bei der Antragsstellung. Mit dem von ihr betreuten "Förderatlas
Berlin" hat die TVA dazu eine systematische Übersicht über bestehende Fördermöglichkeiten erstellt.

Die Technologie- und Innovationsberatung der TVA umfaßt nicht nur
die Produkt-, sondern auch die Prozeßinnovation als weiteren wesentlichen Bestandteil einer erfolgreichen Unternehmensstrategie.
Um die Bemühungen der Berliner Unternehmen bei der Einführung moderner Fertigungsverfahren zu unterstützen, hat die TVA eine Be-
ratergruppe Fertigungstechnik mit Förderung des Senators für
Wirtschaft und Arbeit eingerichtet. Die Fertigungsberater der TVA
unterstützen und beraten die Unternehmen insbesondere bei der
Einführung und dem Einsatz computerunterstützter Fertigungsverfahren (CNC-/CAD-Technik).

Mit dem Beratungsprogramm soll der Kenntnisstand über flexible
Automatisierung auf ein Optimum erhöht werden, um den Unterneh-
mensführungen die nötigen Entscheidungshilfen für produktivitäts-
steigernde Maßnahmen an die Hand zu geben. Das Angebot der TVA
gliedert sich deshalb in drei Bereiche:

- Information und Beratung vor dem CNC-Einsatz
- Ausbildung vor und während der Einführungsphase
- Praktische Hilfe bei der CNC-Anwendung.

Unternehmensgründungen

Die Gründung technologieorientierter Unternehmen fördert die Diffusion technischer Neuerungen. Berlin hat als eines der ersten
Bundesländer Unternehmensgründungen konsequent unterstützt.

Technologieorientierte Unternehmensgründungen können nicht isoliert von der in einer Region existierenden Wirtschaftsstruktur
gesehen werden. Nur wenn technologieorientierte Unternehmen pro-
duktions- und anwendungsorientiert arbeiten, können sie wichtige
Impulse für bestehende Unternehmen geben.

Die TVA berät seit ihrer Gründung technologieorientierte Unter-
nehmensgründer in der schwierigen Anfangsphase. Die Beratungs-

und Vermittlungsleistungen der TVA umfassen:

- Technologie- und Markteinschätzung der Gründungsidee
- Vermittlung von Experten für technische und betriebswirt-
  schaftliche Probleme
- Finanzierungsberatung hinsichtlich öffentlicher Fördermittel
  und Venture-Capital-Beteiligungen
- Unterstützung bei der Einstellung von Personal.

Personaltransfer

Qualifizierte Mitarbeiter sind die Voraussetzung für höhere Produktivität und für die Durchführung von Innovationsaktivitäten.
Die TVA hat in Zusammenarbeit mit der Industrie- und Handelskammer zu Berlin ein Personaltransfer-Programm entwickelt, dem
hauptsächlich folgende Annahmen zugrunde liegen:

- Der technologische Wandel zwingt insbesondere die kleinen
  Unternehmen zu schnellen Produkt- und Verfahrensanpassungen
  mit immer komplexeren Technologien,
- diese Anpassungsprozesse sind nur mit hochqualifizierten
  Mitarbeitern im Management-, Entwicklungs- und Fertigungsbereich zu bewältigen,
- berufserfahrene Praktiker mit entsprechenden technischen
  Qualifikationen sind auf dem Arbeitsmarkt nicht verfügbar.

Die Transfermaßnahmen bestehen aus einem gekoppelten Finanzie-
rungs- und Beratungsanreiz. Der finanzielle Anreiz liegt in einem
40 %igen Zuschuß zu dem Bruttoeinkommen des einzustellenden Ab-
solventen für die Dauer von 12 Monaten. Das Beratungsangebot
reicht von der Erarbeitung einer Stellenbeschreibung und eines
Anforderungsprofils mit dem Unternehmer vor Ort bis hin zur Akquisition geeigneter Bewerber, Vorauswahl und Einstellungsemp-
fehlung. Ziel der Maßnahmen ist

- die Einstellung von wissenschaftlich qualifizierten Mitarbeitern zu erleichtern, d.h. auch, Vorurteile gegen Hochschulabsolventen abzubauen
- neue Berufs- und Tätigkeitsfelder für Hochschulabsolventen zu
  erschließen, d.h. auch, vorhandene Orientierungen auf die
  Forschungsabteilungen von Großunternehmen durch das Tätigkeitsfeld Klein- und Mittelbetrieb zu ergänzen.

Dieses Programm "Innovationsassistent" hat die Zielsetzung, mit

Hilfe von problem- und aufgabenspezifisch ausgewählten Hochschulabsolventen die Innovationsfähigkeit kleiner und mittlerer Unternehmen zu verbessern.

Personaltransfer in der Praxis

Ein Beispiel: Ein typisches Berliner Maschinenbauunternehmen mit 25 Mitarbeitern, darunter ein Entwicklungsingenieur, stellt Spezialmaschinen für die Kunststoffprüfung her und exportiert weltweit.

Mit einem Fertigungsprogramm, das sich im Laufe der Jahre auf zwanzig verschiedene Maschinentypen erweitert hatte, war die Geschäftsleitung an der Grenze dessen angelangt, was organisatorisch zu bewältigen war. Es entstanden laufend Verzögerungen im Fertigungsprozeß durch fehlende Zulieferteile oder nicht rechtzeitig ausgelieferte Fertigungsteile. Diese Ablaufschwierigkeiten führten zu erheblichen kostenintensiven Lieferverzögerungen, die zudem noch die Kunden verärgerten.

Mit diesen Problemen der Fertigungsplanung und -steuerung wandte sich das Unternehmen an die TVA. Das Gespräch und die Problemaufnahme "vor Ort" führten zu zwei Lösungsvorschlägen:

- zur Lösung der dringendsten Fertigungsprobleme vermittelt die TVA den Kontakt zu einem externen Berater aus der Hochschule und

- zur mittelfristigen Optimierung der Fertigungsstrukturen und Unterstützung der Geschäftsleitung vermittelt die TVA eine Führungsnachwuchskraft im Rahmen der Personaltransfer-Maßnahme "Innovationsassistent".

Gemeinsam mit dem Unternehmen wurde für den neuen Mitarbeiter eine Stellenbeschreibung erarbeitet und ein Anforderungsprofil als Grundlage für die Bewerberakquisition erstellt.

Die Aufgabe des "Innovationsassistenten" war zunächst die Bestandsaufnahme der auftretenden Fertigungsprobleme, der Aufbau

14

eines Stücklistensystems und die Komplettierung der Stücklisten
bis zur vollständigen Zuordnung zwischen dem existierenden Ange-
botswesen und den Fertigungsunterlagen. Die anfallenden Aufgaben
sollten in der Anfangsphase in Zusammenarbeit mit dem externen
Berater durchgeführt werden. Projekt- und Leitungsaufgaben sollten später hinzukommen.

Dem Unternehmen konnte ein Wirtschaftsingenieur vermittelt werden, der neben guten Kenntnissen im Maschinenbau und der Fertigungsplanung und -steuerung über praktisches betriebswirtschaftliches Wissen verfügte und für Managementaufgaben geeignet war.
Die Fertigungsprobleme konnten durch den "Innovationsassistenten"
gelöst werden.

Gleichzeitig wurde jedoch immer deutlicher, daß der konstruktive
Aufwand für die vom Unternehmen hergestellten Spezialmaschinen
mit nur einem Entwicklungsingenieur nicht mehr zu bewältigen waren. Neue Sicherheitsvorschriften, die Notwendigkeit des Einsatzes von Elektronik und die Erreichung eines höheren Automati-
sierungsgrades ergaben sich als zu lösende Probleme. Die TVA ver-
mittelte dem Unternehmen als 2. Innovationsassistenten einen Ma-
schinenbauingenieur, der die gestiegenen Anforderungen im Kon-
struktionsbereich mit zu bewältigen half.

Neue Aufgaben wurden inzwischen begonnen und die Grundlagen für
eine gesunde Unternehmensentwicklung gelegt. Heute beschäftigt
das Unternehmen 30 Mitarbeiter und die Zeichen weisen auf weiteres Wachstum.

<u>Bewertung des Programms "Innovationsassistent"</u>

Seit Beginn des Programms im September 1982 wurden bis November
1987 ca. 600 Unternehmen beraten. Mehr als 500 Hochschulabsolventen konnten als Nachwuchsführungskräfte in kleine und mittlere
Unternehmen vermittelt werden. 2/3 der geförderten Unternehmen
waren produzierende Unternehmen, 1/3 kam aus dem produktionsnahen

Dienstleistungsbereich. Über 60 % der Unternehmen hatten weniger
als 20, fast 90 % weniger als 100 Beschäftigte (Vgl. Abb. 2 und
3). Nur bei 15 % der Unternehmen existierte eine Stellenbeschreibung, über 50 % hatten keine Erfahrung mit "Akademikern".
Die formalen Qualifikationsanforderungen, die an die Innovationsassistenten gestellt werden, sind ein Ausdruck für die personellen bzw. Know-How-Engpässe der Unternehmen. Die stärkste Nachfrage besteht nach Elektroingenieuren mit guten Kenntnissen auf dem
Gebiet der Mikroelektronik. Über 30 % der "Innovationsassistenten" haben Elektrotechnik studiert. Es folgen Wirtschafts-
ingenieure/Betriebswirte (über 20 %) und Informatiker (ca. 13 %)
(vgl. Abb. 4).

Die Bedeutung der Fördermaßnahmen für die Unternehmen liegt
schwerpunktmäßig im innovativen Bereich. Die Innovationsassistenten und das von ihnen eingebrachte neue Know-How ermöglichte die
Aufnahme neuer Projekte und die Ausweitung von F&E-Aktivitäten.
Nach Aussagen der einstellenden Unternehmen zeigten die Qualifi-
kations- und Persönlichkeitsmerkmale der Innovationsassistenten,
daß die Hochschulabsolventen den Problemen betrieblicher Praxis
nicht - wie oft unterstellt - fremd gegenüberstehen . Im Gegenteil: Die eingestellten Innovationsassistenten verfügen offen-
sichtlich über ein Profil, das den spezifischen Bedürfnissen dieser kleinen und mittleren Unternehmen entspricht. Nach den Angaben der Unternehmen lag die Einarbeitungszeit für die Innovationsassistenten nur unwesentlich über der von berufserfahrenen
Praktikern (7,2 gegenüber 5,7 Monaten in produzierenden Unternehmen; 8,9 gegenüber 5,8 Monaten in Dienstleistungsunternehmen).

Ein selbst für die Träger des Programms überraschendes Ergebnis
ist eine hohe Anzahl von zusätzlichen Neueinstellungen in den geförderten Betrieben, die nach Angaben der Unternehmen auf die Tätigkeit der Innovationsassistenten zurückgeführt werden. Diese
Angaben bilden einen Indikator dafür, daß die Innovationslei-
stungs- und Wettbewerbsfähigkeit kleiner und mittlerer Unternehmen duch die Einstellung von Innovationsassisten erheblich ge-

Personaltransferprogramm "Innovationsassistent"
Antragstellende Unternehmen und erfolgte Einstellungen
Zeitraum Juni 1984 - September 1987 (TVA, Nov. 87)
Unternehmen
Einstellungen
Anzahl
500
400
300
200
100
0
6.84
12.84
6.85
12.85
6.86
12.86
6.87
9.87

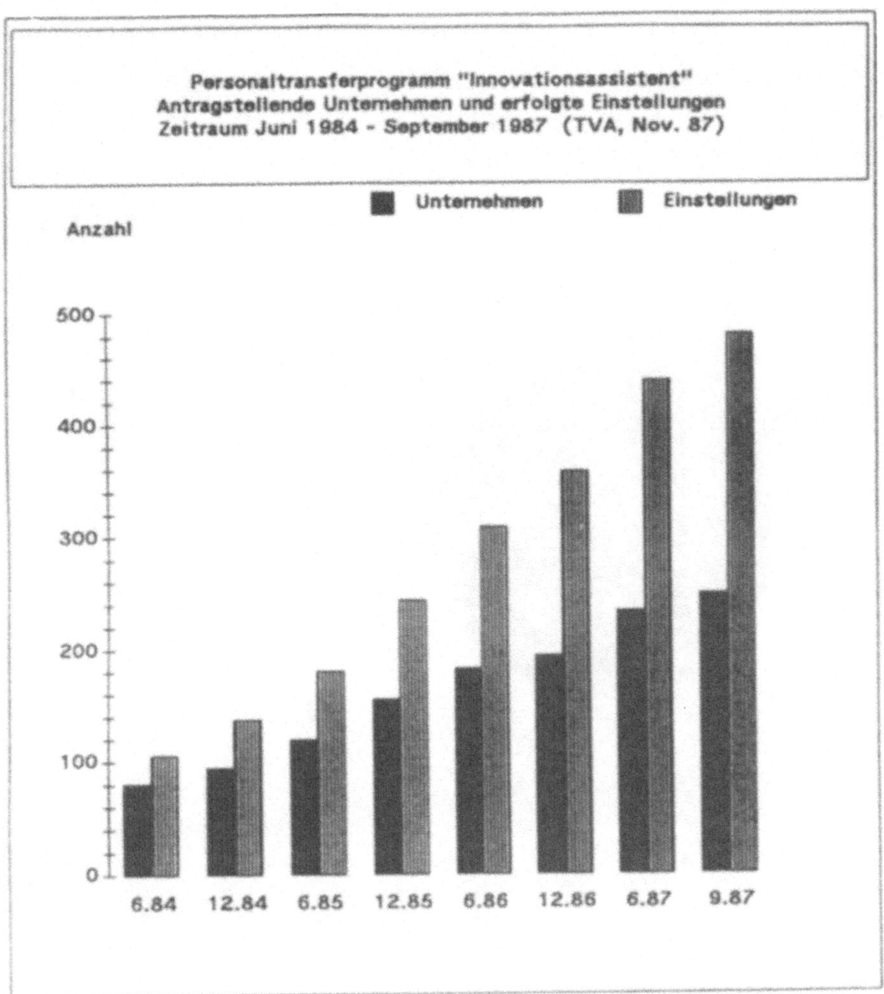

Abb. 2

Personaltransferprogramm "Innovationsassistent": Beschäftigungsgrößenklassen
der Unternehmen, die Innovationsassistenten eingestellt haben
Zeitraum Oktober 1982 - September 1987

Beschäftigte
Zahl der Unternehmen
1-19   149
20-49   49
50-99   27
100-199   14
200-499   12
5%
6%
11%
20%
59%
TVA-Grafik, November 1987

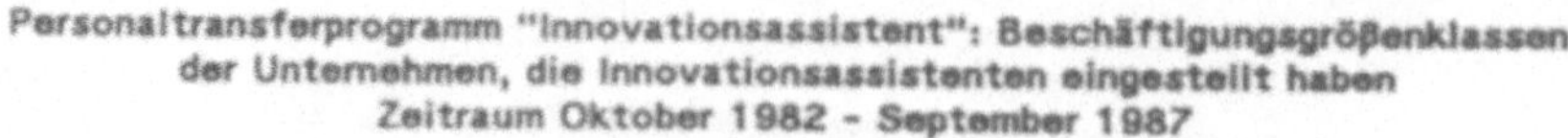

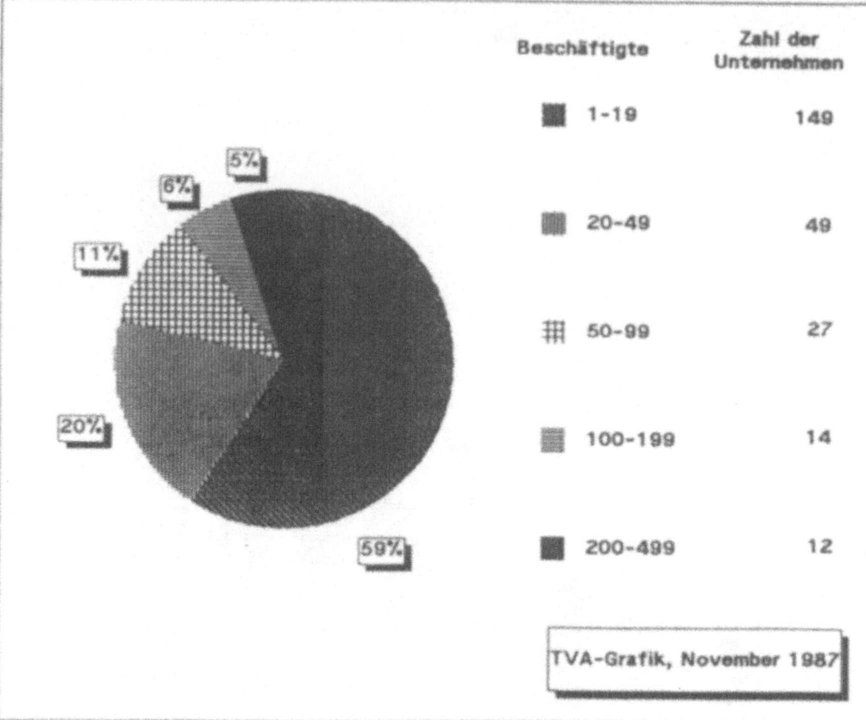

Abb. 3

Personaltransferprogramm "Innovationsassistent":
Studienrichtungder Innovationsassistenten Zeitraum Oktober 1982 - September 1987
TVA-Grafik, November 1987
Geologie/Hüttenwes.
Lebensmitteltechn.
Sonstige
Geisteswissenschaft
Nachrichtentechnik
Bauing./Vermess. Arc
Chemie/Biotechnol.
Umwelt/Verfahrenst.
Wirtschaftsing.
Mathematik/Physik
Betriebswirtschaft
Informatik
Maschinenbau
Elektrot./Elektronik
Anzahl
0 10 20 30 40 50 60 70 80 90

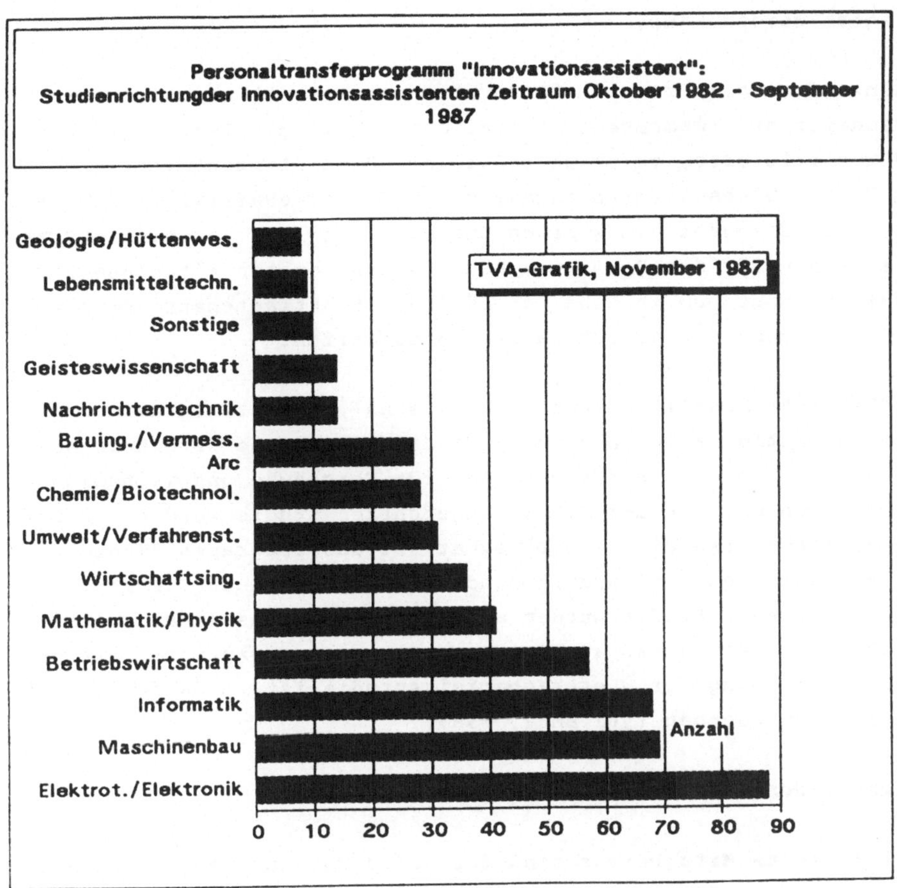

Abb. 4

steigert werden kann.

Ergänzend zu dem Programm "Innovationsassistent" existiert die
Personaltransfermaßnahme "Innovationspraktikum". Gefördert wird
die qualifizierte, zeitlich befristete Beschäftigung von Fach-
und Hochschulabsolventen ingenieur- und wirtschaftswissenschaft-
licher Studiengänge in kleinen und mittleren Betrieben. Die Prak-
tika werden für die Dauer von höchstens 3 Monaten mit einem Per-
sonalkostenzuschuß in Höhe von 40 % des Praktikatenentgeltes gefördert, höchstens jedoch 480,-- DM monatlich.

Am "Berliner Modell" orientierte Personaltransferprogramme existieren mittlerweile in Bremen, Niedersachsen und Nordrhein-Westfalen. In einer vom Bundesminister für Forschung und Technologie
geförderten und von der TVA durchgeführten Studie werden zur Zeit
die Möglichkeiten einer Übertragbarkeit des Programms "Innovationsassistent" auf andere Bundesländer untersucht. Erste Ergebnisse dieser Studie wurden auf einem Expertenseminar im Febru-
ar 1987 mit Vertretern aus den Bundesländern diskutiert. Mit der
Veröffentlichung der Übertragbarkeitsstudie ist im Laufe des Jahres 1987 zu rechnen (vgl BMFT, 1987).

Weiterbildung und Qualifizierung

Qualifizierte Mitarbeiter sind für jedes Unternehmen die Voraussetzung zur Bewältigung der Anforderungen des technologischen
Wandels. Im Rahmen der Qualifizierungspolitik des Senats von Berlin (West) hat die TVA deshalb ein umfassendes Konzept der Wei-
terbildungsberatung entwickelt. Die Weiterbildungsberater der TVA
arbeiten mit dem Ziel, insbesondere kleine und mittlere Unternehmen bei der schwierigen Aufgabe der Mitarbeiterplanung und
-qualifizierung zu unterstützen. Dies geschieht in Zusammenarbeit
mit dem Landesarbeitsamt und den vielfältigen Bildungseinrichtun-
gen sowie den Verbänden und Kammern, um dadurch eine am Bedarf
kleiner und mittlerer Unternehmen ausgerichtete Weiterbildungs-
strategie zu gewährleisten.

Die Aufgaben der Weiterbildungsberater sind:

- Beratung bei der Personalplanung
- Initiierung und Durchführung von inner- und zwischenbetrieb-
  lichen Weiterbildungsmaßnahmen
- Beratung bei der Inanspruchnahme öffentlicher Finanzierungs-
  hilfen bei der Einarbeitung und Qualifizierung von Mitarbeitern
- Unterstützung bei der Personalbeschaffung
- die Vermittlung von Trainingsplätzen.

Die Aktivitäten und Arbeitsinhalte der Weiterbildungsberater
orientieren sich an den im Rahmen der Qualifizierungspolitik des
Berliner Senats beschlossenen und aus dem Arbeitsförderungsgesetz
resultierenden Fördermöglichkeiten. Die Qualifizierungspolitik
zielt darauf ab, mit Hilfe von bedarfsorientierten und betriebs-
nahen Bildungsmaßnahmen das Qualifikationsniveau in Berlin zu heben.

Insgesamt wurden bis November 1987 ca. 370 Unternehmen im Hinblick auf Weiterbildungsmaßnahmen beraten, über 1200 Unternehmen
kontaktiert. Ca. 160 betriebsbezogene bzw. betriebsübergreifende
Weiterbildungsmaßnahmen wurden von der TVA konzipiert und durchgeführt. An den Weiterbildungsmaßnahmen haben sich über 1600 Mitarbeiter beteiligt. Der Umfang der Weiterbildungsstunden beträgt
bisher über 130.000.

In der bisherigen Arbeit der Weiterbildungsberater konnten reprä-
sentative Modelle von Weiterbildungsmaßnahmen für Führungs- und
Führungsnachwuchskräfte und für den Einsatz von EDV in der Büro-
kommunikation, in der Fertigungstechnik (CNC, CAD, PPS) und im
Vertriebs- und Verkaufsbereich entwickelt und erprobt werden.

Innovationsmanagement für Führungskräfte

Die in kleinen und mittleren Unternehmen vorhandene Bereitschaft,
externes Know-How für die Entwicklung und Realisierung betrieblicher Innovationsstrategien zu nutzen, ist der Anknüpfungspunkt
für das Bemühen der TVA, in zunehmendem Maße praxisbezogene Wei-

terbildungsmöglichkeiten für Führungskräfte aus kleinen und mitt-
leren Unternehmen zu schaffen.Eine Zielsetzung dabei ist, in den
Unternehmen die Voraussetzungen für ein eigenständiges aktives
Personalmanagement zu verbessern.

Im Rahmen der Qualifizierungs- und Weiterbildungsangebote für
Führungskräfte bietet die TVA eine Seminarreihe an, in der von
Experten Entwicklungstrends im Bereich ausgewählter Schlüs-
seltechnologien wie Umwelttechnik, Optoelektronik, Lasertechnolo-
gie und neuen Werkstoffen aufgezeigt werden. Dabei sollen insbe-
sondere die Anforderungen verdeutlicht werden, die sich durch die
Einführung neuer Techniken für die betriebliche Personal- und
Weiterbildungsplanung ergeben.

Der "Modellversuch Innovationsmanagement" der Technischen Universität Berlin veranstaltet in Kooperation mit der TVA die Kompaktseminare "Praxis Innovationsmanagement". Die Kompaktseminare
richten sich an Unternehmer und Führungskräfte aus mittelständischen Unternehmen.

In verschiedenen Themenblöcken werden dabei praxisorientiert und
anhand von Fallbeispielen die Grundzüge strategischer Unternehmensplanung und die unterschiedlichen Aspekte des Innovationsmanagements (vgl. ALLESCH/BRODDE 1986) behandelt.

Die einzelnen Themenblöcke umfassen dabei:
- Szenariotechniken zur Prognose der Krisen und Chancen für
  Unternehmen
- Unternehmensplanung in dynamischer Umwelt (Strategie-Workshop)
- Entwicklung der Innovationskultur in Unternehmen
- Produktinnovation - kreative Nutzung verfügbarer Ressourcen
- Erfolgsorientierte Steuerung von Innovationsprojekten
- Persönliches Führungsverhalten.

4. Perspektiven regionaler Wirtschaftsentwicklung

Abschließend soll eine Fragestellung diskutiert werden, die sicherlich auch für die Initiatoren des 1. Wissenschaftstages des ILS von Interesse ist. Mit welchen Zielvorstellungen, mit welchen realistischen Perspektiven ist eine innovationsorientierte regionale Wirtschaftsentwicklung überhaupt durchzuführen ?

Unter Berücksichtigung der spezifischen wirtschaftlichen Strukturen in den westeuropäischen Industriestaaten ist es eine unrealistische Vorstellung, in Europa eine größere Anzahl von reinen High-Tech-Agglomerationen analog zu den berühmten Beispielen des Silicon Valley und der Boston Route 128 zu erhalten. Die für die europäischen Industriemetropolen und damit für die europäischen Volkswirtschaften geeignetere Strategie ist, durch den Aufbau von Innovationsnetzwerken die Entwicklung regionaler technologieorientierter Wachstumszentren einzuleiten. Das Spezifikum dieser technologieorientierter Wachstumszentren ist, Entwicklungen im High-Tech-Bereich mit dem vorhandenen Industriepotential und mit anderen infrastrukturellen Voraussetzungen sinnvoll zu kombinieren, um eine gleichgewichtige wirtschaftliche Entwicklung der gesamten Region zu gewährleisten. Dies ist eine Strategie im Sinne der Fragestellung dieses Kongresses: Innovationen in alten Industriegebieten.

Ähnliche strategische Überlegungen werden auch in den Vereinigten Staaten formuliert. MILLER/COTÉ definieren die Rahmenbedingungen für die Entwicklung von "Regional High-Tech Cluster" wie folgt:

"A successful strategy must match the existing resources and capabilities of a region" (MILLER/COTÈ, 1985, S. 114). Für die Autoren heißt dies "... a focus on homegrown enterprises, the use of contracts by existing companies to stimulate new ventures, linkups between universities ans businesses, and a supportive, if secondary, role for government." (a.a.O., S. 114)

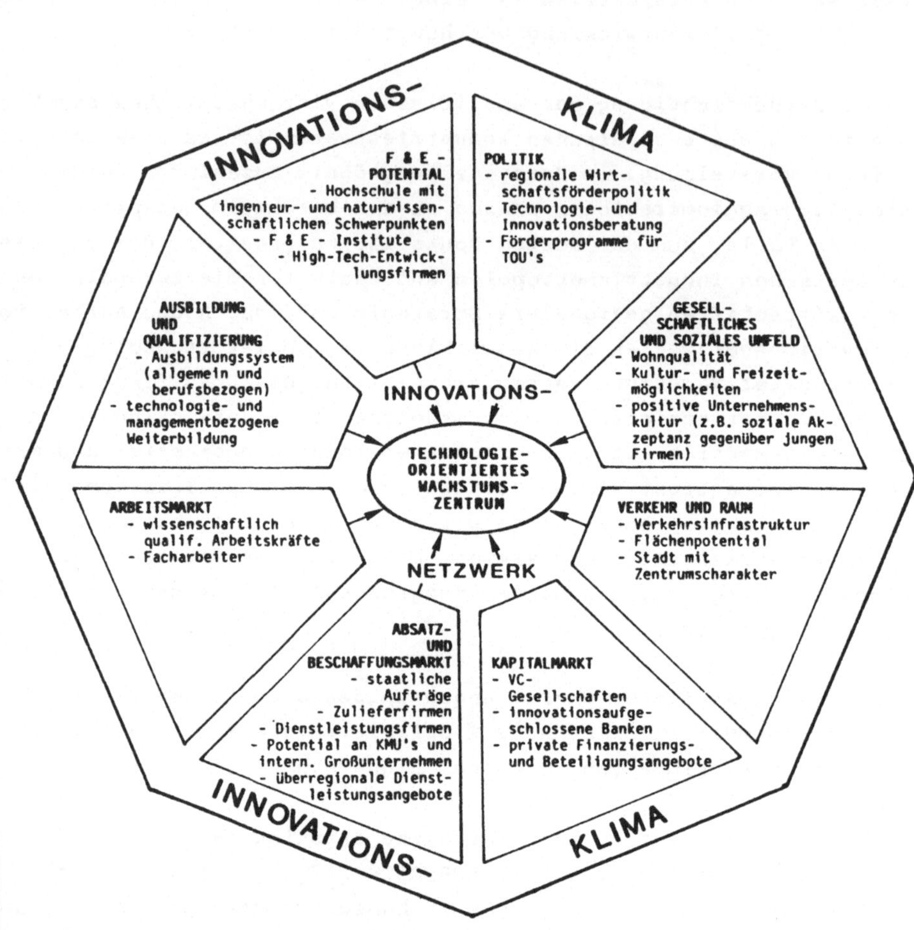

ERFOLGSFAKTOREN TECHNOLOGIEORIENTIERTER WACHSTUMSZENTREN

Abb. 5

Wesentliche Voraussetzung für am endogenen Potential orientierte
regionale Entwicklungsstrategien ist das Vorhandensein bestimmter
infrastruktureller Rahmenbedingungen. In dem von BULLOCK geprägten Begriff des Innovationsnetzwerks lassen sich die Erfolgsfaktoren für regionale, technologieorientierte Wachstumszentren
zusammenfassen. BULLOCK's stark auf High-Tech-Unternehmen und
das Vorhandensein von Venture-Capital konzentrierte Definition
von Innovationsnetzwerken ist jedoch erheblich zu erweitern, um
die ganze Bandbreite infrastruktureller Erfolgsfaktoren zu erfassen.

Abb. 5 veranschaulicht die wesentlichen Elemente eines regionalen
Innovationsnetzwerkes. Die infrastrukturellen Voraussetzungen
lassen sich in folgende Bereiche aufteilen: Politik, gesell-
schaftliches und soziales Umfeld, Verkehr und Raum, Kapitalmarkt,
Absatz- und Beschaffungsmarkt, Arbeitsmarkt, Ausbildung und Qualifizierung, F&E-Potential.

Von zentraler Bedeutung für den Aufbau und den Erfolg eines Innovationsnetzwerks sind Institutionen der Technologie- und Innovationsberatung. In der praktischen Umsetzung des "Berliner Modells" hat sich die Notwendigkeit eines breiten und damit flexib-
len Handlungsinstrumentariums der regionalen Innovationsberatung
und des Technologietransfers bestätigt. Nur mit einer umfassenden
Leistungspalette ist es möglich, auf die spezifischen Besonderheiten der jeweiligen Unternehmen einzugehen und eine nachfrage-
bezogenen Beratungs- und Vermittlungstätigkeit zu gewährleisten.
Bewährt hat sich die besondere Stellung der TVA in der Berliner
Transferlandschaft im Sinne einer zentralen regionalen Schnitt-
stelleninstanz zwischen Wissenschaft und Wirtschaft (vgl. Abb.
6).

Wichtig für den Aufbau und den Erfolg eines Innovationsnetzwerks
ist ein innovationsförderndes Klima. Dies beinhaltet die Tätigkeit von Innovationspromotoren, d.h. Schlüsselpersonen der regionalen Wirtschaft, die die vorhandenen Strukturen kennen und die

Technologie-Transfer in Berlin
W i s s e n s c h a f t
Technische Universität
Freie Universität
Technische Fach- hochschule
Hochschule der Künste
TU transfer
FU Forsch. vermittl.stelle
TFH Techn. transf.
HdK Designtransfer
Direkt- austausch
TECHNOLOGIE- VERMITTLUNGS- AGENTUR
Direkt- austausch
IHK
Fach- verbände
Handwerks- kammer
Innungen
Einzel- betriebe
Interessen- verbände
W i r t s c h a f t

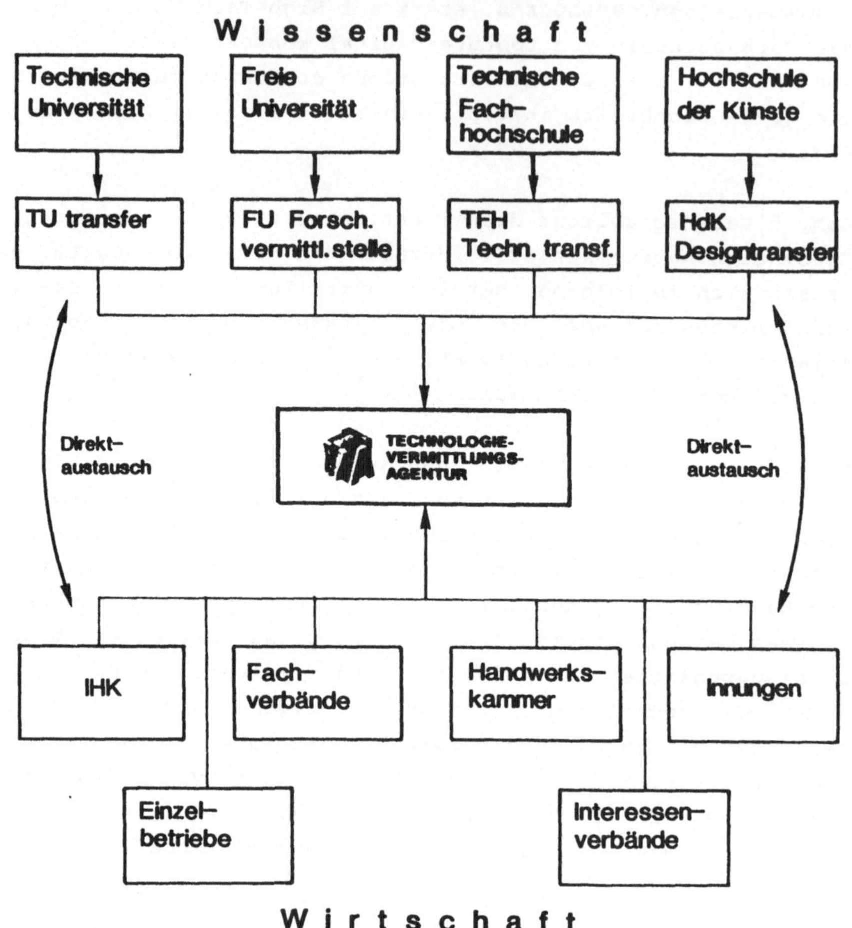

Abb. 6

in der Lage sind, innovationsfördernde Maßnahmen zu initiieren,
durchzuführen und dabei über einen längeren Zeitraum persönlich
zu betreuen. Bestandteil des Innovationsklimas sind weiterhin
Faktoren wie eine positive Unternehmenskultur, d.h. soziale Akzeptanz gegenüber Unternehmern oder gegenüber jungen Gründer-
firmen.

Das Vorhandensein eines Innovationsnetzwerks auf regionaler Ebene
ist der Ausgangspunkt für überregionale bzw. internationale technologieorientierte Zusammenarbeit. Es besteht die Gefahr, daß
sich unter den Bedingungen des technologischen Strukturwandels
neue, schärfere Formen des Wettbewerbs zwischen einzelnen Indu-
strieregionen, zwischen Bundesländern und zwischen europäischen
Regionen bzw. Nationen entwickeln. Dieser Gefahr sollte dadurch
begegnet werden, daß sich durch neue Formen technologieorientierter Kooperationbeziehungen positive Synergieeffekte auf überregi-
onaler Ebene ergeben.

LITERATUR

ALLESCH, J.: Personaltransfer als Qualifizierungsinstrument für
kleine und mittlere Unternehmen, in: BAAKEN, T., SIMON, D.:
Abnehmerqualifizierung als Instrument des Technologie
Marketing, Berlin 1987

ALLESCH,J., BRODDE, D.: Praxis des Innovationsmanagements,
Berlin 1986

ALLESCH, J.; PREISS-ALLESCH, D. (Hrsg.): Innovationsberatung und
Technologie-Transfer, Spannungsfeld zwischen hochschul- und
wirtschaftsnahen Beratungsstellen, Verlag TÜV Rheinland,
Technologie-Transfer Bd. 10, Köln 1987

ALLESCH,J., SCHRÖDER, K., 1986: Wachstums- und
Entwicklungspotentiale von jungen technologieorientierten
Unternehmen in Berlin, Berlin

BULLOCK, M., 1983: Academic Enterprises, Industrial Innovation
and the Development of High Technology Financing in the United
States, London

Der BUNDESMINISTER FÜR FORSCHUNG UND TECHNOLOGIE (Hrsg.):
Röseler, V.: Übertragbarkeitsstudie der Berliner
Personaltransfermaßnahme "Innovationsassistent" auf andere
Bundesländer, Projektnummer PLI 1319, (Veröffentlichung im
Frühjahr 1988)

EWERS, H.-J. et al., 1980: Innovationsorientierte
Regionalpolitik, Schriftenreihe "Raumordnung" des
Bundesministers für Raumordnung, Bauwesen und Städtebau,
06.042, Bonn

4. INTERNATIONALE KONFERENZ DER TECHNOLOGIEPARKS UND
GRÜNDERZENTREN: Regionale Entwicklungsstrategien in Europa:
Instrumentarien, Methoden und Erfahrungen, Berlin,
12.-13.11.1987, Proceedings (gegen Gebühr bei der TVA
erhältlich)

MILLER, R., COTÉ, M., 1985: Growing the next Silicon Valley, in:
Harvard Business Review, July-August 1985, p. 114-123

Der SENAT VON BERLIN: Strukturpolitische Maßnahmen zur Förderung
von Innovationen und Arbeitsplätzen in Berlin, 1985

Der SENAT VON BERLIN: 17. Bericht über die Lage der Berliner
Wirtschaft, 1986

TECHNOLOGIE-VERMITTLUNGS-AGENTUR BERLIN e.V.: Förderatlas Berlin
1986 (Schriftenreihe Technologie- und Innovationsmanagement),
Berlin 1986

Strategisches Management und Controlling von Technologien

Von Dr. Alexander Gerybadze
Arthur D. Little International, Wiesbaden

1. Einleitung

2. Wodurch sind innovationsorientierte Markt- und Wettbewerbsstrategien gekennzeichnet?

3. Wodurch läßt sich erfolgreiches F & E-Management charakterisieren?

4. Methodik des Strategischen Managements und Controllings von Technologien

5. Implikationen für die Forschung und Ausbildung

Literatur

1. Einleitung

Mehrere parallel ablaufende Entwicklungen haben in den vergan—
genen Jahren zu einer Intensivierung des technologischen Wett—
bewerbs und zu einer wachsenden Bedeutung unternehmerischer
Innovation beigetragen. Hierzu zählen u.a. die **Globalisierung der
Märkte** (Stichworte "Triade" und "1992"), eine nicht abebbende
Flutwelle **technischer Neuentwicklungen** mit Breitencharakter
(Mikroelektronik, Materialtechnik, Biotechnologie) und nicht zuletzt
die immer wieder zu konstatierenden **Umbrüche in den Markt—
und Wettbewerbsstrukturen**. Letztere führen dazu, daß in
verstärktem Maße Übergriffe über Branchengrenzen hinweg
erfolgen, die durch Querschnittstechnologien erleichtert oder gar
erzwungen werden.

Als Folge davon wächst nicht nur die Bedeutung der
Technologieentwicklung und von Forschung und Entwicklung
(F&E) relativ zu anderen betrieblichen Funktionen; es wird auch
eine neuartige Dimension der unternehmerischen Herausforderung
geschaffen. Technologieentwicklung ist nicht mehr in vergleich—
barem Maße wie zu früheren Zeiten eine überwiegend kontinuier—
liche Veränderung, die sich in den geordneten Bahnen des be—
trieblichen Leistungserstellungsprozesses bewegt. Sie setzt Dis—
kontinuitäten und Risiken frei, die in der angemessenen Weise

Kosten und Risiken der Produktentwicklung bei einer gleichzeiti—
gen Verkürzung von Produktlebenszyklen führen zu einem **F&E—
Dilemma**: immer aufwendigere Entwicklungen müssen in immer
kürzerer Zeit amortisiert werden. In Verbindung mit der genannten
Intensivierung der internationalen Wettbewerbsbeziehungen wird
dem Unternehmen dadurch ein extremes Maß an Flexibilität und
Anpassungsbereitschaft abverlangt. Herkömmliche Betriebsfüh—
rungs— und Controlling—Ansätze sind nur unzureichend ge—
eignet, das geforderte **Management des Wandels** in die Wege zu
leiten (1). Neuere Konzepte des Technologie—Managements und
—Controllings müssen hierfür den Weg ebnen. Anstoß für die sy—
stematische Erarbeitung von Methoden des Technologie—Mana—
gements und —Controllings bei ARTHUR D. LITTLE war eine
weltweit durchgeführte empirische Untersuchung (2). Darin
brachten rund 90% der Unternehmen zum Ausdruck, daß die Be—
deutung der Innovation künftig noch größer wird; die überwie—
gende Mehrzahl der Befragten äußerte spezifische Erwartungen an
den Beitrag der Innovation für die Ertragsentwicklung der näch—
sten fünf Jahre.

Angesichts der wachsenden Bedeutung technischer Neuerungen
und der Komplexität des damit einhergehenden betrieblichen
Entscheidungsprozesses wird ein beträchtlicher Teil der Arbeits—
zeit des Managements auf die Bewältigung von Innovationsvorha—
ben aufgewandt. Zwischen einem Viertel und einem Drittel der
zeitlichen Beanspruchung des Managements entfällt auf Belange
der Innovation und dieser Anteil wird künftig voraussichtlich
deutlich ausgeweitet (über 70% der befragten Unternehmen er—
warten eine Steigerung). Dabei ist hervorzuheben, daß sich inno—
vative und weniger innovative Unternehmen nicht so sehr darin
unterscheiden, in welchem Umfang sie knappe Management—Zeit

---

1)   Ansatzpunkte hierfür finden sich in ARTHUR D. LITTLE INTERNATIONAL, Management
      des geordneten Wandels, Wiesbaden 1988.
2)   Ergebnisse dieser Untersuchung werden ausführlich dargestellt in ARTHUR D. LITTLE
      INTERNATIONAL, Management der Geschäfte von Morgen, Wiesbaden 1986.

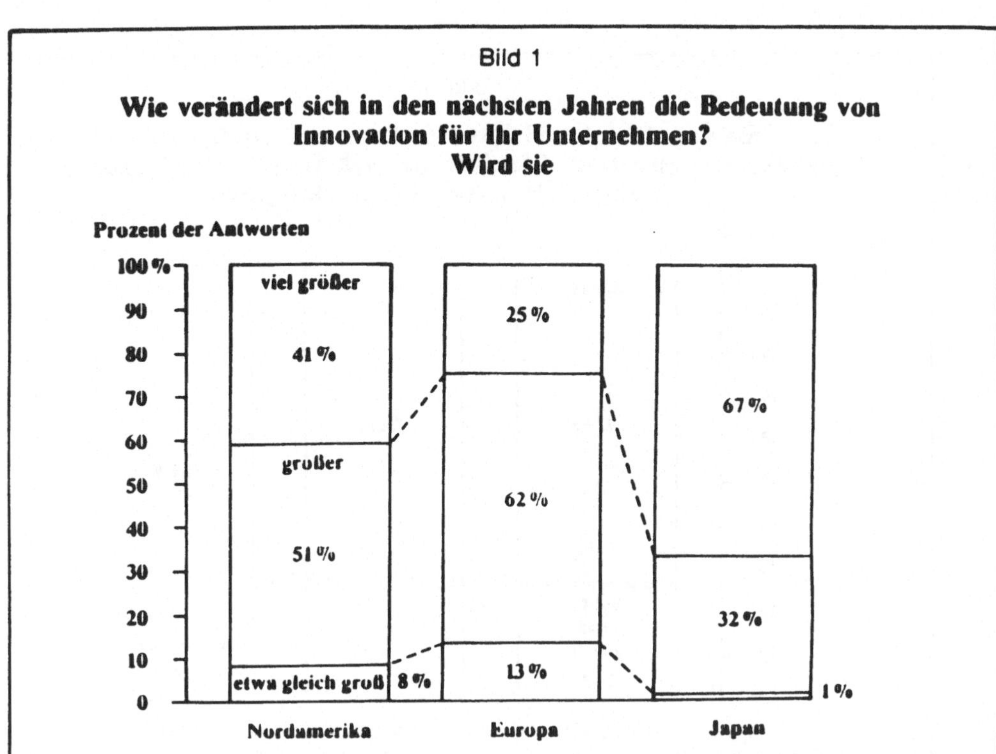

Bild 1
Wie verändert sich in den nächsten Jahren die Bedeutung von Innovation für Ihr Unternehmen?
Wird sie
Prozent der Antworten
100 %
90
80
70
60
50
40
30
20
10
0
viel größer
41 %
25 %
67 %
größer
51 %
62 %
32 %
etwa gleich groß 8 %
13 %
1 %
Nordamerika
Europa
Japan

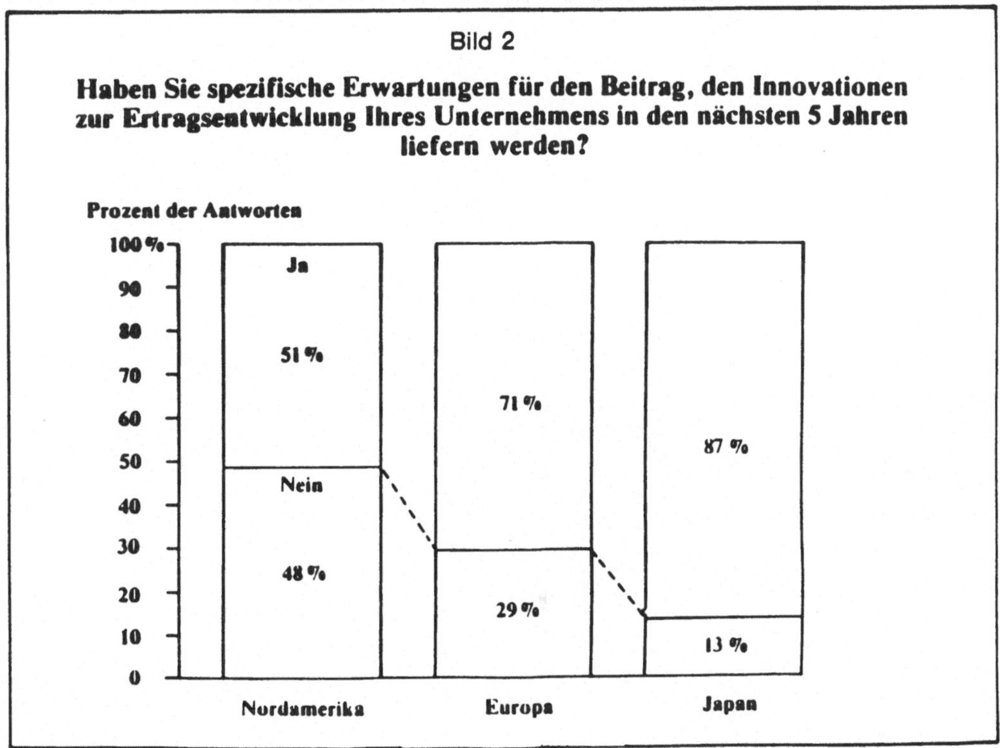

Bild 2
Haben Sie spezifische Erwartungen für den Beitrag, den Innovationen zur Ertragsentwicklung Ihres Unternehmens in den nächsten 5 Jahren liefern werden?
Prozent der Antworten
100 %
90
80
70
60
50
40
30
20
10
0
Ja
51 %
71 %
87 %
Nein
48 %
29 %
13 %
Nordamerika
Europa
Japan

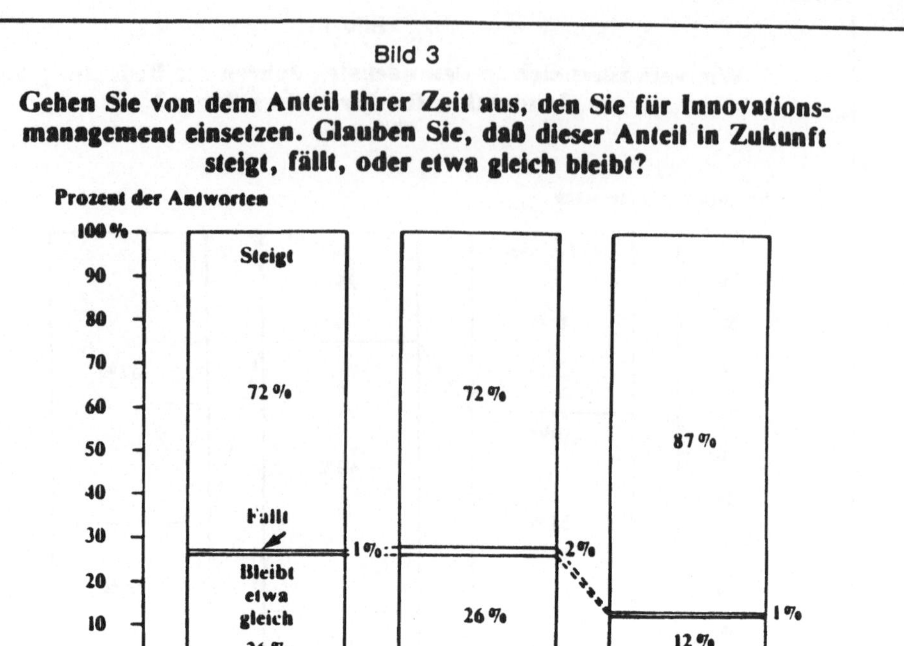

Bild 3
Gehen Sie von dem Anteil Ihrer Zeit aus, den Sie für Innovationsmanagement einsetzen. Glauben Sie, daß dieser Anteil in Zukunft
steigt, fällt, oder etwa gleich bleibt?
Prozent der Antworten
100 %
90
80
70
60
50
40
30
20
10
0
Steigt
72 %
72 %
87 %
Fällt
1 %
2 %
1 %
Bleibt
etwa
gleich
26 %
26 %
12 %
Nordamerika
Europa
Japan
Anteil an der Gesamtarbeitszeit   24 %
26 %
33 %

für Innovationen aufwenden, sondern vielmehr dadurch, wie effi — zient sie insbesondere bei der Realisierung und Umsetzung sind. Innerbetriebliche Barrieren und starre administrative Strukturen binden in der Mehrzahl der Unternehmen einen Großteil der aufgewandten Zeit und Energie.

Innovationsfähigkeit kann daher nur an den am Markt erbrachten und honorierten Leistungen gemessen werden und ist entschei — dend davon abhängig, wie wirksam und schnell der Prozeß der innerbetrieblichen Entscheidungsfindung und Umsetzung erfolgt. Dabei sind **alle betrieblichen Funktionsbereiche** einzubeziehen. Es reicht nicht aus, den Neuerungsprozeß auf die rein technische Produktentwicklung oder die Änderung der Fertigungstechnik einzuschränken. Die Analyse innovativer Unternehmen zeigt viel — mehr, daß Erfolge gerade deshalb erzielt werden, weil ein **mög — lichst vollständiger Leistungskranz** von Neuerungen abgedeckt wird. In diesem Zusammenhang sind absatzseitig vor allem Ser — vice — und Marketinginnovationen zu nennen: neuartige Formen der Kundenbetreuung, flexiblere Reaktion auf Kundenanforderun — gen, Erschließung neuartiger Vertriebskanäle etc.. Parallel dazu erlangen Ansätze der Distributionsinnovation und Logistik, der Finanzinnovation, aber auch neuartige Managementansätze und vorwiegend organisatorische Neuerungen eine immer größere Bedeutung (vgl. dazu Bild 4).

Wichtigste Kennzeichen innovativer Unternehmen sind in einer Reihe von empirischen Untersuchungen herausgearbeitet worden und werden in der Analyse von ARTHUR D. LITTLE bestätigt. Aufgabenstellung des Technologie — und Innovationsmanagements muß es sein, hieraus Methoden für die bewußte Schaffung inno — vationsgerechter Rahmenbedingungen und für die Veränderung innerbetrieblicher Strukturen und Abläufe zu entwickeln. Die fol — genden Darstellungen zeigen Erfolgsbedingungen und Ansätze zu ihrer Realisierung auf drei Ebenen auf:

Bild 4

Innovation kann in vielen Bereichen geschehen.
Wie hoch schätzen Sie die Bedeutung von Innovation in den folgenden
Bereichen Ihres Unternehmens ein?

Prozent der Antworten „sehr hoch"

0 % 20 % 40 % 60 % 80 % 100 %

Produktinnovation .... Nordamerika 49 %
(Produktdifferenzierung, Kosten, Qualität) Europa 56 %
Japan 80 %

Serviceinnovation .... Nordamerika 42 %
(Kundenbetreuung, Reaktionsfähigkeit) Europa 36 %
Japan 51 %

Marketinginnovation ...... Nordamerika 45 %
(Preisgestaltung, Vertriebskanäle, Merchandising) Europa 35 %
Japan 55 %

Fertigungsinnovation ...... Nordamerika 27 %
(Robotereinsatz, Computer-integrated Europa 33 %
Manufacturing usw.) Japan 53 %

Distributionsinnovation .... Nordamerika 14 %
Europa 8 %
Japan 29 %

Finanzinnovation .... Nordamerika 14 %
(Finanzierungsformen, Finanzierungsstrukturen) Europa 10 %
Japan 31 %

Managementinnovation .... Nordamerika 32 %
(Führungsformen, Kompensations- und Europa 27 %
Motivationsmodelle) Japan 30 %

Struktur- und Kulturinnovation Nordamerika 12 %
(Arbeitsumgebung, Job Enrichment, Europa 16 %
Organisation, soziale Struktur) Japan 26 %

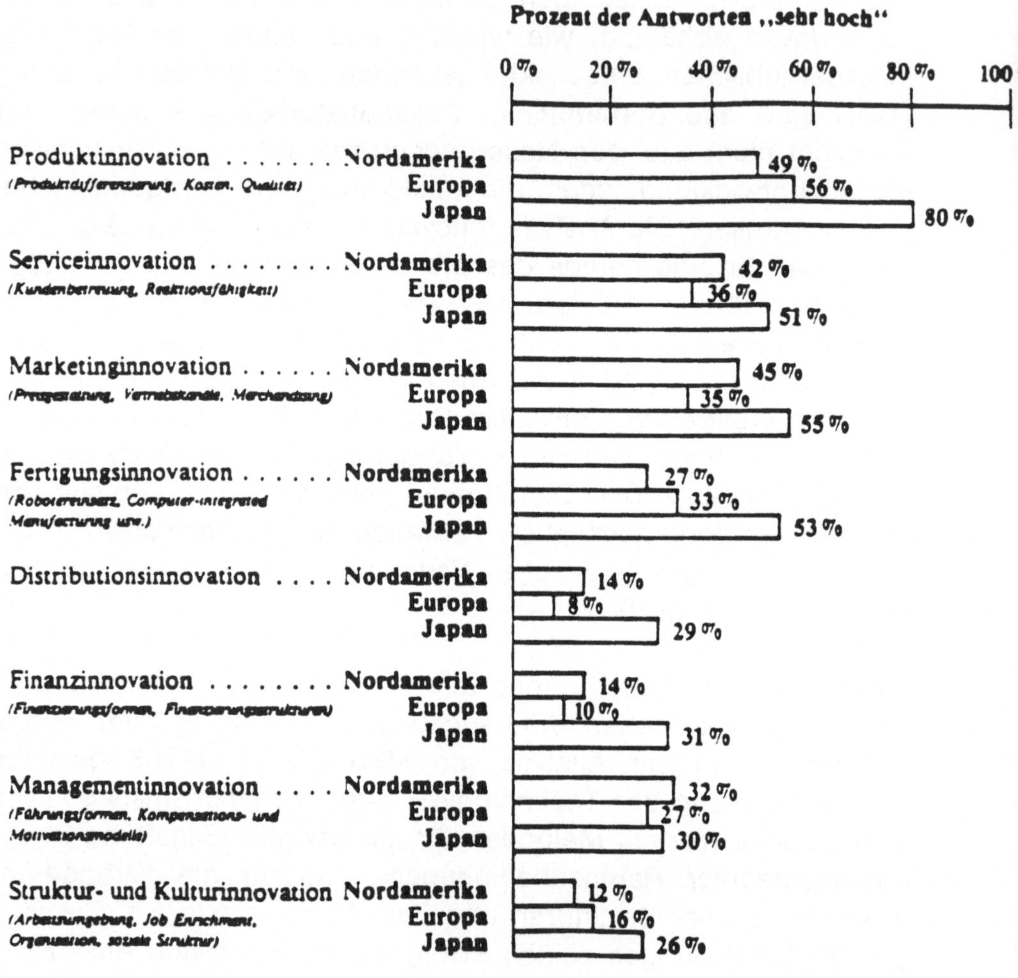

1. innovative Unternehmen sind in der Regel eine konsequente **Marktorientierung** gekennzeichnet und verfolgen innovati – onsgerechte **Ziele** und **Strategien**;

2. sie generieren einen leistungsfähigen **Pool technologischen Know – hows** und managen **F&E** sehr sorgfältig, ohne des – halb einem Planungseuphorismus zu verfallen;

3. sie entwickeln zugleich die **adäquaten Organisationsstruktu – ren**, um den Brückenschlag zwischen Marketing und F&E sowie die Zusammenarbeit zwischen verschiedenen Un – ternehmensbereichen und Hierarchiestufen sicherzustellen.

2. Wodurch sind innovationsorientierte Markt— und Wettbe— werbsstrategien gekennzeichnet?

Technische Durchbrüche und anhaltende Innovationserfolge von Firmen werden überwiegend in Situationen realisiert, in denen es gelingt, eine Gruppe von Akteuren auf eine gemeinsame Zielrich— tung "einzuschwören". Zugleich darf dabei nicht das Offensichtli— che und Triviale im Vordergrund stehen; es müssen Momente zugelassen sein, in denen man "gemeinschaftlich im Nebel sto— chert", ohne aber eine übergeordnete Zielrichtung aus dem Auge zu verlieren. Dies erfordert, daß die übergeordnete Geschäfts— strategie klar formuliert sein muß, aber dennoch eine hinreichende Flexibilität ermöglicht, durch die erst sichergestellt wird, daß in— teraktiv mit dem Kunden die geeigneten Produkte, Service— und Leistungserstellungskonzepte "ausgelotet" werden können.

Innovationsorientierte Markt— und Wettbewerbsstrategien setzen eine sorgfältige Analyse vorhandener Leistungspotentiale voraus, die auf die künftig dominierenden Kundenanforderungen hin auszurichten sind. Anstöße aus dem Markt müssen dabei eindeutig im Vordergrund stehen. Dabei muß jedoch unbedingt darauf hin— gewiesen werden, daß sich **heutige Marktanforderungen** zum Teil erheblich von künftigen Marktanforderungen unterscheiden. Der Hinweis auf die **Dominanz der Marktorientierung** allein reicht da— her nicht aus, da diese dazu führen kann, daß die Kundenbedürf— nisse der heutigen Kunden und Vertriebsmitarbeiter die aufkei— menden Kundenbedürfnisse und die Berücksichtigung der künftig wichtigen Anforderungen bewußt unterdrücken.

Fallstudien innovativer Hochtechnologie—Unternehmen (3) zeigen gerade, daß die **visionäre** Abschätzung der künftigen Marktanfor—derungen eine wichtige Erfolgsvoraussetzung ist: es gelingt diesen Unternehmen, verläßliche Informationen über die entscheidenden Kundenanforderungen gerade der nächsten Planungsperiode zu bündeln, und darauf heute schon die Entwicklungs— und Ferti—gungsanstrengungen auszurichten. Visionäre Abschätzungen müssen sich aber unbedingt auf verläßliche Informationen abstüt—zen und dürfen nicht in Spekulation ausarten. Gerade aus diesem Grund ist darauf zu achten,

o   daß produkt— und segmentspezifisch der innovationsrelevante Planungszeitraum festgelegt wird,

o   daß für die relevanten zukunftsgerichteten Informationen die wichtigsten Know—how—Träger identifiziert und eingebunden werden,

o   und daß die benötigten Informationen möglichst direkt und unverzerrt an alle wichtigen Entscheidungsträger im Unter—nehmen übermittelt werden.

Im Hinblick auf den **innovationsrelevanten Planungszeitraum** ist zwischen "morgen" und "übermorgen" zu unterscheiden. Während für **"morgen"** die nächste Produktgeneration ansteht, beschreibt **"übermorgen"** den Zeitraum, für den sich mehr oder weniger verläßliche Informationen über Markt— und Technologietrends gewinnen lassen. Dabei sind erhebliche branchen— und produktspezifische Unterschiede zu beachten (4) .

---

(3)   Siehe beispielsweise KETTERINGHAM, J., NAYAK, R., Senkrechtstarter, Düsseldorf 1987.

(4)   Während für elektronische Bauelemente im Zeittakt von anderthalb bis zwei Jahren neue Produkte aufgelegt werden und nur sehr wenige Firmen auf Trendabschätzungen von mehr als 10 Jahren zurückgreifen, sind für den Flugzeugbau Planungszeiträume von 5 bis 10 Jahren für "morgen" und von 20 bis 25 Jahren für "übermorgen" üblich.

Für jeden dieser beiden Planungszeiträume können innovative Unternehmen sehr genau die **wichtigsten Know—how—Träger** identifizieren. Zum Teil sind dies eigene Mitarbeiter, die über die entsprechenden Kundenkontakte und über den Zugang zu den neuesten Technologien verfügen (5). Die innovativsten Unternehmen beschränken sich aber bewußt nicht nur auf die nur inhouse mobilisierbaren Informationen. Externe Informationsquellen wie Kunden, Lieferanten, Dienstleistungsfirmen, Konkurrenten u.a. sind systematisch "anzuzapfen". eine zentrale Rolle nimmt im Innovationsprozeß vor allem die Identifikation und Zusammenarbeit mit den sog. **Lead Customers** ein (6). Diese bekunden durch frühzeitige Kaufentscheidungen und Abnahmegarantien ihre Ernsthaftigkeit und bieten später hilfreiche Referenzen für die Erschließung weiterer Kundenkreise.

Die Anregungen und Hinweise der Lead Customers, aber auch alle zusätzlichen Informationen von potentiellen Kunden, Wettbewerbern und sonstigen Know—How—Trägern müssen systematisch ausgewertet werden, um daraus folgende Fragen abzuleiten:

1. welches sind die **kritischen Erfolgsfaktoren** für morgen und übermorgen?

2. welches sind künftig die **kritischen Leistungsmerkmale**?

3. welche Implikationen hat das für das auszuwählende Spektrum an **Produkten und Serviceleistungen** des Unternehmens?

---

(5) Eigene Mitarbeiter sind jedoch sehr häufig Verhinderer von Innovationen und sorgen
     dafür, daß Informationen gefiltert werden. Gerade durch Interaktion externer und
     interner Know—how—Träger entstehen die notwendigen befruchtenden Anstöße.

(6) VON HIPPEL (1987, 1988) hat die zentrale Bedeutung des kundeninduzierten
     Innovationsprozesses herausgestellt, wenngleich dadurch die Bedeutung anderer,
     gleichrangiger "Sources of Innovation" gelegentlich etwas vernachlässigt wurde.

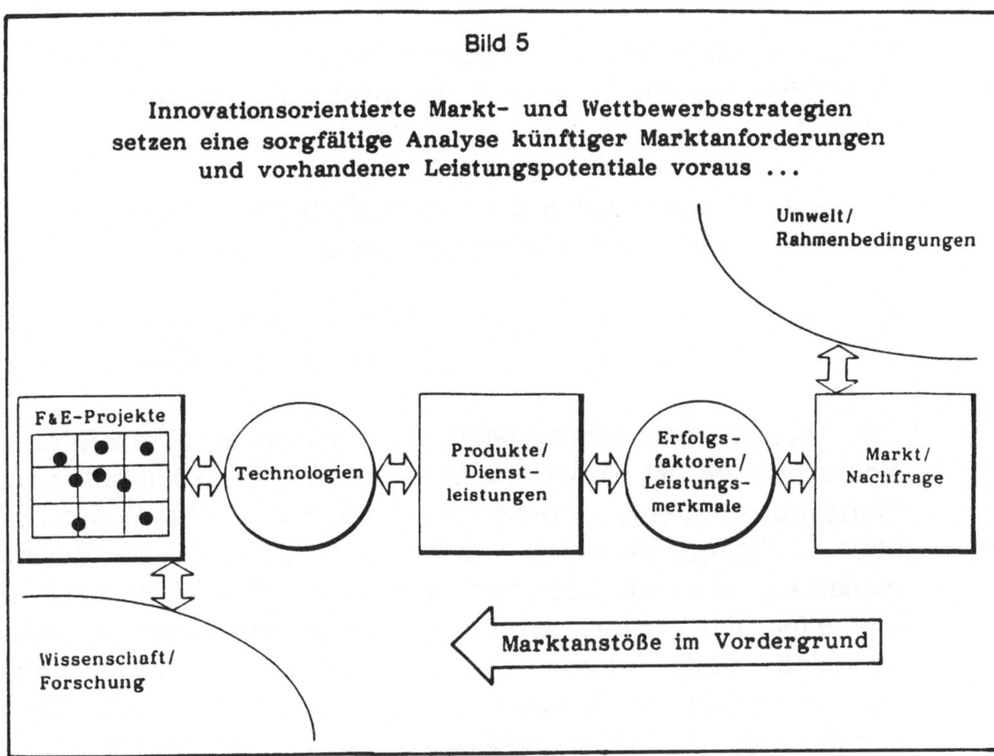

Bild 5

Innovationsorientierte Markt- und Wettbewerbsstrategien
setzen eine sorgfältige Analyse künftiger Marktanforderungen
und vorhandener Leistungspotentiale voraus ...

Umwelt/
Rahmenbedingungen

F&E-Projekte
Technologien
Produkte/
Dienst-
leistungen
Erfolgs-
faktoren/
Leistungs-
merkmale
Markt/
Nachfrage

Marktanstöße im Vordergrund

Wissenschaft/
Forschung

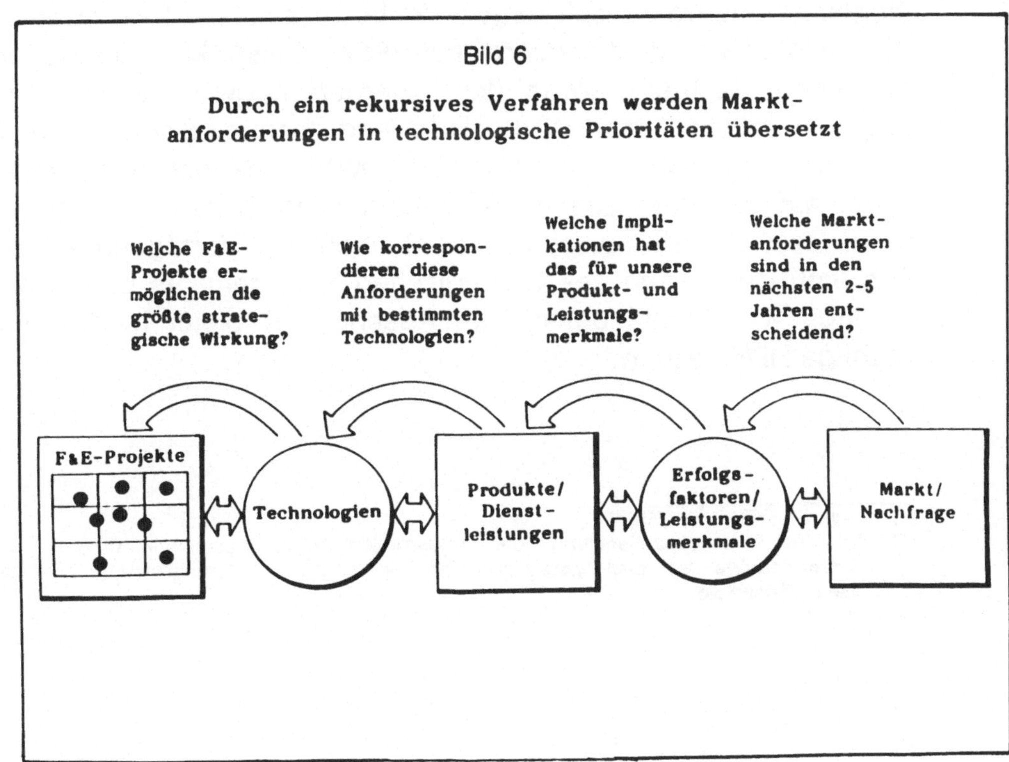

Bild 6

Durch ein rekursives Verfahren werden Marktanforderungen in technologische Prioritäten übersetzt

Welche F&E-
Projekte er-
möglichen die
größte strate-
gische Wirkung?

Wie korrespon-
dieren diese
Anforderungen
mit bestimmten
Technologien?

Welche Impli-
kationen hat
das für unsere
Produkt- und
Leistungs-
merkmale?

Welche Markt-
anforderungen
sind in den
nächsten 2-5
Jahren ent-
scheidend?

F&E-Projekte
Technologien
Produkte/
Dienst-
leistungen
Erfolgs-
faktoren/
Leistungs-
merkmale
Markt/
Nachfrage

Daraus ergeben sich in **rekursiver** Weise die Zielrichtungen und Prioritäten für die Technologieentwicklung. Insbesondere ist zu ermitteln:

4. welche **Technologien** die größte strategische Relevanz für die Erfüllung künftiger Marktanforderungen aufweisen,

5. und welche **F&E—Projekte** verfolgt werden sollten, um die strategisch wichtigen Technologien zu beherrschen.

Um diesen innovationsorientierten, rekursiven Transferprozeß sicherzustellen, ist ein wirksamer Kommunikationsfluß entlang der Wertschöpfungskette erforderlich, die von F&E und Konstruktion über Fertigung, Marketing und Vertrieb reicht (7). Die Zusam—menarbeit mit Lead Customers darf nicht nur auf Mitarbeiter aus Marketing und Vertrieb beschränkt bleiben. Innovative Unterneh—men sind gerade dadurch gekennzeichnet, daß der Entwicklungs—ingenieur selbst zum Kunden geht, um vor Ort konstruktive Details abzustimmen (8). Dazu gehört zum einen der Dialog und die möglichst unbürokratisch abgewickelte Zusammenarbeit zwischen den wichtigsten Funktionsbereichen (F&E, Konstruktion, Fertigung, Marketing, Vertrieb) sowie den externen Know—how—Trägern. Zugleich müssen marktstrategisch und technologisch relevante Informationen gleichermaßen und in jeweils adäquat aufbereiteter Weise auf mehreren Ebenen im Unternehmen (Unternehmensfüh—rung, Geschäftsleitung, operativer Bereich) zur Verfügung stehen. Das Instrumentarium des Strategischen Managements und Con—trollings von Technologien (vgl. Abschnitt 4) bietet hierfür eine wichtige Hilfestellung.

---

(7)   Vgl. GERYBADZE, (1987).

(8)   In der Automobilzulieferung, der industriellen Steuerungstechnik oder in der Laserindustrie ist dies geradezu eine unabdingbare Voraussetzung für den Geschäftserfolg.

3. Wodurch läßt sich erfolgreiches F&E—Management charak—terisieren?

In einer Reihe wichtiger Schlüsselbranchen ist in den letzten Jah—ren eine deutliche Zunahme der Entwicklungskosten wie auch eine gleichzeitige Beschleunigung des technischen Wandels zu ver—zeichnen. Entwicklungskosten für neue Produktgenerationen erreichen mitunter Größenordnungen, die selbst durch größte, weltweit tätige Industrieunternehmen nicht mehr allein bewältigt werden können. Die Entwicklung eines größeren Passagierflug—zeugs erfordert F&E—Aufwendungen in der Größenordnung von 2 bis 3 Milliarden Dollar. Die Entwicklung eines digitalen Telefonvermittlungssystems macht F&E—Aufwendungen in der Größenordnung von 1 Milliarde Dollar erforderlich. Das letztge—nannte Beispiel aus der Telekommunikationsindustrie zeigt zugleich, daß die Lebensdauer neuer Produktgenerationen in einer Reihe von Fällen deutlich gesunken ist: während die wirtschaftliche Nutzungsdauer von Einrichtungen der Telekommunikation in der Vergangenheit bei 15 bis 20 Jahren lag, ist diese bei modernen Systemen deutlich gesunken und liegt heute infolge der schnellen technischen Obsoleszenz bei kaum mehr als 6 Jahren. Dramatisch ist insbesondere die extrem hohe Taktfrequenz neuer Produktge—nerationen im Bereich elektronischer Bauelemente, wo alle an—derthalb Jahre Nachfolgeprodukte lanciert werden. Auch in ande—ren Sektoren wie zum Beispiel der Automobilindustrie, dem Ma—schinenbau und der Feinmechanik/Optik ist in den letzten Jahren eine entsprechende Beschleunigung zu verzeichnen gewesen. Stark anwachsende Entwicklungskosten und —risiken und die Erfordernis F&E—Aufwendungen in immer kürzerer Zeit zu amortisieren, führen zu einem F&E—Dilemma, das die Beherr—schung immer ausgefeilterer Methoden des F&E—Managements erzwingt. Nicht alle Ansätze eines systematischen F&E—Mana—gements sind jedoch gleichermaßen gut. Von daher stellt sich die Frage nach den Kennzeichen eines im internationalen Technologiewettlauf wirksamen F&E—Managements.

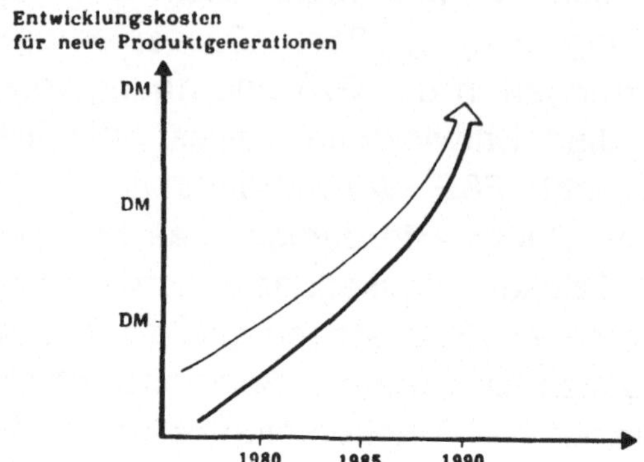
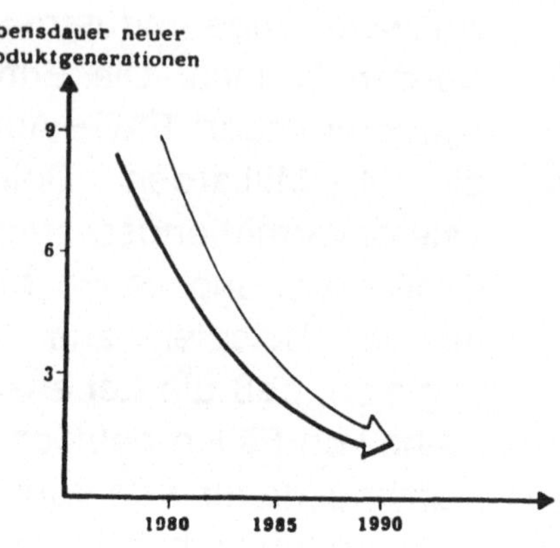

Bild 7

**Das F&E-Dilemma charakterisiert eine zunehmende
Zahl von internationalen Geschäftsfeldern**

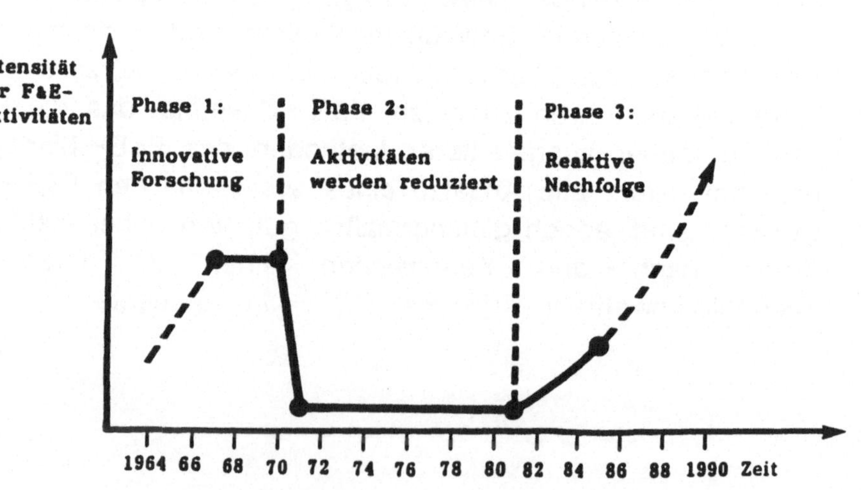

Bild 8

**Fehlendes unternehmensinternes Verständnis und
Umsetzungsprobleme führen zu einer
'Stop-and-go-Politik' in F&E**

Erfolgreiches F&E−Management sollte vor allen Dingen nicht auf den engen Bereich von F&E allein eingegrenzt sein. Innovation und Produktentwicklung ist ein integrativer Prozeß: Fertigung, Markt− einführung und Nutzung durch den Kunden müssen antizipierend erfaßt werden. Jede Konzentration auf die Effektivierung von For− schung und Entwicklung allein führt zur Suboptimierung, zu Warteschlangenproblemen und zu Verzögerungen. Die einseitige Planung von F&E führt gerade in deutschen Firmen vielfach zu dem Phänomen, daß Mittel für Forschung und Entwicklung be− reitgestellt werden, während man "beobachtet, was dabei heraus− kommt", um hinterher erst die notwendigen Folgeschritte einzuleiten. Entsprechend war in den letzten 10 Jahren in einer Reihe von deutschen Unternehmen eine Art **Stop− and Go− Politik für F&E** zu verzeichnen, die in Bild 8 dargestellt wird. In einer frühen Phase 1 werden vergleichsweise hohe Mittel für F&E bereitgestellt. Sobald sich aber in einer Folgephase 2 der wirkliche Budgetaufwand abzeichnet, der erforderlich ist, den einzelnen Entwicklungen zur Realisierung und zum Markterfolg zu verhelfen, werden weitere Risiken gescheut. Die Aktivitäten werden entgegen den Erwartungen auf ein Minimum reduziert. In der Zwischenzeit machen sich imitierende Firmen aus dem Ausland das in Phase 1 gewonnene Know−how zu Nutze und führen ihrerseits das neu− entwickelte Produkt am Markt ein. Zu diesem Zeitpunkt fühlen sich die in der Forschung einstmals führenden deutschen Unternehmen angestachelt, ebenfalls mit der Markteinführung zu reagieren, re− alisieren dies jedoch mit einer erheblichen zeitlichen Verzögerung und auf einem weitgehend unzureichenden Aktivitätsniveau. Phase 3 ist dann durch dauerhafte reaktive Nachfolge gekennzeichnet, in der es den Firmen nicht gelingt, die erfahrungsbedingten Kosten− vorteile ausländischer Bewerber jemals wettzumachen.

Eine zu einseitige Technologieorientierung ebenso wie eine suboptimierende F&E—Planung vieler Unternehmen in der Bun—desrepublik führt daneben vielfach zu Ad—hoc—Ansätzen der Innovation. Diese sind dadurch gekennzeichnet, daß man grund—legende Durchbrüche aus dem wissenschaftlich—technischen Umfeld schon für maßgebliche Kandidaten einer erfolgreichen kommerziellen Anwendung hält. Sobald ein betriebsinternes F&E—Projekt technisch erfolgreich realisiert wurde, reicht der Stolz der Entwickler vielfach schon aus, die"Mühsal der erforderlichen Fol—geentwicklung und Umsetzung" zu vernachlässigen. Man begnügt sich mit der Realisierung eines Prototypen oder mit der Anerken—nung eines Patents, ohne anschließend die sehr komplizierte "Übersetzung" in geeignete Produkte und Dienstleistungen und die nötige kundenorientierte Überzeugsarbeit zu leisten (vgl. dazu Bild 9). Ein ähnlich fataler Fehler ist vielfach zu verzeichnen, wenn Unternehmen Entdeckungen im Bereich der Grundlagenforschung zum Anlaß nehmen, hieraus Markterfolge in den kommenden Jahren ableiten zu wollen. Ein Beispiel hierfür bieten die in den letzten Jahren eingetretenen Durchbrüche im Bereich der Supraleitung, die eine Reihe von Unternehmen zu hohen Investitionen veranlaßt haben, ohne daß jedoch mit einer maßgeblichen kommerziellen Realisierung innerhalb der nächsten 10 Jahre gerechnet werden kann.

Erfolgreiches F&E—Management erfordert demgegenüber gerade die systematische Kopplung aller Aktivitäten, die auf eine Veränderung der betrieblichen Leistungsparameter in den kom—menden Jahren abzielen. Sie müssen auf Ergebnissen einer re—kursiven Planung aufbauen, die von künftigen Marktanforderungen ausgeht, und die in Abschnitt 2 beschrieben wurde. Im Anschluß daran ist zu bestimmen, welche F&E—Projekte aus marktstrategi—scher Sicht von Bedeutung für das Unternehmen sind, und durch welche Projekte gerade die strategisch wichtigen Technologien zeit— und leistungsgerecht entwickelt werden können. Parallel dazu ist für jeden Produkt— und Servicebereich zu ermitteln, wie

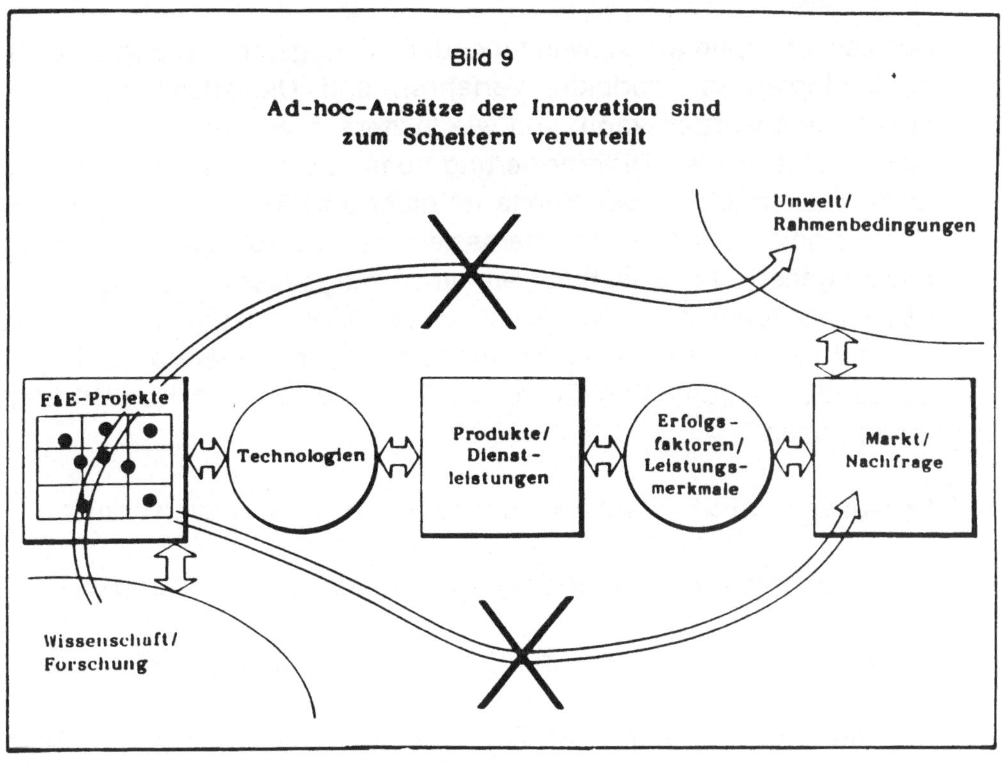

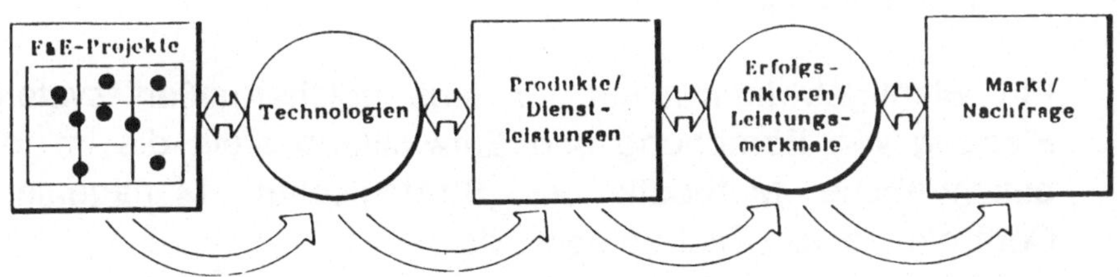

Bild 10

Erfolgreiches F&E-Management erfordert die systematische
Kopplung aller Aktivitäten, die auf eine Veränderung
der Leistungsparameter abzielen

Welche F&E-Projekte sind von strategischer Bedeutung für mein Unternehmen?

Wie stellen wir sicher, daß die erforderlichen Technologien zeit- und leistungsgerecht entwickelt werden?

Wie stellen wir die zeitlich optimale Anwendung in Produkten, Verfahren und Leistungen sicher?

Wie differenzieren wir dadurch zielgerecht unser Leistungsspektrum?

Wie stellen wir uns als innovatives Unternehmen im Markt dar?

die zeitlich optimale Anwendung der wichtigsten neuentwickelten Technologien in Produkte, Verfahren und Dienstleistungen si—chergestellt werden kann, und wie letztere dazu beitragen können, eine zielgerechte Differenzierung des Leistungsspektrums im Markt zu erreichen. Der Kunde ist nicht an F&E—Erfolgen und —Technologien als solchen interessiert; für ihn ist allein der durch diese generierte Zusatznutzen ausschlaggebend. Erfolgreiches F&E—Management muß auch diese "Übersetzungsarbeit" von technologischen Kennzeichen und Leistungsparametern zu über—zeugenden Argumenten für einen Zusatznutzen des Kunden zum Inhalt haben.

Erfolgreiches F&E—Management setzt daher vor allem voraus:

o   eine strikte Ausrichtung von F&E an Marktanforderungen,

o   gleichzeitig die Vermeidung einer zu kurzsichtigen Planung,

o   die enge Kopplung von F&E, Fertigung, Marketing und Ver—trieb,

o   die Bereitstellung genügend hoher F&E—Mittel,

o   die Behandlung von F&E—Entscheidungen auf Top—Managementebene,

o   und ein gezieltes Timing des Entwicklungs— und Realisie—rungsprozesses.

Ein wichtiges Instrument für eine solchermaßen systematische Planung von Forschung und Entwicklung stellt die im folgenden beschriebene Methodik des Strategischen Managements und Controllings von Technologien dar.

4. Methodik des Strategischen Managements und Controllings von Technologien

Das Strategische Management von Technologien hat die gezielte Anwendung und Erweiterung von Methoden der strategischen Planung auf solche Unternehmen zum Inhalt, in denen neue Technologien einen erheblichen Anteil des Ressourcenaufwandes bilden. Es sieht eine Integration der in der Vergangenheit weitgehend isoliert voneinander angewandten Methoden der Technologie— und F&E—Planung sowie des strategischen Managements vor. Da im Verlaufe der Anwendung des Strategischen Managements von Technologien im Unternehmen zugleich eine systematische Erfassung und Bewertung intangibler, "zukunftsgerichteter" Vermögensbestandteile vorgenommen wird, ermöglicht das Verfahren zugleich den Aufbau eines technologieadäquaten betriebsinternen Controlling—Systems.

Die Grundbausteine und der Ablaufplan des Strategischen Managements und Controllings von Technologien werden in Bild 11 übersichtsartig dargestellt. In einer **Analysephase** erfolgt die Segmentierung in strategische Geschäftseinheiten, die für Belange des Technologiemanagements unter Umständen von den strategischen Geschäftseinheiten einer Markt— und Produktstrategie abweichen können. Für jede strategische Geschäftseinheit sind die kritischen Erfolgsfaktoren und Leistungsmerkmale sowie die Reifephase des Segments zu ermitteln. Gleichzeitig wird eine Analyse und Auflistung aller für eine bestimmte Produkt—Markt—Kombination relevanten Technologien durchgeführt. In einer anschließenden **Bewertungsphase** gilt es, die strategische Relevanz der zu berücksichtigenden Technologien zu ermitteln und die Technologieposition des Unternehmens zu bestimmen. Die **Phase der Strategiefindung** führt zur Bestimmung der Technologiestrategie für jede strategische Geschäftseinheit ebenso wie zur Ableitung der F&E—Strategie für das gesamte Unternehmen. In der **Umsetzungs— und Realisierungsphase** steht die konkrete F&E—

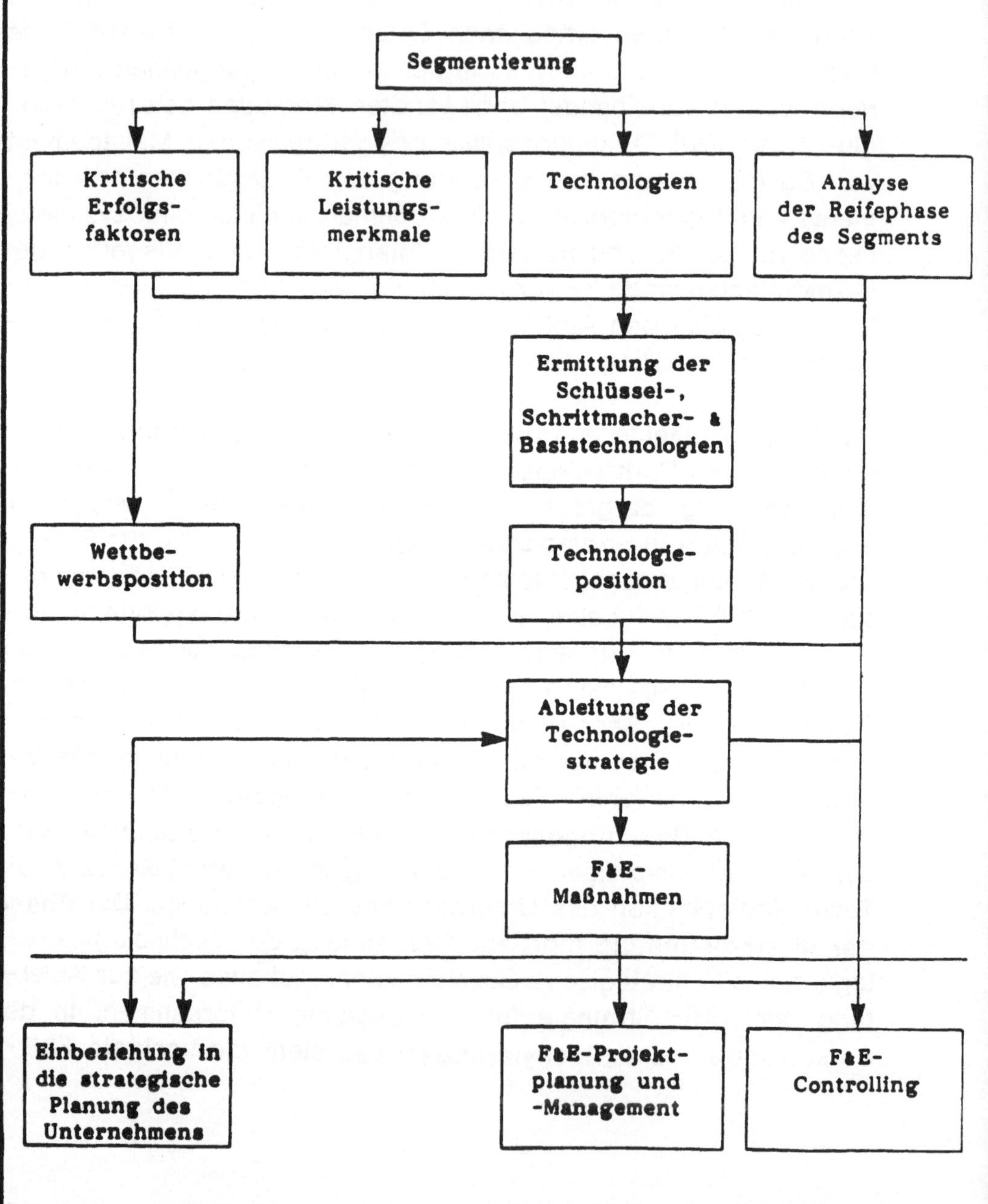

Bild 11
Grundbausteine und Ablaufplan des strategischen Managements und Controllings von Technologien
Segmentierung
Kritische Erfolgsfaktoren
Kritische Leistungsmerkmale
Technologien
Analyse der Reifephase des Segments
Ermittlung der Schlüssel-, Schrittmacher- & Basistechnologien
Wettbewerbsposition
Technologieposition
Ableitung der Technologiestrategie
F&E-Maßnahmen
Einbeziehung in die strategische Planung des Unternehmens
F&E-Projektplanung und -Management
F&E-Controlling

Planung und das Projekt—Management und —Controlling im Vordergrund. Parallel dazu ist die Einbeziehung und A—Jour—Haltung der Technologie— und F&E—Strategie in die revolvierende Planung für das Gesamtunternehmen sicherzustellen. Die in Abschnitt 2 beschriebene gezielte Ausrichtung der technologischen Ressourcen des Unternehmens an den künftig zu erwartenden Kundenanforderungen wird durch die in Bild 12 beschriebenen Arbeitsschritte erreicht. Abschätzungen der Marktnachfrage und der Kundenanforderungen für die nächsten 10 Jahre werden ebenso berücksichtigt wie die Veränderungen relevanter Umwelt— und Rahmenbedingungen (gesetzgeberische Auflagen, Entwicklung marktexogener Faktoren). Diese werden "rückübersetzt" und führen zur Formulierung der kritischen Erfolgsfaktoren und kritischen Leistungsmerkmale für das betrachtete Produktsegment.

Sowohl für die heute bereits angebotenen Produkte als auch für die geplanten Produktneuentwicklungen ist eine systematische Bewertung der Technologien erforderlich, die eine hinreichende Differenzierung gegenüber den Wettbewerbern ermöglichen. Diese marktstrategisch relevanten Technologien müssen eine enge Korrespondenz zu den bereits heute verfolgten und künftig geplanten F&E—Projekten aufweisen (vgl. Bild 13).

Zur Bewertung der strategischen Rolle der Technologien muß eine Überprüfung dazu vorgenommen werden, in welcher Weise die verfolgten Technologien eine Korrespondenz zu den kritischen Erfolgsfaktoren und den kritischen Leistungsmerkmalen des Unternehmens aufweisen. Diese Relation ist sowohl für den heutigen Zeitpunkt als auch für "morgen" und "übermorgen" zu überprüfen. In Bild 14 werden dafür beispielhaft die Jahre 1988, 1990 und 1995 zugrundegelegt. Als **Schlüsseltechnologien** werden diejenigen Technologien herausgestellt, die bereits heute für mehrere Erfolgsfaktoren und Leistungsmerkmale gleichzeitig unabdingbar sind. **Schrittmachertechnologien** erlangen voraussichtlich erst

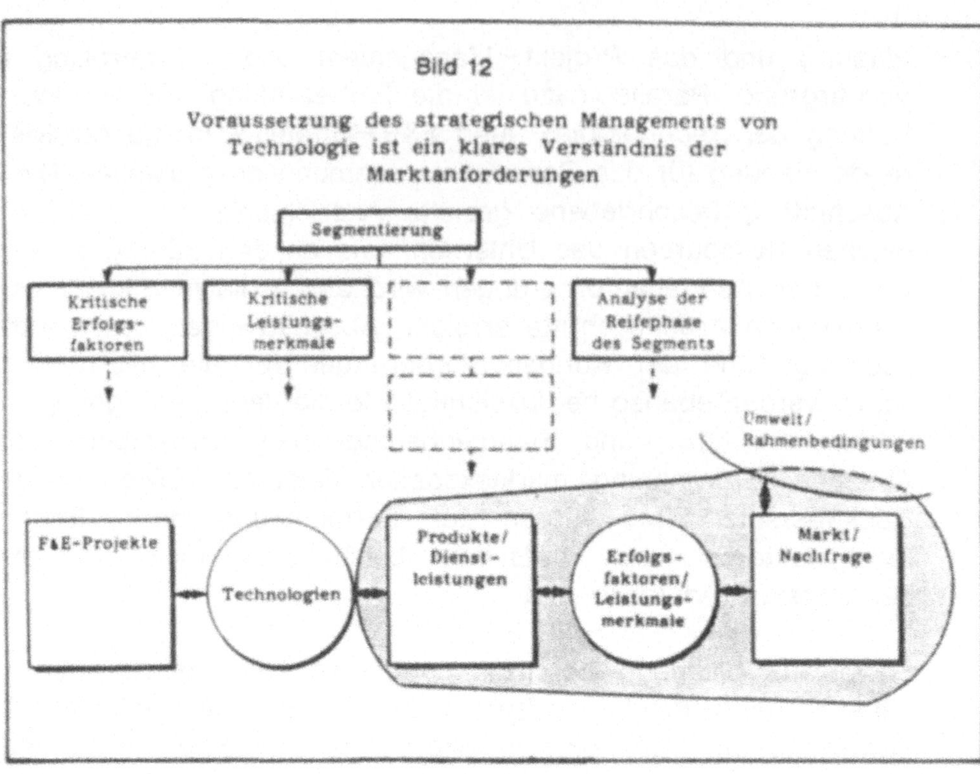

Bild 12

Voraussetzung des strategischen Managements von
Technologie ist ein klares Verständnis der
Marktanforderungen

Segmentierung

Kritische
Erfolgs-
faktoren

Kritische
Leistungs-
merkmale

Analyse der
Reifephase
des Segments

Umwelt/
Rahmenbedingungen

F&E-Projekte

Technologien

Produkte/
Dienst-
leistungen

Erfolgs-
faktoren/
Leistungs-
merkmale

Markt/
Nachfrage

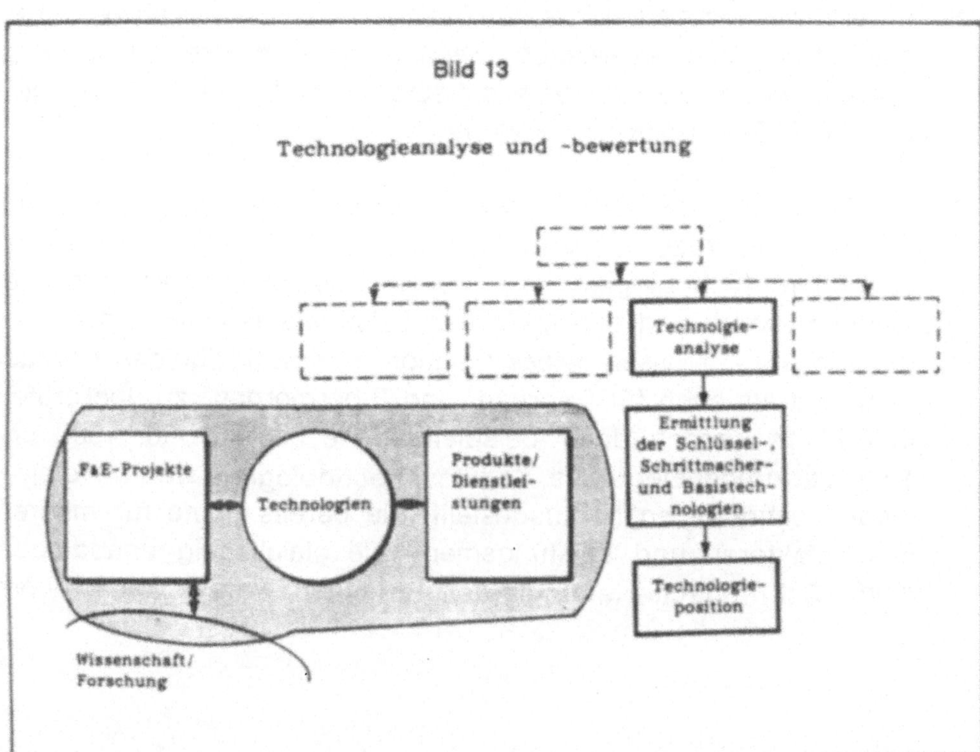

Bild 13

Technologieanalyse und -bewertung

Technolgie-
analyse

F&E-Projekte

Technologien

Produkte/
Dienstlei-
stungen

Ermittlung
der Schlüssel-,
Schrittmacher-
und Basistech-
nologien

Technologie-
position

Wissenschaft/
Forschung

Bild 14

Ermittlung der Schlüssel-, Schrittmacher- und Basistechnologien

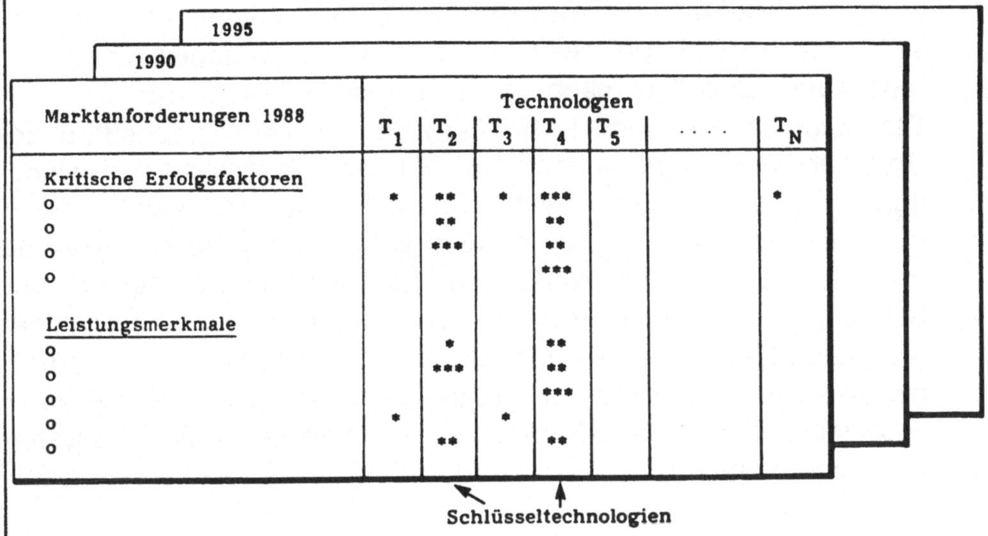

Bild 15

Bewertung der Technologieposition

Technologien	Gewich-tung	Unter-nehmen	Wettbewerber				Relative Technologieposition		
			W_1	W_2	W_3	W_N	stark	mittel	schwach
Schlussel-Technologien	(3-5)								
o									
o									
o									
o									
o									
o									
Schrittmacher-Technologien	(2-4)								
o									
o									
o									
o									
o									
Basis-Techno-logien	(1-3)								
o									
o									
o									
o									
Technologieposition									
- Schlussel-T.									
- Schrittmacher-T.									
- Basis-T.									
Bewertung insgesamt									

1990 bzw. 1995 eine vergleichbar wichtige Rolle und sind daher zum heutigen Zeitpunkt nicht für die wettbewerbsstrategische Differenzierung geeignet, obwohl für sie bereits Vorsorge getroffen werden muß. **Basistechnologien** sind zwar für das Überleben in einem bestimmten Produktmarktsegment unabdingbar, eignen sich aber in der Regel nicht zur wettbewerbsstrategischen Differenzierung. Geordnet nach der strategischen Rolle der einzelnen Technologien wird eine **Bewertung der Technologieposition** des Unternehmens vorgenommen (vgl. Bild 15). Relativ zu den wichtigsten Wettbewerbern des Unternehmens in jedem Produktmarktsegment werden daraus sowohl in differenzierter als auch in aggregierter Weise die technologischen Stärken und Schwächen abgeleitet. Ergebnis ist eine für viele Unternehmen erstmalige Bestandsaufnahme aller technologischen "Vermögens—bestandteile". Die daraus ableitbare Bilanzierung schafft die Voraussetzung für ein verläßliches betriebsinternes Controllingsystem für Technologie—Know—how und F&E.

Auf der Grundlage dieser Analyse— und Bewertungsschritte wird für jedes einzelne Produktmarktsegment eine Bewertung der Technologie— und Wettbewerbsposition vorgenommen, die erforderlich ist, um realisierbare Technologiestrategien abzuleiten. Dabei ist die **Reifephase** des betrachteten Segments unbedingt zu berücksichtigen. Für eine Reihe von Geschäften, die sich in einer späten Wachstums— oder Reifephase befinden, und in denen weiterhin wichtige technologische Schübe verzeichnet werden, ist die Strategie der **technologischen Führerschaft** beispielsweise nur dann realisierbar, wenn ein Unternehmen sowohl eine starke Technologie— wie auch eine starke Wettbewerbsposition aufweist. Vereinzelt noch auftretende Schwächen in bezug auf Wettbewerbs— oder Technologieposition können in der Regel nur "verziehen" werden, wenn sich die Wettbewerbsstrukturen noch nicht verhärtet haben. So können in einer Entstehungs— oder frühen Wachstumsphase "Trial and Error"—Prozesse durchlaufen werden

Bild 16

Die Formulierung der Technologiestrategie setzt eine sorgfältige Analyse der Technologie- und Wettbewerbsposition voraus

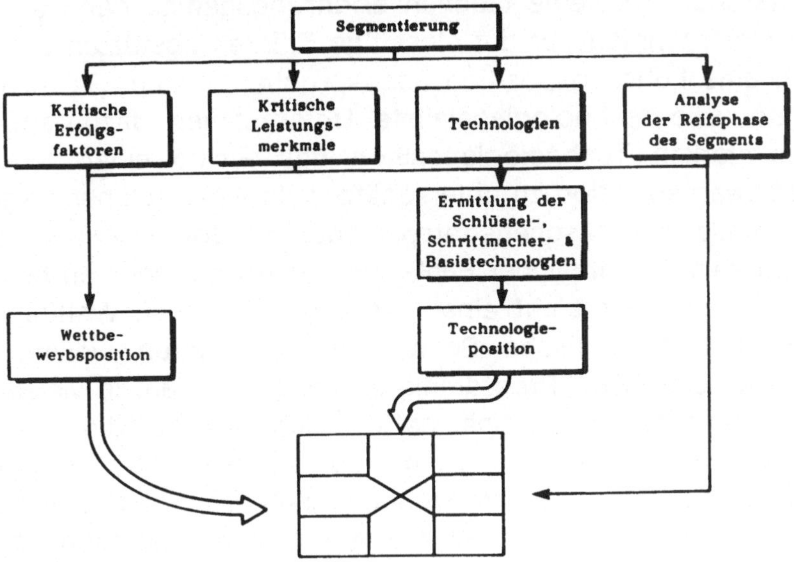

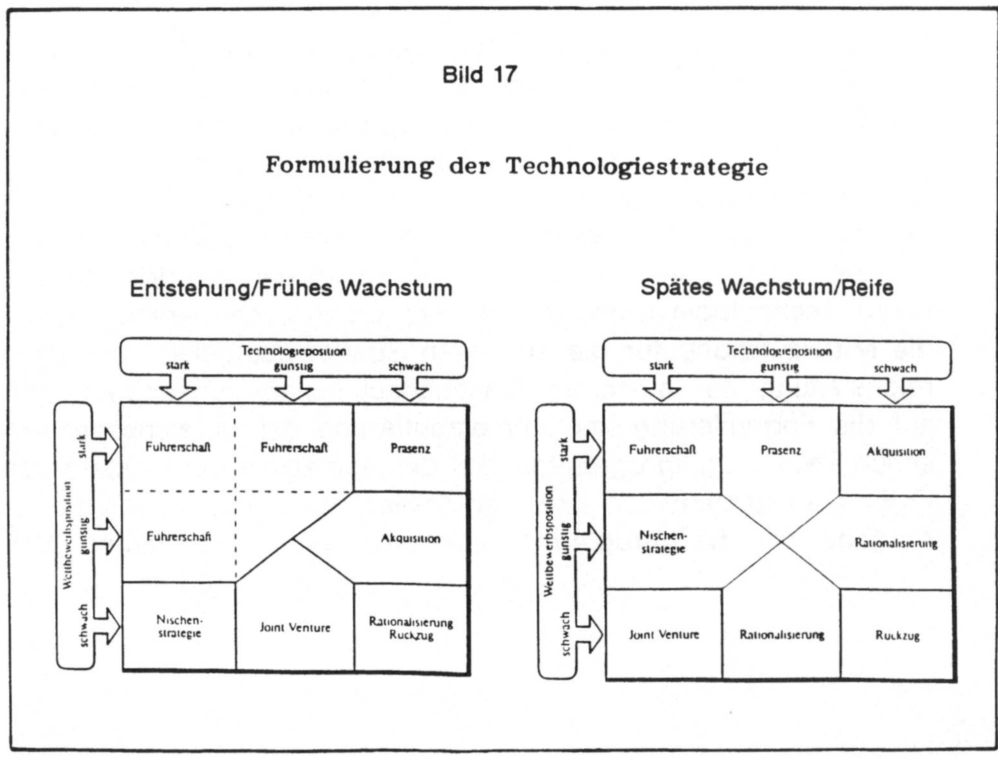

Bild 17

Formulierung der Technologiestrategie

und temporäre Fehler durchaus noch mit dem Erzielen einer technologischen Führungsposition einhergehen.

Gravierende Probleme tauchen erfahrungsgemäß dann auf, wenn sich Unternehmen nur auf einseitige Stärken abstützen und den — noch eine Führungsposition beanspruchen wollen. Beispielsweise neigen viele technologiegeleitete Unternehmen dazu, angesichts einer starken Technologieposition das Risiko einer schwachen Wettbewerbsposition zu unterschätzen. In einer solchen Lage kann bestenfalls eine Nischenstrategie oder ein Joint — Venture ange — bracht sein. Ein ähnlicher Fehler wird von Unternehmen beschrit — ten, die aufbauend auf einer heute noch starken Wettbewerbs — position technologische Schwächen überwinden wollen, indem größere neue F&E — Programme aufgelegt werden. In vielen Fällen ist es dann bereits zu spät dafür, noch eigenständig eine starke technologische Basis aufbauen zu können; die Strategie der Zusammenarbeit mit einem technologisch führenden Unternehmen oder gar eine Akquisition ist in einem solchen Fall häufig die ge — eignetere Vorgehensweise.

Die im Rahmen des strategischen Managements und Controllings von Technologien erarbeiteten Planungsansätze und Strategien müssen in einem **dreistufigen Verfahren** im Unternehmen umge — setzt und A — Jour gehalten werden. Dabei ist darauf zu achten, daß zwischen drei logischen Stufen unterschieden wird, die weit — gehend mit Hierarchieebenen im Unternehmen korrespondieren. Auf der Ebene der Unternehmensleitung werden die übergeord — neten Technologiestrategien für das Gesamtunternehmen sowie die Mittelzuteilung für die einzelnen Sparten festgelegt. Die Be — reichsleitung der einzelnen Geschäftseinheiten konzentriert sich auf die Formulierung und Implementierung der bereichsspezifi — schen Technologieprogramme. Auf der operativen Ebene steht das F&E — Management der einzelnen Projekt im Vordergrund und ist Aufgabe der beauftragten Projektleiter und — mitarbeiter. Das

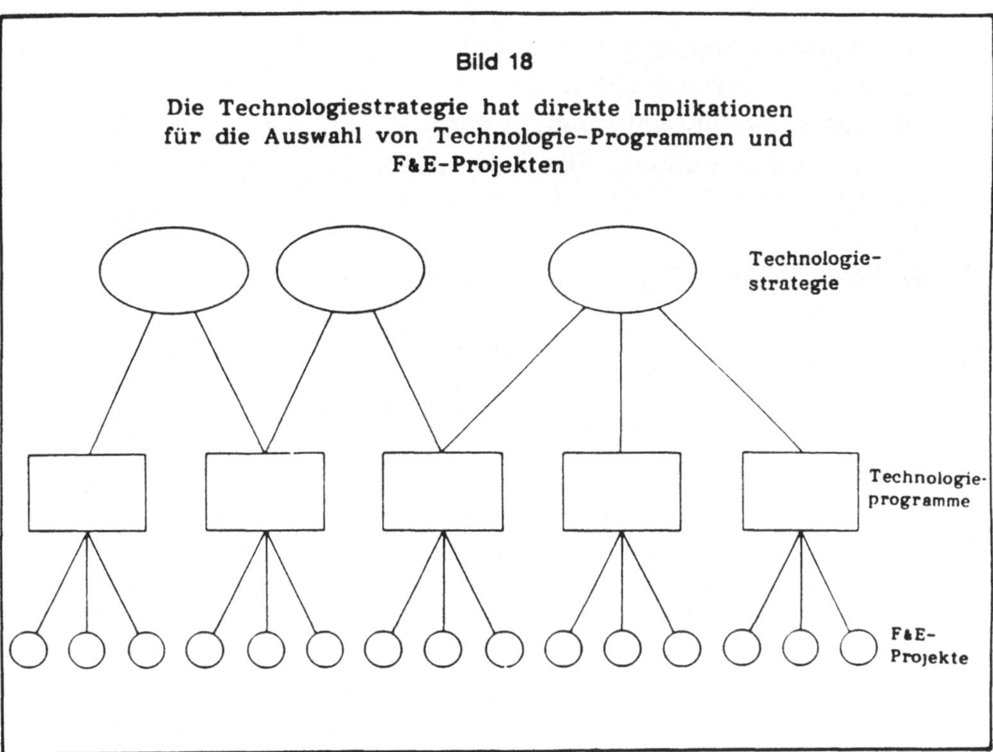

Bild 18

Die Technologiestrategie hat direkte Implikationen
für die Auswahl von Technologie-Programmen und
F&E-Projekten

Technologie-
strategie

Technologie-
programme

F&E-
Projekte

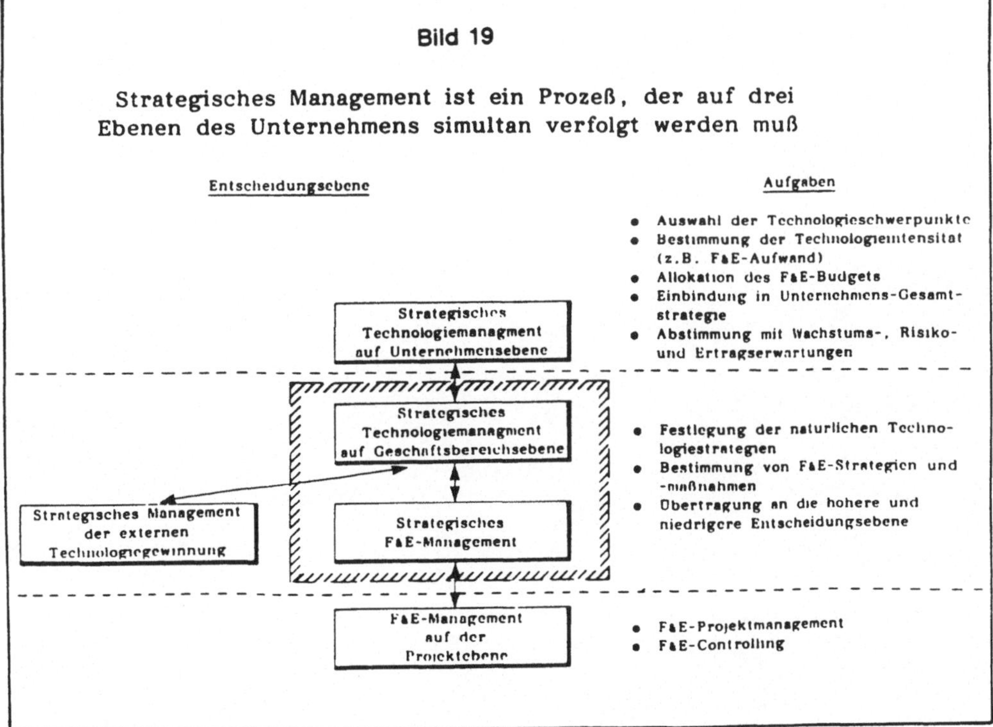

Bild 19

Strategisches Management ist ein Prozeß, der auf drei
Ebenen des Unternehmens simultan verfolgt werden muß

Entscheidungsebene

Aufgaben

Strategisches
Technologiemanagment
auf Unternehmensebene

• Auswahl der Technologieschwerpunkte
• Bestimmung der Technologieintensität
  (z.B. F&E-Aufwand)
• Allokation des F&E-Budgets
• Einbindung in Unternehmens-Gesamt-
  strategie
• Abstimmung mit Wachstums-, Risiko-
  und Ertragserwartungen

Strategisches
Technologiemanagment
auf Geschäftsbereichsebene

Strategisches Management
der externen
Technologiegewinnung

Strategisches
F&E-Management

• Festlegung der natürlichen Technologiestrategien
• Bestimmung von F&E-Strategien und
  -maßnahmen
• Übertragung an die höhere und
  niedrigere Entscheidungsebene

F&E-Management
auf der
Projektebene

• F&E-Projektmanagement
• F&E-Controlling

strategische Management und Controlling von Technologien er—
laubt eine unzweideutige Zuordnung der im Unternehmen vor—
handenen technologischen Informationen zu jeder dieser drei
Entscheidungsebenen. Für jede dieser Ebenen sind zugleich die
Aufgabenschritte für die Entscheidungsfindung und —umsetzung
festgeschrieben, so daß die Bearbeitung der Technologiestrategie
wirksam in Angriff genommen werden kann.

5. Implikationen für die Forschung und Ausbildung

Auf den ersten Blick scheint Management von Innovation und Controlling von Technologien ein unlösbarer Widerspruch zu sein. Wie "Öl und Wasser" operieren in der Regel Anhänger beider Konzepte und Zielsetzungen getrennt voneinander. Controlling – Spezialisten meiden die Berücksichtigung von Innovation als etwas Unberechenbares oder gar "Unfaßbares". Demgegenüber betonen Innovationsspezialisten die Bedeutung sog. "soft factors" und stellen immer wieder heraus, daß innovative Ansätze durch ein zu starres Controlling im Keime erstickt werden.

Dabei ist Innovation und die adäquate Bewältigung des techni – schen Wandels in zunehmendem Maße ohne den Einsatz sachge – rechter Controllinginstrumente und –verfahren nicht mehr denk – bar. Die Öffnung und Anpassung betrieblicher Bewertungs – und Bilanzierungsverfahren mit dem Ziel einer systematischen Beherr – schung von Prozessen des **geordneten Wandels** bietet zugleich wichtige Anstöße für eine systematische Weiterentwicklung des Controllings.

Die Forschung zur Innovation und zum technischen Wandel hat in den letzten Jahren sowohl neue Einsichten in den Ablauf und die Wirkungsweise betrieblicher Neuerungsprozesse gebracht, zugleich aber auch das Manko einer geeigneten Systematik und Quantifizierung deutlich werden lassen. Eine zunehmende Fülle von Veröffentlichungen zur Innovationsforschung, anfangs in den angelsächsischen Ländern, in den letzten Jahren aber auch aus dem deutschsprachigen Raum, hat nicht darüber hinwegtäuschen können, daß eine Reihe von zentralen Fragestellungen weiterhin der Beantwortung harren. Defizite liegen sowohl im Bereich der Theorie als auch bei der Umsetzung praxisrelevanter Planungs – und Bewertungsverfahren. Im Bereich der **Theorie** steht noch immer die Erarbeitung einer verallgemeinernden Theorie betrieb-

licher Innovation aus, die die grundlegenden Ergebnisse der
neueren Firmen— und Organisationstheorie zusammenfaßt und es
ermöglicht, die vorhandene Fülle empirischer Studien in systema—
tischer Weise auszuwerten. Wichtige Bausteine einer solchen
übergreifenden theoretischen Konzeption umfassen:

o   die Analyse von Beharrungstendenzen und organisatorischer
    Stabilität als Ausgangsbasis für Veränderungsprozesse,

o   Modelle ungleichgewichtigen Wachstums innerbetrieblicher
    Ressourcen, die Suchprozesse und Veränderungen auslösen
    (9),

o   innerbetriebliche Prozesse "schöpferischer Zerstörung", in
    denen Innovationen in einem Spannungs— und Konfliktfeld
    generiert werden

o   sowie Modelle der systemischen Innovation und der inner—
    sowie zwischenbetrieblichen Koalitionsbildung.

Eine solche übergreifende Theorie muß vor allem auch den neue—
ren Entwicklungen aus der Unternehmensberatungspraxis Rech—
nung tragen, in der systematische Methoden des Technologie—
und Innovationsmanagements entwickelt wurden. Wichtige
Fragestellungen, die in diesem Zusammenhang weiter verfolgt
werden müssen, umfassen:

o   Wie können wir Informationen über zukünftige Marktanforde—
    rungen und Technologieentwicklungen noch systematischer
    erfassen und auswerten?

---

(9)   Ansätze hierfür finden sich in den Arbeiten von PENROSE (1959)

o   Wie bewältigen wir die wachsende Erfordernis der Einbindung einer Vielzahl von Know—how—Trägern und externen Part— nern im Bereich der Technologieentwicklung?

o   Wie steuern wir noch besser den innerbetrieblichen Ablauf— prozeß, der für die Beschleunigung von Produkt— und Ver— fahrensentwicklungen unabdingbar ist?

o   Wie integrieren wir die Ergebnisse und Methoden des Technologiemanagements in die Gesamtstrategie des Unter— nehmens?

Die wachsende Erfordernis der Bewältigung von Innovationspro— zessen zieht eine Reihe von **Implikationen für die Ausbildung** an den Hochschulen nach sich. Hierzu zählen:

o   die notwendige Überprüfung einer zu engen funktionalen Spezialisierung innerhalb der Betriebswirtschaft,

o   die wachsende Erfordernis der Vermittlung "synergetischen Know—hows", insbesondere von technischen Kenntnissen in wirtschaftswissenschaftlichen Studiengängen,

o   die stärkere Vermittlung von sog. Prozeß—Know—how (Ver— handlungsfähigkeit, Teamwork, innerbetriebliche Entschei— dungsprozesse, Projektmanagement) im Ausbildungsprozeß,

o   das möglichst frühzeitige "Überbrücken von Kulturen" durch Einbeziehung von Betriebspraktika, und Auslandstätigkeiten und —studien,

o   den Aufbau von Schwerpunkten des "Technologiemanage— ments" bzw. "Innovationsmanagements" im Rahmen von wirt— schafts— und ingenieurwissenschaftlichen Studiengängen.

Innovation und Technologieentwicklung ist mittlerweile in ent-
sprechender Weise planbar geworden und Gegenstand eines geordneten Managements wie dies auch für andere betriebliche
Leistungsbereiche und Funktionen der Fall ist. Die Forschung und
Ausbildung an den Hochschulen sollte dieser Tatsache Rechnung
tragen. Eine weitere Vertiefung und Verbreiterung des Wissens
über neuere Verfahren des Technologie-Managments und -
Controllings ist eine notwendige Voraussetzung, um die
Wettbewerbsfähigkeit in Unternehmen und Forschungseinrichtungen auf hohem Niveau zu erhalten.

LITERATUR

ARTHUR D. LITTLE INTERNATIONAL (1983), Der Strategische Einsatz von Technologien, Wiesbaden 1983.

ARTHUR D. LITTLE INTERNATIONAL (1986), Management der Geschäfte von Morgen, Wiesbaden 1986.

ARTHUR D. LITTLE INTERNATIONAL (1988), Management des geordneten Wandels, Wiesbaden 1988.

BROCKHOFF, K., Forschung und Entwicklung, München 1988.

GERYBADZE, A. (1982), Innovation, Wettbewerb und Evolution, Tübingen 1982

GERYBADZE, A. (1987), Kopplung von Forschung, Entwicklung und Marketing, Organisations− und Qualifizierungsaufgaben in innovativen Unternehmen, in: BAAKEN, T., SIMON, D., Abnehmerqualifizierung als Instrument des Technologie−Marketing, Berlin 1987.

VON HIPPEL, E. (1986), Lead Users: A Source of Novel Product Concepts, Management Science 32, No. 7 (July 1986), pp. 791−805.

VON HIPPEL, E. (1987), A Customer−Active Paradigm for Industrial Product Idea Generation, Research Policy 7, No. 3 (July 1987), pp. 240−266.

VON HIPPEL (1988); The Sources of Innovation, Oxford 1988.

KANTER, R.M., The Change Masters, New York 1983.

KETTERINGHAM, J., NAYAK, R., Senkrechtstarter, Düsseldorf 1987.

PENROSE, E. Theory of the Growth of Firms, Cambridge 1959.

SOMMERLATTE, T., Innovationsfähigkeit und betriebswirtschaftliche Steuerung, Die Betriebswirtschaft, 48, 2/1988, pp. 161−169.

Internationalisierungsstrategie der Hako-Gruppe

Von Walter Gnauert
Hako-Werke GmbH & Co., Bad Oldesloe

1. Die Hako-Gruppe

2. Was ist Internationalisierung

3. Warum Internationalisierung

4. Voraussetzungen für erfolgreiche Internationalisierung

5. Praktische Durchführung
   5.1 Personal
   5.2 Start
   5.3 Qualität und Kundendienst
   5.4 Laufende Kontrolle

Die Hako-Gruppe

Die Hako-Gruppe feiert in diesem Jahr ihren 4o. Geburtstag.
Im Gründungsjahr 1948 begann Hans Koch mit der Montage von
Motorhacken bei Ilo in Pinneberg in gemieteten Räumen. Die
Unternehmensgruppe hat inzwischen einen konsolidierten Weltumsatz von knapp DM 25o Mio. erreicht, beschäftigt rd.
1.35o Mitarbeiter und ist mit eigenen Gesellschaften in
14 Ländern der Erde vertreten.

Die Erfolgsgeschichte der Hako-Gruppe ist geprägt durch
Innovationsbereitschaft und internationale Marktbearbeitung.
Schon Anfang der 5oer Jahre wurden die Motorhacken zu zwei-
achsigen Kompakttraktoren weiterentwickelt, die als Werk-
zeugträger für modulare Anbausysteme dienen.

Ende der 5oer Jahre kam der Ergänzungs- und Erweiterungs-
schritt von der gewerblichen Grundstückspflege hin zur
Betriebsreinigung. Die ersten Kehrsaugmaschinen wurden entwickelt und gebaut. Ein Jahrzehnt später kamen die Naß-
scheuermaschinen hinzu. Seit Beginn der 8oer Jahre verfügt
das Unternehmen durch den Erwerb von zwei amerikanischen
Tochtergesellschaften über ein breites Programm von Büro-
reinigungsmaschinen. Die deutsche Entwicklungsabteilung
hat während der letzten fünf Jahre jedes Jahr ein neues
Grunderzeugnis freigegeben.

Sauberkeit und gepflegte Außenanlagen sind zumindest in
allen Industrieländern auch aus Gründen der Qualitäts-
sicherung erwünscht. Hako hat sich sehr früh den internationalen Märkten zugewandt und damit eine breitere Basis
für die ständige Neuentwicklung von Erzeugnissen geschaffen.

Hako – International

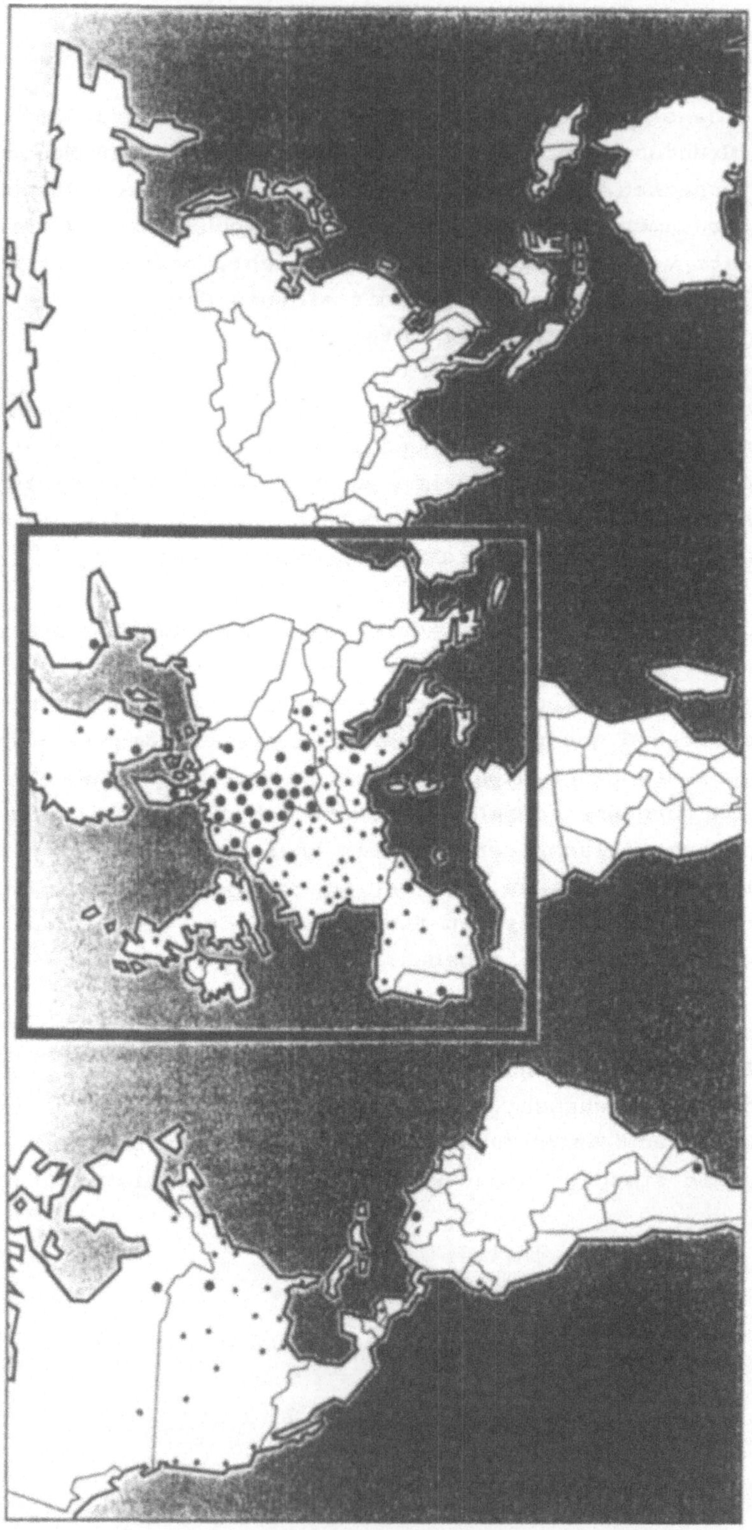

2. Was ist Internationalisierung?

Internationalisierung muß umfassend verstanden werden. Sie berührt

- Produktprogramm (Entwicklungs- und Fertigungsschwerpunkte, Anpassung an Marktgegebenheiten, Austauschbarkeit von Komponenten)

- Marktstrategie (Auswahl der erfolgversprechenden Märkte)

- Führungsstruktur/Personalpolitik (Internationalisierung der Führungskräfte)

- Fertigungskonzeption, Logistik, Qualität

- Finanzen, Informationswesen

3. Warum Internationalisierung?

Außerhalb Deutschlands leben sehr viel mehr Kunden!

	Bevölkerungszahl 1985 in Mio.	BSP/Kopf/p.a. in US-$
D	61,o	1o.94o
F	55,2	9.54o
I	57,1	6.52o
GB	56,5	8.46o
S	8,4	11.89o
USA	239,3	16.69o
Japan	12o,8	11.3oo
Korea	41,1	2.15o
Taiwan	19,1	3.17o
Brasilien	135,6	1.64o
Indien	765,1	27o

Bodenreinigungs-Automaten für wirtschaftliche Naßreinigung 

Handarbeit

ca. 100 m²/Stunde

Hakomatic E/B 43

ca. 1.100 m² Sauberkeit/Stunde

Hakomatic E/B 53

ca. 1.400 m² Sauberkeit/Stunde

Hakomatic SBR 50/60

ca. 1.300/1.600 m² Sauberkeit/Stunde

Hakomatic SBR 70/85

ca. 1.800/2.200 m² Sauberkeit/Stunde

Hakomatic 100
Batterie/Generator

ca. 3.900 m² Sauberkeit/Stunde

Hakomatic 130
Batterie/Generator

ca. 5.100 m² Sauberkeit/Stunde

Diese Leistungsdaten sind Durchschnittswerte bei normalen Verhältnissen und keine theoretischen Maximalangaben.

Kehrsaugmaschinen für rationelle Sauberkeit

Handarbeit

ca. 300 m²/Stunde

Hako-Flipper / Flipper FE

ca. 1.500 m² Sauberkeit/Stunde

Hako-Hamster 1000 / 1000 S

ca. 2.000/2.500 m² Sauberkeit/Stunde

Hako-Jonas 1000/1100

ca. 3.500/5.500 m² Sauberkeit/Stunde

Hako-Jonas 1500

ca. 8.500 m² Sauberkeit/Stunde

Hako-Jonas 1700

ca. 10.000 m² Sauberkeit/Stunde

Hako-Jonas 1800

ca. 13.000 m² Sauberkeit/Stunde

Die weltweite Marktbearbeitung und Präsenz bietet folgende
Hauptvorteile

- bessere Amortisation der rasch steigenden Entwicklungskosten für neue Erzeugnisse und damit verbundene anhaltende Innovationskraft

- Auseinandersetzung mit internationalem Wettbewerb und
  damit Erhöhung der eigenen Leistungsfähigkeit

- Zugang zu viel mehr Ideen und damit verbundene Lerneffekte

- Überwindung von Importrestriktionen oder erheblichen
  Wechselkursschwankungen

4. Voraussetzungen für erfolgreiche Internationalisierung

Die wichtigste Voraussetzung ist möglichst umfassende Markt-
kenntnis. Sie kann mit Hilfe von Verbänden, Handelskammern,
Beratungsunternehmen und Banken gewonnen werden. Wichtig
ist dabei auch das eigene Wissen um Kundenwünsche, Kunden-
strukturen, Produkt- und Anwendungstechnologien.

Entscheidend ist auch, die "richtigen" Produkte für die
jeweiligen Märkte anzubieten. An das gleiche Grundmodell
können in Europa, USA und Japan völlig unterschiedliche
Detailanforderungen gerichtet werden.

Bei der in mittelständischen Unternehmen in der Regel begrenzten Kapazität an Führungskräften, Entwicklungsmitar-
beitern und finanziellen Ressourcen ist die Auswahl der
"richtigen" Märkte entscheidend. Wir meinen damit Märkte,
deren Aufnahmebereitschaft für unsere Produkte hoch und
deren Wachstum dynamisch ist. Schließlich muß es sich um
Märkte handeln, die dem "Internationalisierungs-Know-how"

unserer Gruppe entsprechen. So hat Hako zunächst Gesellschaften in Europa, dann in Nordamerika und zuletzt in
Fernost aufgebaut.

Ein entscheidender Erfolgsfaktor ist die Auswahl der
"richtigen" Führungskräfte. Wir bevorzugen im allgemeinen
nationale Manager, fühlen uns jedoch in einigen Märkten
mit einer deutschen Geschäftsführung sicherer.

Wenn ein deutsches mittelständisches Unternehmen Märkte in
so weit entfernten Gebieten wie USA, Japan und Australien
aufbauen will, muß es zu dezentraler Führung bereit sein.
Wir verstehen darunter weitgehende Freiheit der lokalen
Verantwortlichen bei der Entscheidung von Fragen, die ihren
Markt betreffen, eingebunden allerdings in die jährliche
Rahmenplanung der Gruppe und der einzelnen Gesellschaften
sowie in die Kultur unseres Unternehmens.

Trivial aber notwendig ist ein professioneller und erst-
klassiger gesellschaftsrechtlicher Start. Fehler, die in
der Gründungsphase bei Verträgen aller Art gemacht werden,
können später nur schwer wieder ausgeglichen werden. Daher
sind gute Anwalts-, Wirtschaftsprüfer- und Steuerberater-
adressen zu empfehlen.

5. Praktische Durchführung

5.1 Personal

Wir haben folgende Voraussetzungen geschaffen:

- klare Verantwortung in der Führungsspitze für die Auslandsgesellschaften durch eine entsprechende Matrixorganisation
  und koordinierende Abteilungen, in denen dann auch das
  Auslands-Know-how vorhanden ist

- dezentrale Führungsstruktur mit der Möglichkeit der Beteiligung der lokalen Geschäftsführer an "ihrer" Gesellschaft

- Kommunikationsfähigkeit: an allen Schnittstellen des
  Stammwerkes zu Auslandsgesellschaften wird mindestens
  eine Fremdsprache gesprochen. Internationale Tagungen
  werden in englischer Sprache abgehalten.

- Aufgeschlossenheit für die sachlichen und persönlichen
  Unterschiede in den Auslandsmärkten und für die Wünsche
  der dortigen Kunden.

5.2 Start

Die erfolgreiche Marktbearbeitung kann durch die Gründung
einer eigenen Gesellschaft, einer selbständigen Vertretung
oder durch die Akquisition einer bereits bestehenden Firma
begonnen werden. Wir haben gute Erfahrungen mit allen drei
Möglichkeiten gemacht. Wichtig ist bei allen Projekten die
Risikokontrolle. Das heißt mit vorsichtigen Schritten anfangen und Rückzugsmöglichkeiten offenhalten.

5.3 Qualität und Kundendienst

Internationalisierung stellt sehr viel höhere Anforderungen
an sichere Qualität und funktionierenden Kundendienst. Aus-
ländische Kunden, die die Wahl zwischen mehreren internationalen Anbietern haben, werden sich, da sie oft selbst
unsicher über die Auswahl des "richtigen" Erzeugnisses
sind, bevorzugt für das verläßliche Produkt entscheiden.
Bei Investitionsgütern bedeutet dies nicht nur sichere
Fertigungsqualität, sondern auch bei unvermeidlichen
Störungsfällen den rasch und verläßlich funktionierenden
Service.

5.4 Laufende Kontrolle

Internationalisierung und dezentrale Führungsstruktur setzt
eine gut funktionierende Risikokontrolle voraus. Sie umfaßt

- Planungs- und Berichtswesen (jährliche Wirtschaftsplanung,
  laufende monatliche Berichterstattung aller Eckdaten)

- Überwachung der Qualitätsrisiken (Garantiemeldungen,
  Garantiestatistiken)

- Kontrolle der Währungsrisiken (abgestimmtes System von
  Devisentermingeschäften, entsprechende Finanzierungsmethoden)

- Kreditrahmen (Planung des Gesamtmittelbedarfs einschließlich
  Spitzen der Auslandsgesellschaften und Festlegung der
  Deckungsmaßnahmen. Überschreitungen des Kreditrahmens
  bedürfen der Zustimmung der Muttergesellschaft.)

Controlling bei der Kali-Chemie

Von Dipl.-Kfm. Jürgen Günther
Kali-Chemie AG, Hannover

1. Die Kali-Chemie-Gruppe: Daten zum Unternehmen

2. Die Controlling-Organisation

3. Aufgaben des Controllings im Hause Kali-Chemie

4. Das operative Controlling

5. Das strategische Controlling

6. Ausblick

1. Die Kali-Chemie-Gruppe: Daten zum Unternehmen

Die Kali-Chemie ist eine auf den internationalen Märkten
bekannte Unternehmensgruppe des Solvay-Konzerns. Mit einem
konsolidierten Gruppenumsatz von 1,73 Mrd. DM und rund
6.400 Mitarbeitern zählt es zu den 20 größten Unternehmen
der chemischen Industrie in der Bundesrepublik Deutschland.
Neben der Pharmaproduktion sind schwerpunktmäßig die Produktion von Grundchemikalien (Barium-, Strontium- und
Schwefelverbindungen), Fluorspezialitäten, Feinchemikalien,
Electronic Chemicals, Katalysatoren, organische Peroxide,
Perborate sowie die Aktivitäten auf dem Bio-Sektor (Enzyme,
Proteine, Milchzuckererzeugnisse, Aminosäuren) zu nennen.

Das Unternehmen ist in fünf Sparten, die als Profitcenter
mit zugehörigen Werken, Tochter- und Beteiligungsgesellschaften agieren, und in sieben spartenübergreifende
Zentralbereiche aufgeteilt. Ein Teil der Zentralbereiche
ist gemeinsam für die Kali-Chemie und die Deutsche Solvay-
Werke GmbH tätig.

2. Die Controlling-Organisation

Die **Controlling-Organisation** der Kali-Chemie (Abb. 1) in
der derzeitigen Form existiert seit 10 Jahren.

Das Unternehmenscontrolling ist dem Vorstandsvorsitzenden
direkt unterstellt. Das Spartencontrolling, das Bereichs-
controlling und das Controlling der Werke und der Tochter-
und Beteiligungsgesellschaften ist fachlich dem Unternehmenscontrolling zugeordnet, untersteht disziplinarisch
aber den Leitungen der jeweiligen Einheiten.

Zum **Zentralbereich Unternehmenscontrolling** gehören:
Die Datenverarbeitung (gemeinsam für Kali-Chemie und
die Deutsche Solvay-Werke GmbH),
die Organisation (Ablauf- und Strukturorganisation),
das operative Controlling,
das strategische Controlling ("corporate planning")
sowie derzeit das Projekt-Management "Betriebswirtschaft"
für die Einführung eines neuen DV-gestützten Controlling-
Systems für Planung, Istabrechnung und Berichtswesen.

VORSTAND
Unternehmens-Controlling
Sparten-Leitung
Zentral-bereichsleitung
Sparten-Controlling
Bereichs-Controlling
Leitung Werke/Gesellschaften
Controlling Werke/Gesellschaften
disziplinarische Unterstellung
fachliche Unterstellung

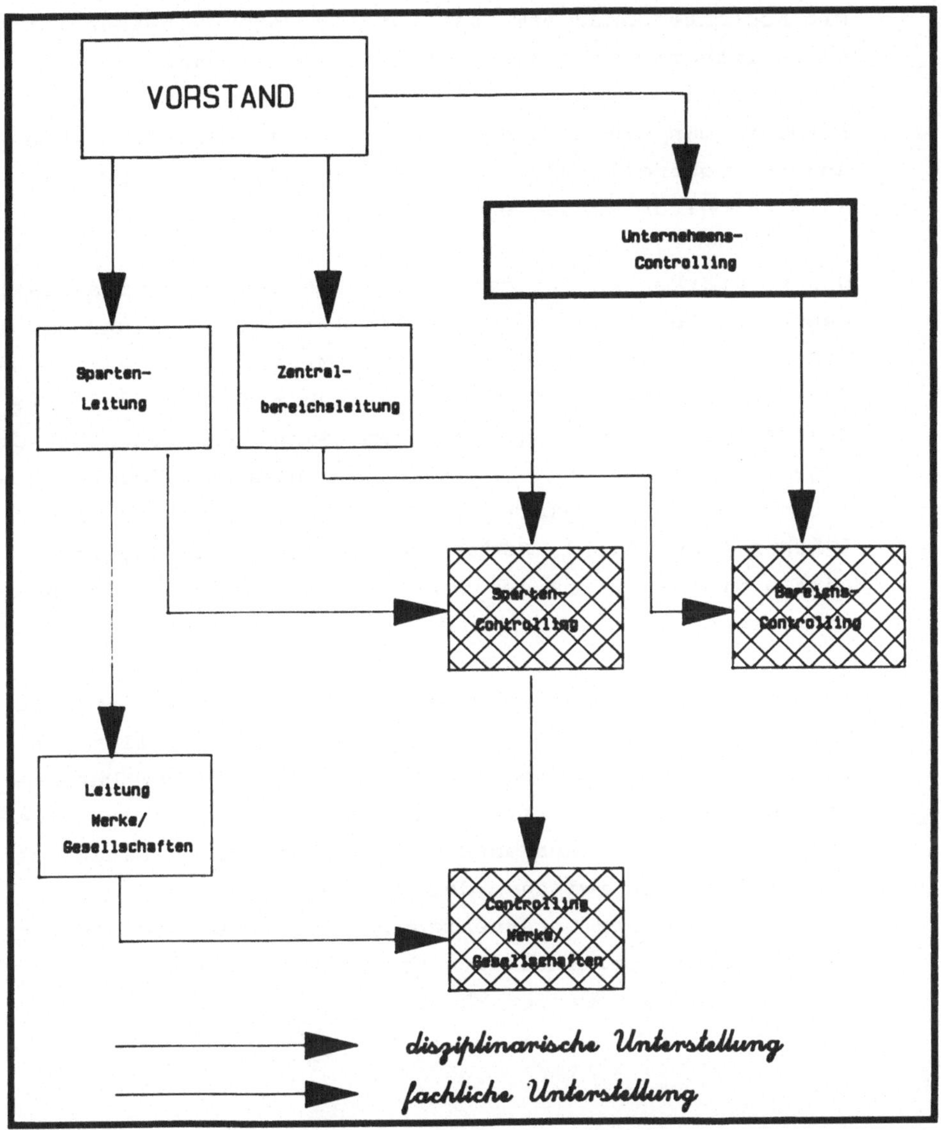

Abb. 1

Die Kostenrechnung bzw. das interne Rechnungswesen ist bis
heute integriert in den Zentralbereich Finanzwesen.

Klammert man das interne Rechnungswesen aus, dann sind zum
engeren Controller-Kreis in der Kali-Chemie-Gruppe ca.
35 Mitarbeiter zu zählen.

Unsere Stärken in der derzeitigen Controlling-Organisation
sehen wir in dem guten aktuellen Informationsstand und in
der Möglichkeit zur konstruktiven Mitarbeit. Die Einbindung
des Controllers in die Sparte verschafft Vertrauen; die
Sparte spricht dort von "unserem" Mann. Als Schwäche könnte
angesehen werden, daß oft Aufgaben außerhalb der eigentlichen Controlling-Tätigkeit wahrgenommen werden müssen
("Libero"-Funktion), doch dagegen steht, daß dadurch
häufig die Akzeptanz des Controllers bei den Kollegen
und Vorgesetzten erhöht wird.

Als mögliches Problem bleibt die Stellung des Controllers
als "Mehr-Bänder-Mann": Z.B. der Spartencontroller ist
disziplinarisch dem Spartenleiter, fachlich dem Unter-
nehmenscontroller unterstellt. Unsere Erfahrungen zeigen,
daß Probleme, die aus unterschiedlichen Prioritäten oder
aus Differenzen zwischen der Spartenpolitik und den
Vorstellungen des Unternehmenscontrollings resultierten,
durch permanente, intensive Kommunikation meistens aus
dem Wege geräumt werden können.

Auch gemeinsames Agieren von Spartenleitung und Leitung
des Unternehmenscontrollings bei der Personalentwicklung,
Beurteilung und Einsatzplanung der Controller trägt zum
Abbau von "Spannungen" bei.

3. Aufgaben des Controllings im Hause Kali-Chemie

Die generellen Aufgaben des Unternehmenscontrollings
in unserem Hause sind:

- Mitwirkung bei der Erarbeitung einer Unternehmensstrategie; Ableitung der Spartenziele und Vorgabe
  eines Orientierungsrahmens für das Spartencontrolling.

- Kritische Würdigung der spartenseitig gelieferten
  Informationen im Hinblick auf die Unternehmensstrategie.

- Richtlinienkompetenz in bezug auf Betriebswirtschaft im Hause Kali-Chemie.

- Betriebswirtschaftliche Methoden-Vermittlung.

- Unterstützung bei Unternehmensbewertungen.

- Organisationsentwicklung.

- Berater-/Filterfunktion gegenüber dem Vorstand.

- Bearbeitung von spartenübergreifenden Projekten.

Daneben haben sich im Laufe der Jahre einige spezielle
Aufgaben für das Unternehmenscontrolling herauskristalli-
siert. Hierzu gehören das gesamte Berichtswesen Kali-Chemie
⇄ Solvay, das Investitions-Controlling, das F+E-Con-
trolling, das Controlling der Hauptverwaltungskosten sowie
die gesamte terminliche und ablaufmäßige Koordination der
operativen Planung.

Der **Aufgabenkatalog des Spartencontrollings** sei in den
folgenden Leitsätzen zusammengefaßt:

- An der Erarbeitung von Spartenzielen
  mitwirken.
- Spartenpläne erstellen, koordinieren
  und umsetzen.
- Spartenaktivitäten im Hinblick auf
  Sparten-Zielsetzung und -Planung
  überprüfen und bewerten.
- Informationen beschaffen, verarbeiten
  interpretieren und weiterleiten.

Stellvertretend für alle anderen Controlling-Funktionen
seien hier die **Aufgaben des Werkscontrollings**
beschrieben:

Den Sinn bzw. Zweck sehen wir zweifach:
a) In sachlicher Richtung:
   Der Werkscontroller-"Dienst" sorgt dafür, daß eine
   Methodik existiert, die darauf hinwirkt, daß das Werk
   seine Ziele erreicht.

Dazu gehören:

- Sicherung einer Planung im Werk, die dem Planungs-
  system der KC entspricht.
- Unterstützung/Beratung der Werks- und Betriebs-
  leitungen bei der Durchsetzung der Spartenziele auf
  Werksebene.
- Initiierung von Vorschlägen zur Verbesserung der
  wirtschaftlichen und organisatorischen Effizienz des
  Werkes.
- Beschaffungsfunktion für Informations- und Steuerungs-
  daten.

b) In personeller Hinsicht:
   Der Werkscontroller sorgt dafür, daß jeder sich selbst
   im Hinblick auf die Einhaltung der von der Sparten- bzw.
   Werksleitung gesetzten Ziele kontrollieren kann.

   Daraus leiten wir folgende Aufgabengruppen ab:
   - Planungsaufgaben
     insbesondere Produktions-, Kapazitäts-, Kosten-,
     Personal-, Investitions- und Instandhaltungsplanung.

   - Informationsaufgaben
     Ausbau des werksbezogenen Informationssystems,
     Soll-Ist-Vergleiche, betriebswirtschaftliche
     Analysen, Bestandsüberwachung und Wirtschaftlich-
     keitsrechnungen.

   - Steuerungsaufgaben
     Der Werkscontroller sorgt u.a. für ein "anlaß-
     orientiertes" Einleiten von Gegenmaßnahmen.

- Kommunikationsaufgaben
  Moderation von Gesprächen, Diskussionen, Konferenzen.

- Sonderaufgaben ("Libero"-Funktion)
  Mitarbeit in der Wertanalyse und beim betrieblichen
  Vorschlagswesen; Inventuraufgaben; Leitung Anlagen-
  buchhaltung; Ausbildung von Nachwuchskräften.

4. Das operative Controlling

Vor ca. 25 Jahren wurde bei der Kali-Chemie die **flexible
Plankostenrechnung auf Basis von Vollkosten** eingeführt.
Noch heute wird sie bei allen Kali-Chemie-Werken ohne
nennenswerte DV-Unterstützung durchgeführt, noch heute
haben wir das gleiche Standardkostenblatt (besser: Plan-
kostenblatt, Abb. 2) wie damals im Gebrauch. Zusätzlich
wird bei uns auf dieser Basis eine **Grenzplankostenrechnung**
ermittelt.

Ausgangspunkt der jährlichen operativen Planung ist eine
kundenindividuelle Absatzplanung; die sich hieraus
ergebenden Absatzmengen bilden die Grundlage für unseren
Produktionsplan in Verbindung mit der Bestands- und Kapazi-
tätsplanung. Parallel dazu läuft die Investitions-,
Instandhaltungs- und Personalplanung.

Der darauf aufbauende **Kostenplan** wird manuell in den
dezentralen Einheiten mit Unterstützung der jeweilig
zuständigen Controller erarbeitet.

STANDARDKOSTEN

	Werk	Kostenstelle

Kostenstellen-Bezeichnung | Zeitraum

Menge I | Menge II | Leistungseinheit = LE

Lfd. Nr	Bud Nr	Stoff-Nr Klasse 7	Bezeichnung der Kostenarten	ME	PE	Mengen fix	Mengen var je LE	DM / PE	fix DM	Kosten var DM / LE	fix + var DM/LE
1											
2											
3											
4											
5											
6											
7											
8											
9											
10											
11											
12											
13											
14											
15											
16											
17											
18											
19											
20	4AA		Betriebsstoffe								
21	4AB		Sprengmittel								
22	4BB		Rohstofflager I								
23	4BC		Sprengstoff-/Rohstofflager II/V + V								
24	4BD		Magazin								
25	4BE		Sonstige Lager								
26	4CA		Lohne	h	1						
27	4CB		Gehalter								
28	4DA		Kuhlwasser								
29	4DB		Heizol / Flussiggas	t	1						
30	4DC		Treibstoffe	l	3						
31	4EA		Werkswasser	cb	3						
32	4EB		Spezialwasser/Permutit I/Gemeindewasser	cb	3						
33	4EC		Wasseraufbereitung / Permutit II	cb	3						
34	4ED		Frischdampf	t	1						
35	4EF		Abdampf I	t	1						
36	4EG		Abhitzedampf / Abdampf II	t	1						
37	4EH		Strom	kW	3						
38	4EJ		Gas	cb	3						
39	4EK		Abwasserreinigung								
40	4GA		Reparaturmaterial								
41	4GB		Fremdreparaturen								
42	4GC		Werkstatten / Lehrlingsausbildung	h	1						
43	4GD		Ao und Uv Reparaturen								
44	4GE		NRW/Versandabteilung								
45	4HA		interne Transporte/Umschlag								
46	4JA		Ruckstandebeseitigung/-halde								
47	4KA		Labor/Laborlehrlingsausbildung	h	1						
48	4LA		Sonstige Fremdleistungen								
49	4MA		Versicherungen, Beiträge, Gebühren								
50	4NA											
51	4OA		Lohnabrechnung								
52	4PA		Betriebssteuern								
53	4QA		Abschreibungen/GWG								
54	4ZA		AWK								
55	4ZZ											
56											
57			Vorprodukte und Rohstoffe								
58			Fertigungskosten, Abschreibungen und AWK								
59			Standardherstellkosten								
60											
61			Verladekosten								
62			Standard-Werkherstellkosten								

Abb. 2

In der Kostenplanung sind die Kostenstellen-Bezugs-
größen die geplanten Produktionsmengen. Bei unseren
Chemiewerken ergibt sich teilweise eine Besonderheit
dadurch, daß häufig Kostenstellen und Kostenträger
gleichgesetzt werden können.

Dann wird kostenartenweise das Mengengerüst, getrennt
nach fix und variabel, je Kostenstelle ermittelt. Die anschließende Multiplikation der Mengen mit den Planpreisen
(s.   Abb. 2) führt zu den fixen und stellenvariablen
Kosten[1]). Im gleichen Rechengang werden über die durch-
gewälzten variablen Kosten noch manuell die Grenzkosten[2])
bestimmt.

Für kleinere selbständige Einheiten, oder um eine unge-
fähre Vorstellung über die Entwicklung des kommenden
Geschäftsjahres zur Ergebniszielsetzung zu bekommen, wird
oft ein Grobplan auf Basis einer Kostenartenplanung
erstellt.

---

[1])Stellenvariable Kosten:
   Variabler Verbrauch x Vollkostenpreis

[2])Grenzkosten:
   Variabler Verbrauch x Grenzkostenpreis

Aus dieser Grobplanung wird für uns ersichtlich, welche zusätzlichen Maßnahmen zu ergreifen sind, um eine geplante
Zielsetzung zu realisieren und welche Strukturveränderungs-
Maßnahmen ergriffen werden müssen, um die zukünftige Existenz abzusichern. Erst danach erfolgt der Einstieg in den
detaillierten Gesamt-Planungsprozeß.

Die dezentrale Planung unterstützt die "bottom-up"-Planung.
Sie wird koordiniert durch das Unternehmenscontrolling.
Wir sehen darin folgende Vorteile:
- Die Identifikation der einzelnen Bereiche mit
  ihren Teilplänen.
- Die Ausnutzung aller Informationen vor Ort.
- Eine bessere Informationsrückkopplung und
  laufende Plausibilitätsprüfung der einzelnen
  Teilpläne.

In der **Erlösplanung** operieren wir mit drei zentralen
Größen: Bruttoerlöse, Umsatzerlöse und Nettoerlöse. Das
Erlösschema ist aus Abb. 3 ersichtlich.

Die Erlös- und Kostenplanung werden zur (Betriebs-)-
Ergebnis-Planung zusammengeführt. Wir haben uns im Hause
Kali-Chemie auf die grundsätzliche Ergebnisstruktur, wie
sie Abb. 4 zeigt, geeinigt.

Der **Planungshorizont** beträgt 3 Jahre. Die Planung für
das 1. Jahr (Budgetjahr) ist in sich voll integriert und
sehr detailliert, das 2. und 3. Jahr stellt nur wesentliche
Ergebnis-Eckwerte dar und bezieht nur größere konkrete
Projekte und Maßnahmen ein.

BRUTTOERLOESE

> Rabatte / Boni
> Skonti
> Sonstige Erloesschmaelerungen (incl. Kursdifferenzen)
>
> **- Erloesschmaelerungen**

UMSATZERLOESE

> Verpackung
>   Umlaufvermoegen
>   Anlagevermoegen
>
> Frachten
>   zum Kunden
>   zum Aussenlager
>   Kosten fremder Aussenlaeger
>
> Befoerderungsmittel
>   Fremde
>   Eigene
>
> Transportversicherung
>
> Lizenzen
>   Fixe Lizenzen
>   Andere
>
> Provisionen
>
> Sonstige SEK
>   (Service-Fee, Registr.-Kosten)
>
> **- SEK des Vertriebes**

NETTOERLOESE

Abb.3

BRUTTOERLOESE
- Erloesschmaelerungen

UMSATZERLOESE
- SEK des Vertriebs

NETTOERLOESE
- Grenz-Werkherstellkosten

DECKUNGSBEITRAG < DB 1 >
- fixe Werkherstellkosten

WERKSERGEBNIS < DB 2 >
- direkt zurechenbare Produktkosten
   z.B. Werbung
        Vertrieb
        Verwaltung
        F & E / AWT

PRODUKTERGEBNIS < DB 3 >
- direkt beeinflussbare Spartenkosten
- kalk. Zinsen

SPARTENERGEBNIS
- anteilige Unternehmensgemeinkosten

BETRIEBSERGEBNIS
- sonstige betriebliche Aufwendungen
+ sonstige betriebliche Ertraege

BETRIEBLICHES ERGEBNIS
(lt. Def. Paragraph 275 HGB, neues BiRiLiG)

Abb. 4

Für unser **Berichts- und Informationswesen** stehen uns
DV-gestützt Kostenarten-, Kostenstellen-, Kostenträger und
Deckungsbeitragsrechnungen zur Verfügung.

Wichtiges Informations- und Steuerungselement ist der
Soll-Ist-Vergleich (Abb. 5), der je Kostenstelle und nach
dem gleichen Kostenartenschema wie im Plan erstellt wird.
Einen Vorteil sehen wir darin, daß der Kostenstellen-Verant-
wortliche auf _einem_ Blatt monatlich das Wert- _und_ Mengengerüst
der Kosten für Ist und Soll vorgelegt bekommt. Ausgewiesen
werden dazu die Verbrauchs-, Preis-, Vorprodukt- und Beschäf-
tigungs-Abweichungen. Kommentierungs-Schwerpunkt sind die
signifikanten Verbrauchs-Abweichungen.

Zusammengefaßt im sogenannten **"Monatsbericht"** erhält unser
Top-Management am 10. Arbeitstag des Folgemonats auf Basis
von Ist-Zahlen:
- Datenblätter für die KC-Gruppe gesamt und die
  einzelnen Sparten mit Umsatzerlösen und Betriebs-
  ergebnissen, ergänzt um Ist/Ist- und Plan-/Ist-
  Abweichungen sowie grafische Übersichtsdarstellungen.

- Berichte und Analysen für die Sparten mit der
  Gliederung
  - Sparten-Zusammenfassung,
  - Berichte und Analysen der einzelnen Profit-Center,
  - Ergebnisanalyse mit Plan-Deckungsbeitrags-,
    Nettoerlös- und Werkherstellkosten-Abweichung,
  - Ausblick zum Jahresende (eventuell mit neuer
    Erwartungsrechnung).

- Information über wesentliche Aktivitäten der
  Zentralbereiche.

92

Ein weiterer detaillierter Plan/Ist-Vergleich gemäß dem
Schema der   Abb. 6 wird vierteljährlich vorgelegt.

Noch einige Anmerkungen zu Teilsystemen des operativen Controllings:

Investitions-Controlling
Der Ablauf der Investitionsplanung ist geprägt durch die Anforderungen unserer Muttergesellschaft Solvay. Projekt-Vor-
schlagslisten aller Werke und Gesellschaften ergeben zusammengefaßt im März jeden Jahres einen ersten Überblick über
das Invest-Volumen der nächsten Jahre. Ein Screening mit den
für Investitionen zuständigen Vorstandsmitgliedern kristalli-
siert die wesentlichen Investprojekte heraus, für die technische Detailkonzepte, Marktanalysen und Wirtschaftlichkeits-
überlegungen erstellt werden müssen. Die Kali-Chemie-interne
Verabschiedung der 3-Jahres-Investplanung in Form einer Aus-
gabenplanung erfolgt dann im August auf einer gesondert ange-
setzten Vorstandslesung. Für jedes Projekt des 1. Planjahres
wird ein Freigabeantrag (Abb. 7) vorgelegt. Projekte des
Sonderetats (strategische bedeutsame Projekte und Großpro-
jekte) und Rationalisierungs- und Erweiterungs-Projekte sowie
Investitionen aus sonstigen Markterfordernissen müssen auf
jeden Fall mit Wirtschaftlichkeits-Überlegungen gestützt
werden. Jedes Profit-Center hat die Ziele, Schwerpunkte und
Prioritäten ihrer Investitionspolitik darzulegen und ausführlich zu begründen.

Im Anschluß an die Vorstandsgenehmigung erfolgt die Vorlage
des Investplanes beim Aufsichtsrat und bei Solvay. Nach end-
gültiger Genehmigung durch diese Gremien haben die Profit-
Center die Möglichkeit, sich ihre Mittel für die Projekte
über gesonderte Anträge freigeben zu lassen.

Kali-Chemie AG — Betriebsabrechnung

Einsatz/Fremdbezug	Menge I:	Menge II
Erzeugung/Leistung		
Ausbeute in % gesamt		
Eigenverbrauch		
Nutzbare Erzeugung/Leistung		

				Istkosten				
	Leistungseinheit Kostenarten	ME	PE	Menge	DM je PE	DM	Menge je LE	DM je LE
1								
2								
3								
4								
5								
6								
7								
8								
9								
10								
11								
12								
13								
14								
15								
16								
17								
18								
19								
	Vorprodukte und Rohstoffe							
20	Betriebsstoffe							
21	Sprengmittel							
22	Rohstofflager I							
23	Sprengstoff-/Rohstofflager II/V + V							
24	Magazin							
25	Sonstige Lager							
26	Löhne	h	1					
27	Gehälter							
28	Kühlwasser							
29	Heizöl/Flüssiggas	t	1					
30	Treibstoffe	l	3					
31	Werkswasser	cb	3					
32	Spezialwasser/Permutit I/Gemeindewasser	cb	3					
33	Wasseraufbereitung/Permutit II	cb	3					
34	Frischdampf	t	1					
35	Abdampf I	t	1					
36	Abhitzedampf/Abdampf II	t	1					
37	Strom	kW	3					
38	Gas	cb	3					
39	Abwasserreinigung							
40	Reparaturmaterial							
41	Fremdreparaturen							
42	Werkstätten/Lehrlingsausbildung	h	1					
43	Ao. und Uv. Reparaturen							
44	NRW/Versandabteilung							
45	Interne Transporte/Umschlag							
46	Rückstandsbeseitigung/-halde							
47	Labor/Laborlehrlingsausbildung	h	1					
48	Sonstige Fremdleistungen							
49	Versicherungen; Beiträge; Gebühren							
50								
51	Lohnabrechnung							
52	Betriebssteuern							
53	Abschreibungen/GWG							
54	AWK							
55	Zu berichtigende Kosten							
	HERSTELLKOSTEN							

Verbrauchs-Abweichung	
Vorprodukt-Abweichung	
Preis- Abweichung	
STANDARD-HERSTELLKOSTEN bei Ist-Leistung	
Beschäftigungs-Abweichung	
STANDARD-HERSTELLKOSTEN bei Planleistung	

Zeitraum:

Kostenstelle:

Bezeichnung:

Standardkosten			Verbrauchsabweichung		Preisabw.
Menge	DM je PE	DM	Menge	DM	DM

ME = Mengeneinheit
PE = Preiseinheit
(PE 1 = 1; PE 3 = 100)
LE = Leistungseinheit

95

$$P \, L \, A \, N \, / \, I \, S \, T \, - \, V \, E \, R \, G \, L \, E \, I \, C \, H$$
****

per Quartal :   0

VORJAHR IST			IST		PLAN		ABWEICHUNG VOM PLAN		: VJ
TDM	:% v JE		TDM	:% v UE	TDM	:% v UE	TDM	: %	: %
		: BRUTTOERLOESE							
		: Erloesschmaelerungen							
		: UMSATZERLOESE							
		: ** ergaenzend NET DE VENTE **							
		: SEK Vertrieb							
		: NETTOERLOESE							
		: Werkskosten							
		: WERKSERGEBNIS							
		: Info/Werbung							
		: Vertrieb/Marketing							
		: Verwaltung							
		: AWT							
		: F + E							
		: Unternehmensgemeinkosten(UGK)							
		: BETRIEBSERGEBNIS							
		: kalk. Zinsen							
		: ... %							
		: BETRIEBSERGEBNIS							
		: nach kalk. Zinsen = R 3							
		: INNENERLOESE							
		: KALK. AFA							
		: KAPITALBINDUNG							
		: KAPITALRENTABILITAET							

*** = Wert) 999 oder (-999 Prozent
ERR = nicht ermittelbar

Abb. 6

KALICHEMIE
KaliChemie Aktiengesellschaft

INVESTITIONSANTRAG 19___

☐ Vorstands-Fonds ☐ Werks-Fonds
☐ Budget Direction ☐ Leasing

| Sparte/ZB | Werk | Invest Nr |
| Betrieb | Betr.-Teil | Werksantrag Nr |

Titel (bis 35 Stellen)

| I/G | DCF-Rate | BS | BN |

Ausgaben-planung — In Landeswährung (in 1000) _______

Aufteilung der Gesamtsumme nach KST-Nr

Klassifizierung

	Gesamt	19	19	19	> 19				Kl.		Kl.	
									A1		E1	
Investition									A2		E2	
									B		F	
Sachlich zugehörige Instandhaltung									D1		G1	
									D2		G2	
Sachlich zugehörige sonstige Kosten									D3		H	

Projektbeschreibung und Begründung:

Benötigte Behördengenehmigungen:

Umweltschutzbeauftragte:

Projekt hat vorgelegen, Stellungnahme anliegend

| Datum | Unterschrift |

Anlagen

☐ Verfahrensschemata ☐ Energieeinsparung ☐ ausführl. Begründung
☐ Projektzeichnung ☐ Kalkulation ☐ Alternativen
☐ Lageplan ☐ wesentl. Angebote ☐ Stellungnahme der Umweltsch.-Beauftr.
☐ Personaleinsparung ☐ Wirtschaftlichk. Rech.
☐ ☐

Terminplanung					Jahr
Bestellbeginn	01	04	07	10	
Fertigstellung	01	04	07	10	
Produktionsbeginn	01	04	07	10	

| **Werk-Ltr./Antragsteller** | **Z4 fachlich einverstanden/Vorbehalt** | **Sparten-Ltg./Zentralbereichs-Ltg.** |
| Datum   Unterschrift | Datum   Unterschrift | Datum   Unterschrift |

Form 45 941

Verteiler: Sparte/ZB, Z4, Z5-C, Z6-RA, Werk

Abb. 7

Das Investplanungs-Procedere ist in einer Rahmenrichtlinie
beschrieben, ergänzt um eine Richtlinie für Wirtschaftlich-
keitsrechnungen. In der Kali-Chemie-Gruppe verwenden wir für
eine Risiko-Abschätzung die pay-out-time und zur Rentabili-
tätsermittlung die DCF-Rate (interne Zinsfußmethode). Die
DV-Unterstützung ermöglicht uns, das Entscheidungsspektrum
durch Simulationsrechnungen oder Sensitivitätsrechnungen
sichtbar zu machen. In Sonderfällen wenden wir außerdem
die Kapitalwertmethode und die Nutzwertanalyse an.

Unser Invest-Controlling wollen wir noch effektiver
gestalten; die Soll-Vorstellungen sind:

- Es müssen Wege gefunden werden, den admini-
  strativen Aufwand weiter zu verringern,
- das Sparten-/Bereichscontrolling ist bei der
  Festlegung von Projektinhalten stärker einzubeziehen (bisher ist die Investplanung zu sehr
  technisch orientiert),
- die Projekt-Fortschrittskontrolle ist zu
  verbessern und
- die Investitionskontrolle ist zu institutio-
  nalisieren.

F+E-Controlling:
Im F+E-Controlling drückt sich eine engere Verzahnung zwischen operativem und strategischem Controlling aus.

Das Schwergewicht bei der Kali-Chemie liegt noch auf der
F+E-Kostenplanung, dem Plan/Ist-Vergleich der Kosten und
dem Berichtswesen (Abb. 8). In letzter Zeit ist die Aktivität des Controllings verstärkt worden in Richtung Projekt-
ablaufkontrolle, Erfolgskontrolle und Portfolio-Analysen.

KALICHEMIE KaliChemie Aktiengesellschaft	**F & E - PLANUNG** Projekt-Beschreibung	Projekt-Bez./Nr.: Bereich:

Starttermin — voraussichtl. Endtermin

Projekt-definition Abgrenzung	Literatur-studium	Markt-analyse	Laborphase	Pilot-massstab	Uebertragung in Produktion

(Projektstand durch ↑ kennzeichnen)

Kurzcharakterisierung des Projektstandes:

Naechste Massnahmen:

Gruende Projektabbruch/-beendigung:

Ueberarbeitete Kostenschaetzung in TDM bzw. ueberarbeiteter Personal-/Zeitbedarf:	Verantwortlich: Bearbeitung: Datum:

Abb. 8

Seitens des Controllings wird versucht, die konkurrierenden
Bereichsinteressen durch eine bereichsübergreifende Koordination abzubauen; denn die funktionale Spezialisierung hat
bei uns zu sehr komplexen Abläufen der Bearbeitung und Entscheidungsfindung geführt. Zur Lösung dieser Problematik
hat sich in unserem Hause die Portfolio-Methode als Kommunikationsmittel bewährt, wenn eine abteilungsübergreifende
Gruppe von Mitarbeitern in Form einer Task Force beauftragt
wird, bestimmte F+E-Vorhaben voranzutreiben und bis zur
Umsetzung in den geschäftlichen Erfolg zu betreuen.

Nachdem wir bereits früher im Rahmen des F+E-Controllings
verschiedene Beurteilungs- und Bewertungsverfahren für F+E-
Aktivitäten eingesetzt hatten, wurde mit Hilfe der Portfolio-Methode ein erneuter Zugang zum strategischen Denken
angestrebt. Die Positionierung der F+E-Projekte wird in
einer Neun-Feld-Matrix mit den Hauptdimensionen (Erfolgsfaktoren) Marktattraktivität und F+E-Aufwand vorgenommen
(Abb. 9). Dieses zwingt zu einer interdisziplinären Zusammenarbeit von Mitarbeitern des Marketings, der Marktforschung, der Produktion, des Controllings und der Funktion
F+E.

Zusätzlich wird statt der üblichen Punkt-Positionierung eine
Bereichs-Positionierung vorgenommen, um die Unsicherheiten
der Team-Mitglieder in der Beurteilung einzelner Faktoren
dem Vorstand sichtbar zu machen.

Es wird ein Top down-Prozeß mit einem Bottom up-Prozeß kombi-
niert. Der Wunsch nach Erklärung der Abweichungen zwischen
den Ergebnissen beider Positionierungsprozesse trägt zu einer
Sensibilisierung wesentlich bei.

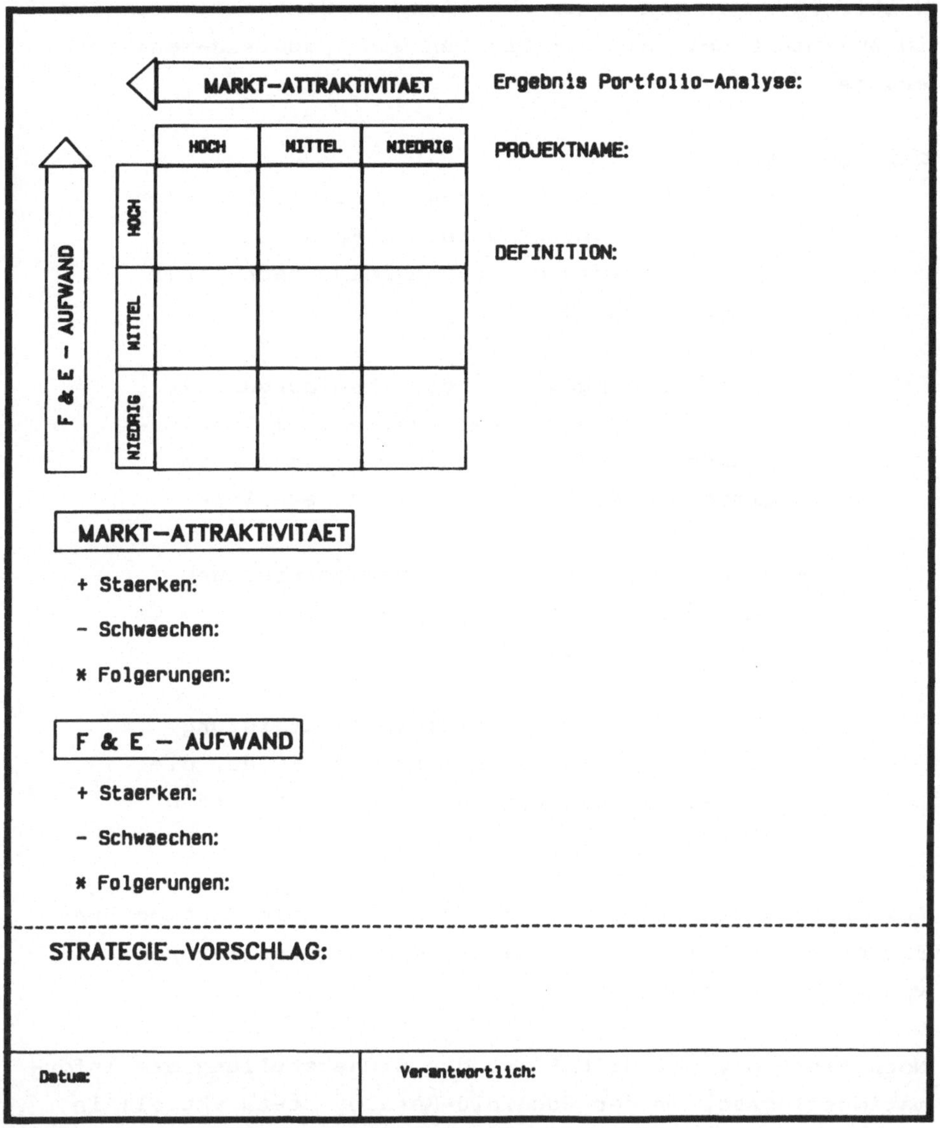

MARKT-ATTRAKTIVITAET
Ergebnis Portfolio-Analyse:
HOCH
MITTEL
NIEDRIG
PROJEKTNAME:
F & E - AUFWAND
HOCH
MITTEL
NIEDRIG
DEFINITION:
MARKT-ATTRAKTIVITAET
+ Staerken:
- Schwaechen:
* Folgerungen:
F & E - AUFWAND
+ Staerken:
- Schwaechen:
* Folgerungen:
STRATEGIE-VORSCHLAG:
Datum:
Verantwortlich:

Abb. 9

Weiterhin wurde von einer Abteilung im Zentralbereich F+E
in Zusammenarbeit mit den Sparten ein **Suchfeld-Katalog**
erarbeitet.

Dazu gehörte:

- Ermittlung der Interessengebiete (Branchen)
  - mit Veränderungen in den Fachrichtungen
  - mit Bestimmung für Rangfolge nach ihrer
    Bedeutung für KC.

- Sichtbarmachung von Überschneidungen der
  Interessengebiete der Sparten, um Anhalts-
  punkte für evtl. Anpassungen der strategischen Geschäftseinheiten zu erhalten.

- Herausarbeitung von Interessenbereichen
  für völlig neue Aktivitäten (neue Produkte
  + neue Anwendungen).

- Als "Nebenprodukt" fiel eine Auflistung
  aller Produktionsverfahren der KC an, die
  als Stärke der Sparten bezeichnet werden
  können.

Auf Basis dieses Suchfeldkataloges wurde ein Katalog über
Firmen erarbeitet, die im Rahmen der Akquisitionspolitik
von Interesse sind.

Noch nicht optimal gelöst ist die Sicherstellung des Informationsflusses, um den Suchfeld-Katalog stets aktuell in
der strategischen Planung einsetzen zu können.

5. Das strategische Controlling

Im folgenden wird nur dargestellt wie bei der Kali-Chemie
die in der Literatur erörterten Instrumente der strategischen Planung sukzessive auf ihre Anwendung überprüft und
umgesetzt wurden, wie der Prozeß abläuft und welche Erfahrungen gemacht wurden.

Ausgehend von der Ansicht, daß die strategische Planung als
Lern- und Evolutionsprozeß schrittweise einzuführen und
weiterzuentwickeln ist, haben wir zunächst sogenannte
Prämissen-Formulare eingeführt (Beispiel   Abb. 10-12).

Damit strebten wir eine erste systematische Sammlung von
Daten über u.a.

- Absatzmärkte
- Wettbewerber
- Technologische Entwicklung
- Rohstoffe

an. Umfangreiche Checklisten und eine intensive Beratung wurden vom Unternehmenscontrolling den Sparten angeboten.

Bekannte Tatsachen wurden erstmals methodisch zugeordnet, um
sie so für die Formulierung eines strategischen Konzeptes
nutzbar zu machen.

<table>
<tr><td colspan="2">KK KALICHEMIE
KaliChemie Aktiengesellschaft</td><td colspan="2">Unterlagen zur
PRÄMISSEN - Diskussion</td><td>Blatt 1</td></tr>
</table>

Planungszeitraum: 19___ — 19___

Sparte: CHEMIKALIEN   **Produkt/Produktgruppe:**

	IST			PLAN			
	19	19	19	19	19	19	19
Produktionskapazität Auslastungsgrad in %							
ABSATZ inkl. Handelsware davon Inland Ausland							
Handelsware insgesamt							
BRUTTOERLÖS (Mio DM)							
Inland (DM/E) Ausland (DM/E)							
NETTOERLÖS (Mio DM)							
Inland (DM/E) Ausland (DM/E)							

1. Marktpotential / Marktentwicklung

Märkte (z. B. Weltmarkt, ausgew. Gesamtmärkte, Deutschland)	Markt- potential gesamt in ME	erwartete Ø jährl. Entwicklg. in %	Hauptanbieter / Wettbewerber (Absatz in 19)				KC (Absatz 19)

Kommentierung (Insbesondere zur Marktentwicklung, Wettbewerbsintensität und -struktur):

Datum: Verantwortlicher:

Abb. 10

<table>
<tr><td>K KALICHEMIE
KaliChemie Aktiengesellschaft</td><td>Unterlagen zur
PRÄMISSEN - Diskussion</td><td>Blatt 2</td></tr>
</table>

Planungszeitraum: 19   – 19

Sparte: CHEMIKALIEN   **Produkt/Produktgruppe:**

2. Produktionskapazitäten der Hauptanbieter / größten Wettbewerber:

Hauptanbieter / Wettbewerber	Produktionskapazität	Kommentierung / Veränderungen (Menge, Zeit)

3. Branchengliederung / Nachfrage - Entwicklung:

Branche	Gesamtvolumen in ME	erwartete ∅ jährl. Entw.i. %	Hauptanbieter / Wettbewerber (Absatz in 19)			KC (Absatz 19)

Kommentierung (Insbesondere zur Marktentwicklung/KC-Anteil/Wettbewerbsverhalten/Substitutionswettbewerber/ Anforderungen der Abnehmer)

Datum:	Verantwortlicher:

Abb. 11

Planungszeitraum: **19** **— 19**

| Sparte: | **CHEMIKALIEN** | **Produkt/Produktgruppe** |

7. Stärken / Schwächen unserer Marktposition (stets in Relation zu den stärksten Wettbewerbern gesehen !)

    Es sind vor allem zu beurteilen: Relative Qualität, relative Effizienz des Produktions- und Distributionsapparates, relative Kostenvorteile, relative Finanzstärke, Service, technisches Know How, Image der Unternehmung und daraus resultierende Abnehmerbeziehungen.

Zusammenfassung der Markteinflüsse durch Wettbewerber auf KC - Gesamtabsatz:

WETTBEWERBER	KC - Absatz mindernd								KC - Absatz steigernd					Erwarteter Einfluß auf KC - Gesamtabsatz
	Preispolitik	Produktqualität	Rohstoffversorg.	Standortpolitik	Vertriebssystem	Kooperationen, Fusion usw.	Forschung und Entwicklung	Sonstiges	Kapazitätsein- schränkg. Stillg.	Rohstoff- engpässe	Mindere Qualität		Sonstiges	

| Datum: | | Verantwortlicher: |

Form 42941 6/83 - Blatt 4

Abb. 12

Die Datensammlung stellte sich als äußerst schwieriges
Unterfangen dar; sichtbar wurde z.B. die bisherige
"Verteiler-Mentalität" im Verkauf:

- Analysen und Prognosen als Informations-
  basis der Planung nicht ausreichend
  und verläßlich.
- Formulierung zukünftiger Chancen und
  Gefahren unzureichend.
- Lückenhaftes Wissen über Märkte, Wettbe-
  werber und über mögliche Entwicklungen.
- Strategisches Denken kaum bekannt.
- Zielvorstellungen zu allgemein.
- Keine Alternativ-Überlegungen.

Den sich hier ergebenden Schwächen versuchten wir entgegen-
zuwirken mit

- Gegenüberstellungen von eigener Absatz-
  Entwicklung zur Branchen-Entwicklung, um
  Absatzpotentiale sichtbar zu machen,
- der Ermittlung von Lebenskurven als Hilfsmittel für konzeptionelles mittel- und
  langfristiges Denken,
- der Portfolio-Analyse (Vier-Feld-Matrix).
  Das Ist-Portfolio gab uns einen ersten
  Eindruck von möglichen zukünftigen Problemen und Gelegenheiten des Unternehmens.
  Die Portfolio-Analyse wurde in dieser Phase
  nicht zur Ableitung von Strategien verwendet,
  sie diente lediglich als Kommunikationsmittel.

Nachdem wir die Datenbasis für eine strategische Planung
erweitert hatten, richteten wir verstärkt unser Augenmerk
auf die **Stärken-/Schwächen-Analyse.** Das Problem war, daß oft
nur eine geringe Variierung bekannter Gemeinplätze vorgelegt
wurde, und die Stärken/Schwächen nicht in Relation zum
Wettbewerb gesehen wurden.

Ausgehend von dem Verständnis und der Unterstützung des Vor-
standes für die strategische Planung wurde der **Planungs-
ablauf** (Abb. 13) bei der Kali-Chemie neu konzipiert. Neben
die jährlichen Ergebnislesungen traten die **Zielsetzungs-
gespräche,** Planungsgespräche bzw. Prämissenlesungen mit
dem Ziel:

- Das künftige geschäftliche Geschehen mit
  seinen wesentlichen Daten und Auswirkungen
  sichtbar zu machen.
- Die Handlungsspielräume zu umreißen
  (Grenzen und Möglichkeiten).
- Notwendige Entscheidungen aufzuzeigen.
- Prioritäten abzustecken; Ziele und Wege
  zu kennzeichnen.

Daraus resultierte eine entsprechende Strukturierung der
Unterlagen für die Lesung mit Umwelt-/Unternehmensanalyse -
Stärken-/Schwächenkatalog - Spartenziele - Maßnahmenplanung.

Welche Erkenntnisse brachten uns diese Planungsgespräche?
Die Sparten präsentierten jetzt Gesamtkonzepte, Probleme wurden nicht mehr isoliert behandelt. Die Ziele wurden weitgehend quantifiziert und die Maßnahmenplanungen, nach Prioritäten geordnet, wurden aus strategischer Sicht interpretiert.

Dez.
Jan.
Febr.
Maerz
April
Mai
Juni
Juli
Aug.
Sept.
Okt.
Nov.
Dez.
Jan.
Febr.
Best Fore-cast
ZIELVORSTELLUNG
Sparten-/Bereichsplanung
(Umwelt-, Unternehmensanalyse,
Staerken/Schwaechen, Strategien)
Plan-Konsolidierung und Beurteilung
ZIELSETZUNGS-GESPRAECH
Praemissen Eckwerte fuer operative Planung
Operative Teilplaene
Ergebnis-/Finanzplan
Budgets
VERABSCHIEDUNG PLAN-ERGEBNISSE
Budgets werden zu Zielvorgaben
ZIELVORSTELLUNG
Strategische Planung
Operative Planung

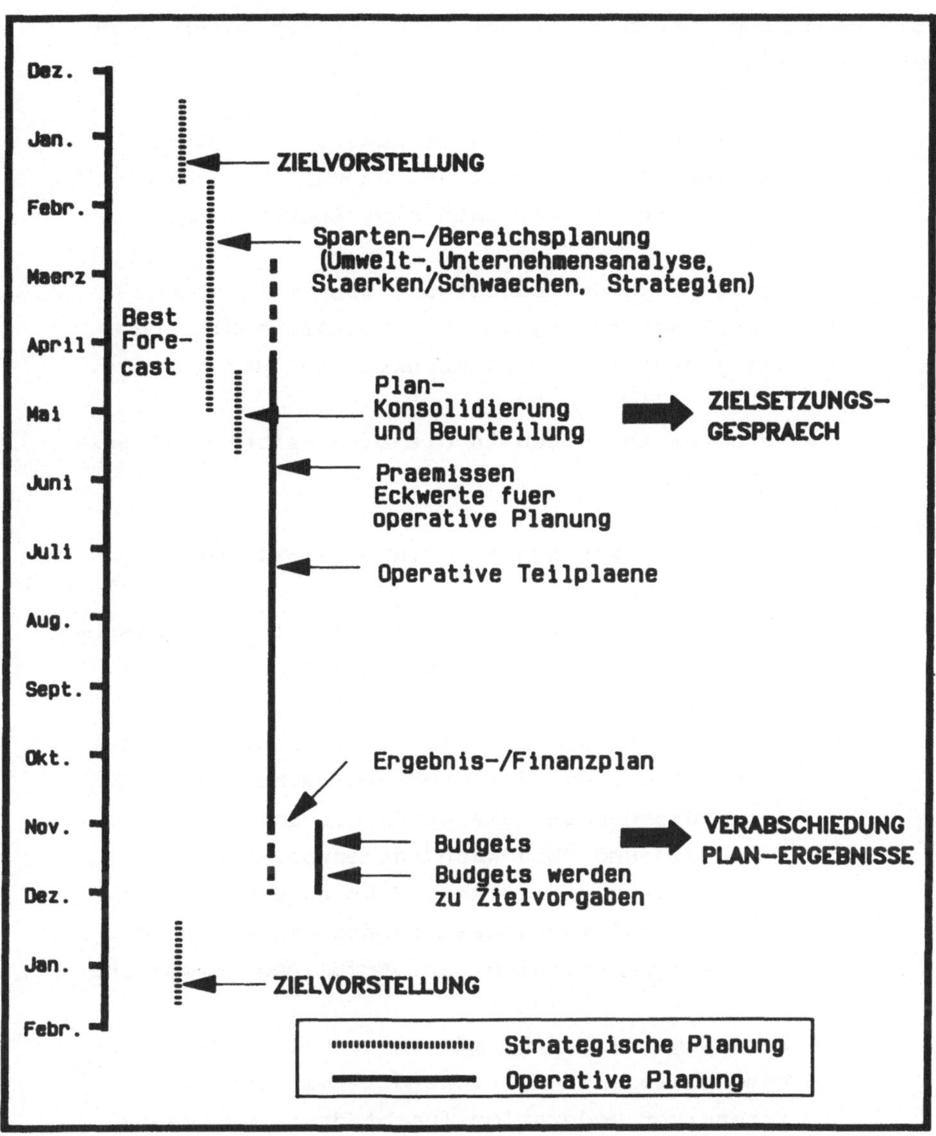

Abb. 13

Sie zeigten uns auch Unzulänglichkeiten, an deren Abbau
wir arbeiten:

- Es fehlte eine offene Diskussion von Alternativen. Die Alternativen-Auswahl erfolgte
  durch persönliche, intuitive Beurteilung.

- Probleme wurden bewußt aus den Zielsetzungs-
  gesprächen herausgehalten; vielfach Klärung
  von generellen Problempunkten auf dem Vorwege.

- Leichtes Abgleiten in die Diskussion von Tages-
  problemen.

- Zu geringe Nutzung von Planungs-Hilfsmitteln.

- Der Vorstand fordert die Sparten in planerischer
  Hinsicht zu wenig. Um zu verhindern, daß der
  Plan zum Selbstzweck wird, muß der Vorstand
  beim Planungsprozeß selbst wirkliches Engage-
  ment zeigen; er darf nicht nur eine passive
  Rolle übernehmen, die durch die fordernden Fragen
  "wieviel" und "bis wann" gekennzeichnet ist.
  Der Vorstand sollte sein Hauptaugenmerk auf
  die dem Plan zugrundeliegenden Annahmen und
  Trends richten, nicht auf Erfüllungsversprechen.

- Derartige Gespräche müssen in gelockerter
  Atmosphäre mit ausreichender Zeit und mit
  intensiver Moderation (nicht durch Vorstand!)
  geführt werden.

Die Prämissengespräche mit dem Vorstand finden in den Monaten April/Mai statt. Es werden jährlich nicht alle Sparten
zum strategischen Gespräch gebeten, sondern es werden Schwerpunkte auf Grund der aktuellen Situation gesetzt. Der Termin
April/Mai ist kein Fixtermin; besondere Anlässe können zu
einer anderen Terminfestsetzung führen (strategische Planung
$\hat{=}$ Daueraufgabe).

Im Prämissengespräch wird festgelegt, welche Annahmen und
Maßnahmen ihren zahlenmäßigen Niederschlag in der operativen
Planung finden sollen (Abb. 14).

Um den Stellenwert der Unternehmensplanung zu steigern,
müssen wir vom reaktiven Verhalten zum aktiven Verhalten
kommen. Unser Weg ist, das gesamte Management so weit wie
möglich in den Planungsprozeß einzubeziehen, um durch aktives
Erleben die Vorteile der strategischen Planung allen deutlich
zu machen. Dahinter steht auch die Zielsetzung

- die Entscheidungsqualität weiter zu verbessern,
- den internen Dialog im Unternehmen zu verstärken und sich auf die strategisch relevanten Fragestellungen zu konzentrieren,
- die Beurteilung von komplexen Entscheidungs-
  situationen zu objektivieren.

Mittel für diesen Weg ist für uns die Szenario-Technik. Bei
unseren ersten Schritten versicherten wir uns der fachmänni-
schen Unterstützung einer Unternehmensberaterin. Zum Vorgehen
hier nur ausgewählte Hinweise auf die bei uns gemachten
Erfahrungen:

KALI-CHEMIE AKTIENGESELLSCHAFT	SPARTE / BEREICH / PROD.-GRUPPE	PLANUNG 19 Fassung vom	MASSNAHMEN – AKTIONSPLAN

Ziel	Verbal: -----	quantifiziert: -----	Veränderg. gegenüber 1. Planungsgespräch Ja ☐ Nein ☐

Massnahmen lfd. Nr. (n.Priorität)	Bezeichnung der Maßnahme / Aktion	Zweck der Aktion	verantwortl. f. Ausführg.	Termine		Ergebnis-Verbesserung TDM		Erforderl. Personal	Erforderl. Investition TDM
				Beginn	Ende	19	19		

Form 15131

Unterschrift: Sparten-Bereichsleitung: .... Datum Unterschrift	gesehen: Sparten-/Bereichscontrolling: .... Datum Unterschrift

Abb. 14

Seite

Als **Vorteile** sehen wir:

- Die Kommunikation zwischen den verschiedenen
  Fachbereichen und Führungskräften wird ent-
  scheidend verbessert.
- Es erfolgt eine Sensibilisierung der Betei-
  ligten hinsichtlich Umfeldentwicklungen und
  der Wirkungszusammenhänge.
- Das unterschiedliche Fachwissen wird simultan
  eingebracht und kann sofort abgestimmt werden.
- Die Entscheider werden in den Prozeß einge-
  bunden.
- Es entsteht ein Klima des Vertrauens und der
  Kooperation, der Teamgeist wird gefördert.
- Das Problembewußtsein wird gestärkt, die
  Teilnehmer erleben ganzheitliche Problem-
  sicht.

Als **Störfaktoren** haben wir empfunden:

- Kreativität wird durch Killerphrasen
  blockiert.
- Wechsel in der Teambesetzung während der
  Szenario-Erstellung
- Die permanente Zeitdrucksituation geht zu
  Lasten der kreativen Phasen.
- Zu starke Detaillierung des Untersuchungs-
  gebietes und zu starke Orientierung an
  exakten quantitativen Daten.
- Fehlende intensive Moderation, um Spannungen
  in der Gruppe abzubauen.
- Akzeptanzschwierigkeiten bei Nichtbeteiligten.

Die gemeinsam formulierten **Leitstrategien** werden durch
Trenderkennungssysteme in ihrer Wirkungsweise beobachtet
und gegebenenfalls korrigiert.

Die beobachteten Daten werden nach einem vorgegebenen Schema
dokumentiert und dreimal im Jahr vom Spartencontroller gesam-
melt. Weist ein Deskriptor eine Tendenz auf, die von den in
der Leitstrategie festgehaltenen Entwicklungen abweicht,
tritt das Szenario-Team beratend zusammen, um eventuell
Korrekturmaßnahmen zu initiieren oder Strategieänderungen
zu konzipieren.

Seit Festlegung der ersten Leitstrategie vor drei Jahren auf
Basis der Szenario-Methode war bisher keine Anpassung erforderlich.

Kritisch muß zum Trenderkennungssystem angemerkt werden, daß
dieses bei uns nur funktioniert, wenn eine treibende und mah-
nende Kraft dahinter steht. Insbesondere bei Personalwechsel
muß sichergestellt werden, daß auch die Nachfolger in das
Procedere sofort einbezogen werden. Wesentliche Voraussetzung für ein gutes Funktionieren ist und bleibt aber das Verständnis und die Unterstützung durch das Top-Management.

Noch passiert es, daß manche Manager mit einem Seufzer der
Erleichterung zum gewohnten Tagesgeschäft zurückkehren und
schnell und gern ihre Verpflichtung und ihren Beitrag zu der
Entwicklung einer unternehmensweiten strategischen Mentalität
vergessen. Mit Geduld und liebenswerter Penetranz werden wir
seitens des Unternehmenscontrollings versuchen, den einge-
schlagenen Weg in der strategischen Planung fortzusetzen.

Ausblick

Die weitere Entwicklung des Controllings bei der Kali-Chemie
konzentriert sich zunächst auf

- **Corporate Planning**
  Die Standards für die strategische Planung
  müssen den veränderten Gegebenheiten angepaßt werden. Daneben wird der Entwicklung
  eines spartenunabhängigen Diversifikations-
  programmes größte Aufmerksamkeit gewidmet.
  Die Dienstleistungsfunktion für die Sparten
  wird verstärkt.

- **Controlling für Zentralbereiche**
  Neben dem geschilderten Controlling für die
  Funktion F+E ist das Logistik-Controlling
  weiter auszubauen.

- **DV-Unterstützung**
  Es wird ein neues DV-gestütztes Controlling-
  System (Planung, Ist-Abrechnung, Berichtswesen)
  implementiert. Begonnen wird mit der Unterstützung der Planung ab Herbst 1988 durch ein inte-
  griertes Softwaresystem der Firma SAP. Im Rahmen
  dieser Entwicklungen muß sicherlich auch geprüft
  werden, inwieweit die organisatorische Trennung
  des internen Rechnungswesens vom Controlling
  zweckmäßig ist.

Margin of Safety und Spannungsverhältnis bei mutativer Anpassung

Von Prof. Dr. Wolfgang Lücke
Institut für Betriebswirtschaftliche Produktions- und Investitionsforschung,
Universität Göttingen

1. Einleitung

Mutative Anpassung ist der Wechsel von Produktionsverfahren (Prozessen) bei sich ändernder Beschäftigung. Die Steigerung der Beschäftigung und die ständige Veränderung der Produktionsverfahren in der Weise, daß stets höhere Technik zum Einsatz kommt, wird Gesetz der Massenproduktion genannt. Der Kostenverlauf, der sich aus dem Gesetz der Massenproduktion ergibt, heißt langfristiger Kostenverlauf, langfristig deshalb, weil hier alle Einflußgrößen bis hin zur Kapazität und zur Betriebsgröße variabel sind. In der Produktions- und Kostentheorie wird deshalb das Konstrukt der langfristigen Kostenfunktion auch zur Bestimmung der optimalen Betriebsgröße verwendet, in die es hineinzuwachsen gilt.

Es soll nachfolgend nicht über die Probleme von mutativer Anpassung in Verbindung mit Gesetzmäßigkeiten, höherer Technik (high tech), Betriebsgröße insbesonderer optimaler Betriebsgröße, von Einflußgrößenvariation, vom Wachstum und Einsatz des Instrumentarium der Investitionstheorie gesprochen werden. Vielmehr sollen zwei Aspekte hervorgehoben werden, die allgemein wenig zum Untersuchungsgegenstand gemacht worden sind: Mit margin of safety ist der Abstand der tatsächlichen oder geplanten Beschäftigung (Ausbringung, output) von der Break-Even-Ausbringung gemeint, also derjenigen Ausbringung, bei der der Gewinn Null ist.

Das Spannungsverhältnis[1] bei mutativer Anpassung - kurz mutatives Spannungsverhältnis - ist die Relation von Deckungsbeitragsveränderung und Fixkostenveränderung bei mutativer Anpassung.

2. Ein Beispiel für die Veränderung des Margin of Safety und für das mutative Spannungsverhältnis.

Mutative Anpassung wird vorgenommen[2], weil der mutierte Produktionsprozeß bei der zu erwartenden Beschäftigung die geringsten Periodenkosten aufweist. Dabei wird oft stillschweigend unterstellt, daß bei dieser Ausbringungsmenge zugleich auch ein Gewinn erwartet wird. Der Produktpreis nach mutativer Anpassung kann niedriger sein als vor dieser

Anpassung. Abbildung 1 soll diese Situation für den Fall der Monoproduktion verdeutlichen. Die Produktpreise sollen konstant sein. Die Produktqualität bleibt vor und nach der mutativen Anpassung unverändert.

Folgende Symbole werden nachfolgend verwendet:

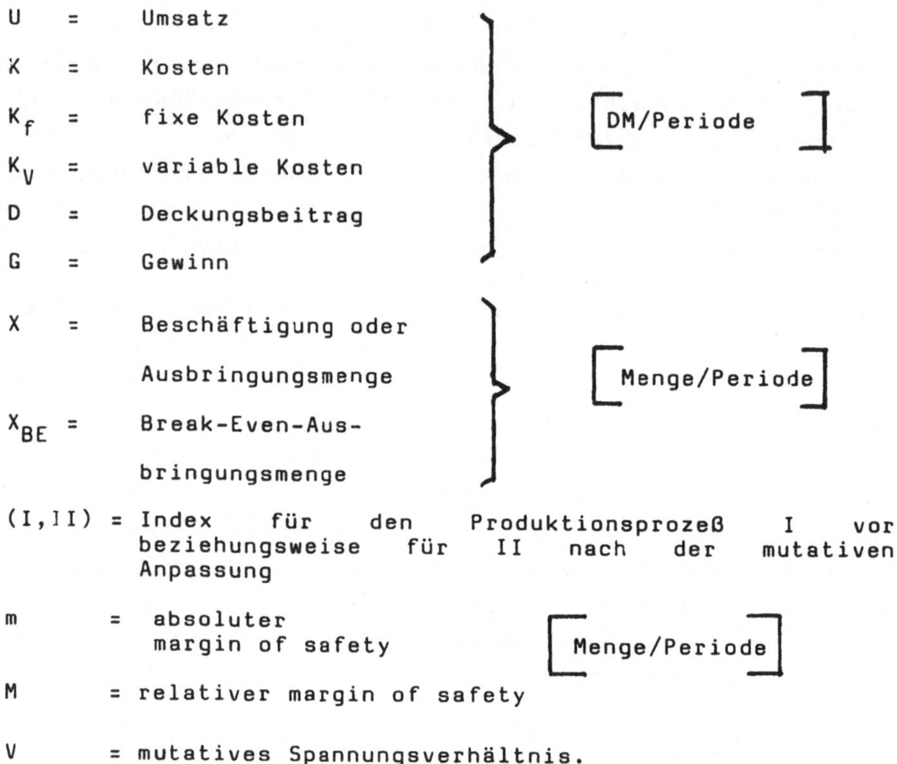

Die erwarteten Ausbringungsmengen X_I und X_{II} lassen sich mit den zugehörenden Break-Even-Ausbringungsmenge X_{IBE} und X_{IIBE} vergleichen.[3]

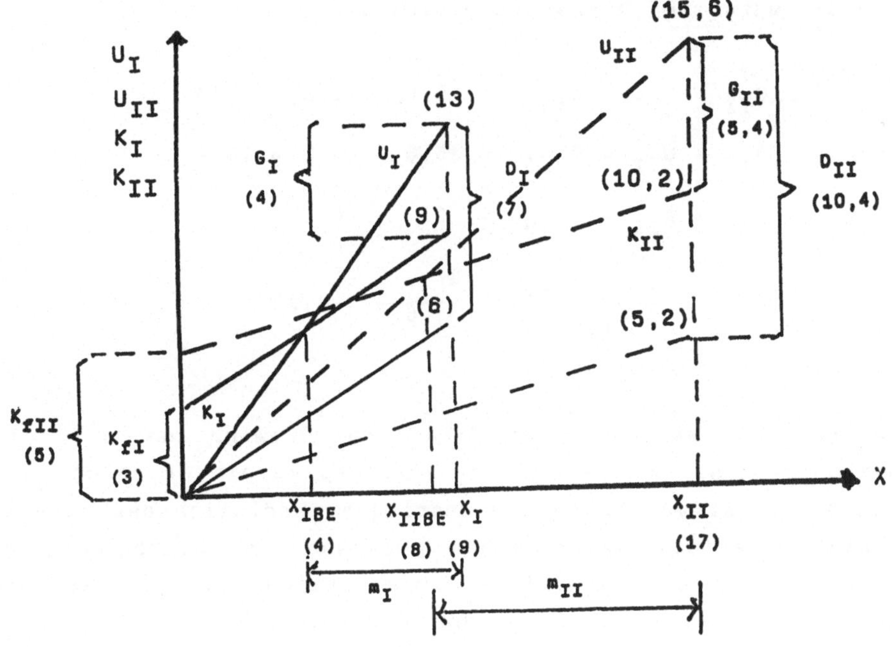

Abbildung 1

Im Beispiel der Abbildung 1 (Zahlenwerte in Klammern beigefügt) sind:

$$G_I = U_I - K_I = 13 - 9 = 4$$

$$D_I = U_I - K_{VI} = 13 - 6 = 7$$

$$m = X_I - X_{IBE} = 9 - 4 = 5$$

$$M = \frac{X_I - X_{IBE}}{X_{IBE}} = \frac{9 - 4}{4} = 1,25.$$

121

Nach der mutativen Anpassung ergibt sich:

$$G_{II} = U_{II} - K_{II} = 15,6 - 10,2 = 5,4$$

$$D_{II} = U_{II} - K_{VII} = 15,6 - 5,2 = 10,4$$

$$m = X_{II} - X_{IIBE} = 17 - 8 = 9$$

$$M = \frac{X_{II} - X_{IIBE}}{X_{IIBE}} = \frac{17 - 8}{8} = 1,125.$$

Wie ersehen werden kann, sind der Gewinn um 1,4, der Deckungsbeitrag um 3,4 und der absolute margin of safety um 4 nach der mutativen Anpassung gestiegen. Lediglich der relative margin of safety weist einen Rückgang von 0,125 auf, das heißt, die neue, erwartete Beschäftigung liegt nach der Anpassung relativ näher an der Break-Even-Ausbringungsmenge. Der relative margin of safety ist eine Möglichkeit, das Risiko zu beschreiben. Demnach würde im Beispiel eine geringe Erhöhung des Risikos erkennbar sein. Es liegt nahe, bei mutativen Anpassungsentscidungen den relativen margin of safety als Kennzahl explizite zu berücksichtigen. Grundsätzlich spricht bei höherem Gewinn, höherem Deckungsbeitrag und höherem relativen margin of safety nichts dagegen, die mutative Anpassung zu vollziehen. Ist jedoch der relative margin of safety abgesunken, muß zwischen höherem G und D einerseits sowie dem größeren Risiko andererseits abgewogen werden.

Die fixen Kosten sind um 2, der Deckungsbeitrag um 3,4 gestiegen, somit stehen 3,4 - 2 = 1,4 zur Steigerung des Gewinns zur Verfügung.

Das mutative Spannungsverhältnis ist wie folgt definiert:

(1)
$$V = \frac{\Delta K_f}{\Delta D} = \frac{K_{fII} - K_{fI}}{D_{II} - D_{I}}$$

und beträgt im Beispiel 2:3,4 = 0,588; das heißt auf eine DM Steigerung des Deckungsbeitrages kommen 0,588 DM

Fixkostensteigerung. Eine ansteigende Zeitreihe von V signalisiert die Tendenz, daß die Fixkostenerhöhungen zunehmend das Mehr an Deckungsbeiträgen aufzehren. Der Betrieb wird durch mutative Anpassungen Spannungen ausgesetzt.

3. Relativer Margin of Safety und mutatives Spannungsverhältnis bei Monoproduktion

Bei mutativer Anpassung soll aus Risikogründen gelten:

$$(2) \qquad \frac{X_I - X_{IBE}}{X_{IBE}} \leqq \frac{X_{II} - X_{IIBE}}{X_{IIBE}} \; .$$

Die Ermittlung der Break-Even-Produktionsmenge folgt aus $U=K$ beziehungsweise $X_{BE}P = X_{BE}k_V + K_f$ mit dem Produktpreis P und den variablen Einheitskosten k_V. Hieraus folgt:

$$X_{BE} = \frac{K_f}{P - k_V} = \frac{K_f}{d}$$

oder für zwei Produktionsverfahren I und II

$$(3) \qquad X_{IBE} = \frac{K_{fI}}{d_I}$$

und

$$(4) \qquad X_{IIBE} = \frac{K_{fII}}{d_{II}} \; .$$

(3) und (4) werden in (2) eingesetzt:

$$\frac{X_I}{X_{IBE}} - 1 \leqq \frac{X_{II}}{X_{IIBE}} - 1$$

$$\frac{X_I}{\dfrac{K_{fI}}{d_I}} \leqq \frac{X_{II}}{\dfrac{K_{fII}}{d_{II}}}$$

$$\frac{X_I d_I}{K_{fI}} \leqq \frac{X_{II} d_{II}}{K_{fII}}$$

Da $X_I \cdot d_I = D_I$ und $X_{II} d_{II} = D_{II}$ sind, ergibt sich:

(5)
$$\frac{D_I}{D_{II}} \leqq \frac{K_{fI}}{K_{fII}}$$

oder

$$\frac{D_I}{D_I + \Delta D} \leqq \frac{K_{fI}}{K_{fI} + \Delta K_f}$$

beziehungsweise

$$\frac{K_{fI} + \Delta K_f}{K_{fI}} \leqq \frac{D_I + \Delta D}{D_I}$$

$$1 + \frac{\Delta K_f}{K_{fI}} \leqq 1 + \frac{\Delta D}{D_I}$$

$$\frac{\Delta K_f}{K_{fI}} \leqq \frac{\Delta D}{D_I}$$

(6)
$$1 \leqq \frac{\dfrac{\Delta D}{D_I}}{\dfrac{\Delta K_f}{K_{fI}}} = E.$$

Der Ausdruck (6) stellt die Mutationselastizität E dar. Die prozentuale Fixkostensteigerung muß kleiner sein als die prozentuale Deckungsbeitragssteigerung, wenn nach der mutativen Anpassung der relative margin of safety nicht geringer als vor der Anpassung sein soll.

Aus (6) wird:

$$1 \leqq \frac{\Delta D}{\Delta K_f} \cdot \frac{K_{fI}}{D_I}.$$

Unter Berücksichtigung von (1) wird aus (6)

(7)
$$1 \leq \frac{1}{V} \cdot \frac{K_{fI}}{D_I} .$$

Damit 1:V groß wird, muß V klein werden, das heißt das mutative Spannungsverhältnis muß gering sein.

Im Zahlenbeispiel des Abschnitts 2 ist

$$E = \frac{3,4}{7} : \frac{2}{3} = 0,73 = \frac{1}{\frac{2}{3.4}} \quad \frac{3}{7} .$$

Damit ist die Bedingung (2) nicht erfüllt, der relative margin
of safety hat sich, wie bereits ausgeführt wurde, verschlech-
tert.

Statt von der Mutationselastizität, die sich aus dem Verhält-
nis von relativer Deckungsbeitragsveränderung zu relativer
Fixkostenveränderung ergibt (Formel 6), kann auch von dem Mu-
tations-Leverage (L) ausgegangen werden. L wird in Anlehnung
an das Operating Leverage[4] wie folgt definiert:

$$L = \frac{\frac{\Delta G}{G_I}}{\frac{\Delta U}{U_I}} .$$

Diese Kennzahl gibt an, wieviel Prozent Gewinnsteigerung sich
errechnet, wenn eine Umsatzsteigerung von 1% in Verbindung mit
mutativer Anpassung erfolgt. Aus der Definition von L wird:

$$L = \frac{U_I}{G_I} \left[1 - \left(\frac{\Delta K_f}{\Delta U} + \frac{\Delta K_v}{\Delta U} \right) \right] .$$

Für das Beispiel in Abbildung 1 ergibt sich bei einer relativen Umsatzzunahme von 1% eine relative Gewinnzunahme von
1,75%.[5] Im Gegensatz zu vielen bekannten Elastizitätsberech-
nungen, die sich entlang einer Kurve bewegen, geschieht mit
L der Sprung von einer Gewinnkurve auf eine andere (Abbildung
2).

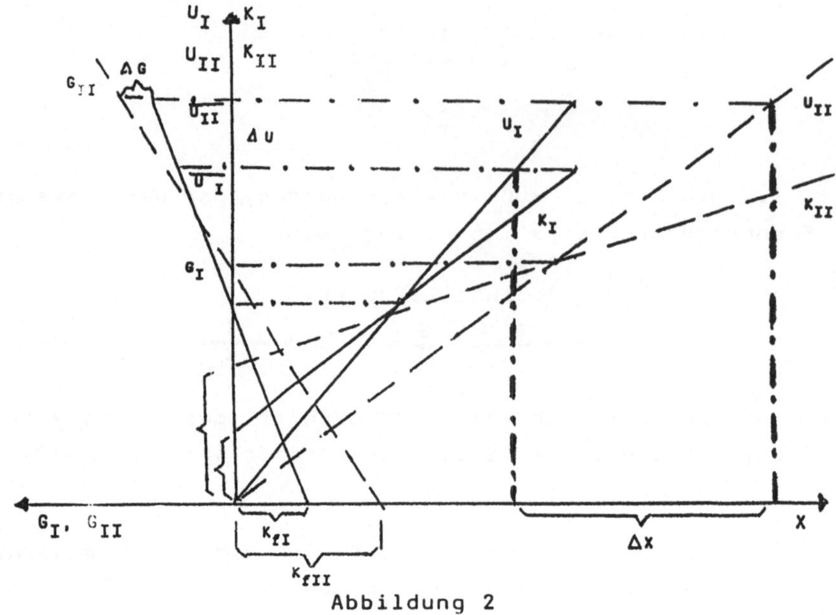

Abbildung 2

Die Abbildung 2 zeigt die Konstruktion der Gewinnkurven vor
und nach der mutativen Anpassung.

4. Relativer Margin of Safety und mutatives Spannungsverhältnis bei Mehrproduktartenproduktion

41. Der Break-Even-Umsatz-Punkt

Bei Mehrproduktartenproduktion X_1 bis X_n wird der Break-Even-
Umsatz-Punkt gesucht. Damit ist der Umsatz gemeint, bei dem
der Gewinn Null ist:

$$(8) \qquad U(X_1, X_2, \ldots, X_n) = K(X_1, X_2, \ldots, X_n).$$

Bei gegebenen Produktpreisen $P_1, P_2, \ldots, P_n$ und den variablen
Einheitskosten $k_{V1}, k_{V2}, \ldots, k_{Vn}$ für jede Produktart 1 bis n
wird (8) zu:

$$\sum_{i=1}^{n} P_i X_i = \sum_{i=1}^{n} k_{Vi} X_i + K_f$$

beziehungsweise

$$(9) \qquad \sum_{i=1}^{n} (P_i - k_{Vi}) X_i = K_f.$$

126

Im Break-Even-Umsatzpunkt ist die Summe aller Deckungsbeiträge
gleich den fixen Kosten, wie das folgende Zahlenbeispiel für
vier Produktarten A bis D in der Abbildung 3 und in der Tabelle 1 veranschaulicht.

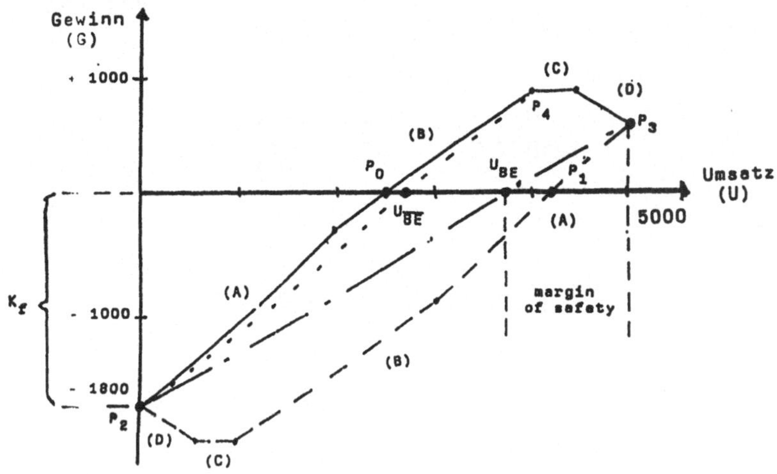

Abbildung 3

Produkt-arten	U	K_v	$U-K_v$	G kumuliert
A	2000	500	1500	-300
B	2000	800	1200	+900
C	400	400	0	+900
D	600	900	-300	+600
Summe	5000	2600	2400	-
fixe Kosten	-	-	1800	-
Gewinn	-	-	+600	+600

Tabelle 1

127

Je nach Anordnung der Produktarten ergeben sich unterschiedliche Kumulationskurven (zwei verschiedene Anordnungen von
Produktarten sind in Abbildung 2 eingetragen worden). Für
jede Kumulationskurve des Gewinns ergibt sich ein Quasi-Break-
Even-Punkt (vergleiche P_0 und P_1 in Abb. 3). Die Verbindung
von Anfangspunkt P_2 und Endpunkt P_3 ergibt bei $U_{\overline{BE}}$ den durch-
schnittlichen Break-Even-Umsatzpunkt. Die Verbindungslinie von
P_2 nach P_3 gehorcht dem aus der Zweipunktegleichung abgelei-
teten Funktionsgesetz

$$\frac{G - G_{P2}}{U - U_{P2}} = \frac{G_{P3} - G_{P2}}{U_{P3} - U_{P2}}$$

also:

$$\frac{G - (-1800)}{U - 0} = \frac{600 - (-1800)}{5000 - 0} \ .$$

Daraus folgt:

$$G = -1800 + 0,48U.$$

Für $G=0$ ergibt sich U_{BE} mit 3750 DM Umsatz pro Periode. Der
margin of safety beträgt absolut 5000-3750=1250 und relativ
33,33%.

Würden die Produktarten C und D nicht im Produktions- und Ab-
satzprogramm geführt werden, dann ergäbe sich die Verbindungslinie von P_2 nach P_4:

$$G = -1800 + 0,675U$$

und der Break-Even-Umsatzpunkt aus

$$+1800 = 0,675 \ U_{BE}$$

mit $\qquad U_{BE} = 2667$ DM.

Es errechnet sich weiter der

absolute margin
of safety $\qquad = 4000 - 2667 = 1333$

und der

```
relative
margin of safety        =  1333/2667 · 100 = 49,98%
```

und damit eine Verbesserung der Risikosituation. Voraussetzung
ist allerdings, daß das Herausnehmen der Produktarten C und D
keine Rückwirkung auf Produktion und Verkauf der Produktarten
A und B hat.

Das mutative Spannungsverhältnis ergibt sich nach Gleichung 1
aus ΔK_f : Δ D. Die Tabelle 2 zeigt für eine mutative Anpassung
das neue Zahlenbild. Die Umsätze sind wegen gesteigerter Mengen und/oder erhöhter Preise angestiegen, die variablen Kosten
haben sich verringert. Die Produktarten sollen die gleichen
bleiben.

Produkt-arten	U	K_v	$U-K_v$	G kumuliert
A	2500	550	1950	-670
B	3000	1100	1900	+1230
C	600	580	20	+1250
D	900	1150	-250	+1000
Summe	7000	3380	3620	-
fixe Kosten	-	-	2620	-
Gewinn	-	-	+ 1000	+ 1000

Tabelle 2

Die Situation vor mutativer Anpassung ist mit I und nach mutativer Anpassung mit II markiert worden (Abbildung 4).

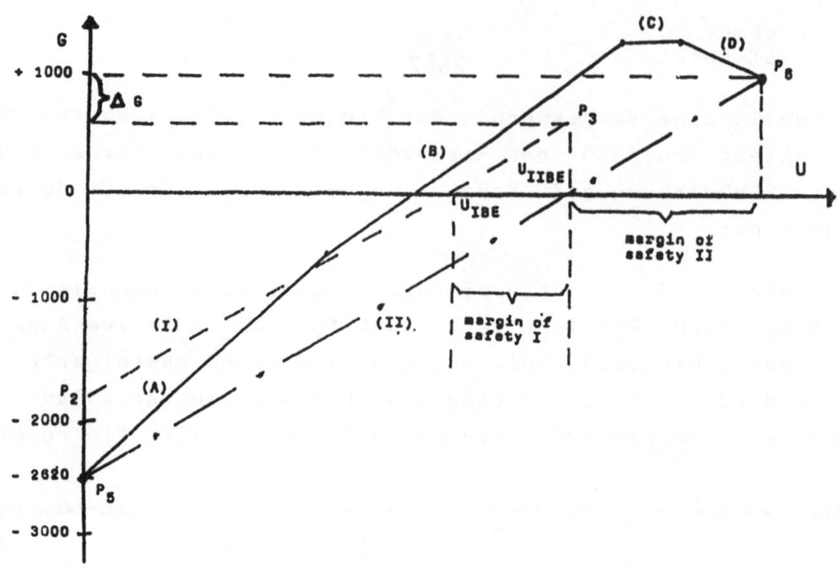

Abbildung 4

Das Funktionsgesetz der Verbindungslinie II von P_5 nach P_6 lautet:

$$\frac{G - G_{P5}}{U - U_{P5}} = \frac{G_{P6} - G_{P5}}{U_{P6} - U_{P5}}$$

also

$$G = - 2620 + 0,517U \quad .$$

Für G=0 ergibt sich U_{IIBE} mit 5067,70 DM pro Periode. Der absolute margin of safety beträgt m_{II} = 1932,30 DM; er ist um 682,30 DM größer nach der mutativen Anpassung. Der relative margin of safety beläuft sich auf M_{II}=(1932,30:5067,70) x 100 = 38,15%. Dagegen war M_I=33,33%. Das Risiko hat sich etwas gemindert. Das mutative Anspannungsverhältnis errechnet sich aus (vgl. Tabelle 1 und 2):

$$V = \frac{K_{fII} - K_{fI}}{D_{II} - D_I} = \frac{\Delta K_f}{\Delta D} = \frac{2620 - 1800}{3620 - 2400} = \frac{820}{1220} = 0,67;$$

130

auf eine DM Steigung des Deckungsbeitrages kommen 0,67 DM Fixkostensteigerung. Da die Differenz von ΔD und ΔK_f dem Gewinn
als ΔG zuwächst, ergibt sich:

$$\Delta G = \Delta D - \Delta K_f = \Delta D - \frac{\Delta K_f \cdot \Delta D}{\Delta D} = (1 - \frac{\Delta K_f}{\Delta D}) \Delta D$$

(10)   G = (1-V) ΔD

oder im Beispiel (1-0,67) x 1220 = 400 DM.

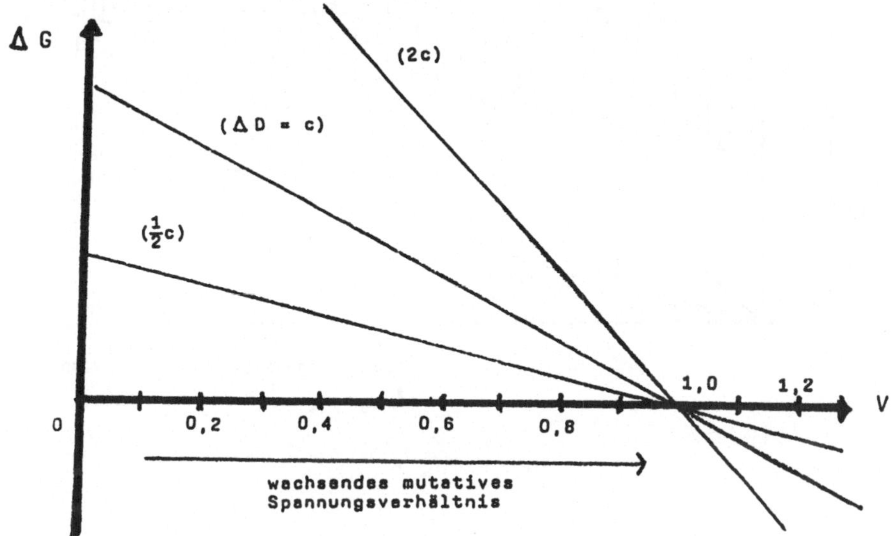

Abbildung 5

Abbildung 5 zeigt für alternative ΔD die Wirkung des wachsenden mutativen Spannungsverhältnisses auf die Gewinnverände-
rung.

Werden Umsätze und Kosten für die Mehrproduktartenproduktion
in Abhängigkeit von der in Umsatzeinheiten ausgedrückten Beschäftigung gezeichnet, dann ergibt sich eine graphische Darstellung, die der in Abbildung 1 ähnlich ist. In Abbildung 6
sind die Zahlen der Tabellen 1 und 2 verwendet worden; der Index I steht für die Situation vor der mutativen Anpassung und
der Index II für die nach der mutativen Anpassung.

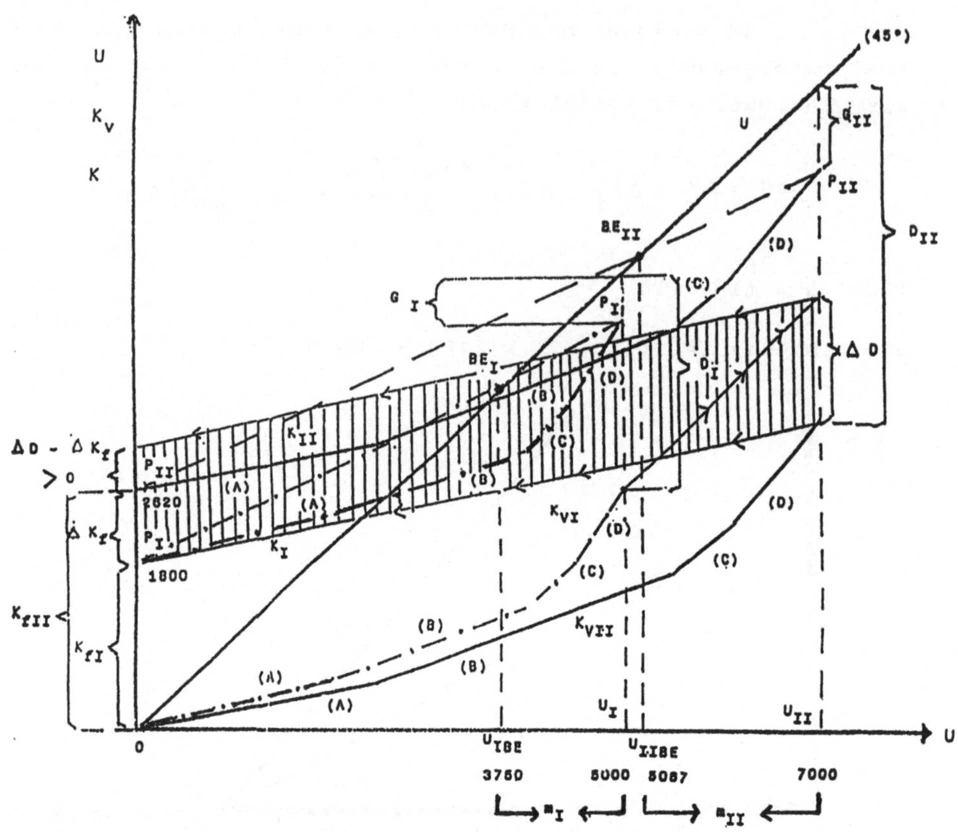

Abbildung 6

Da es sich bei den eingetragenen Kostenkurven K_I und K_{II} um Kumulationskurven handelt, geben die Verbindungskurven $\overline{P_I P_I}$ und $\overline{P_{II} P_{II}}$ das durchschnittliche von der Anordnung der Produktarten A bis D unabhängige Ansteigen der Kosten wieder. Der Schnittpunkt $\overline{P_I P_I}$ mit U ($\overline{P_{II} P_{II}}$ mit U) markiert den Break-Even-Punkt U_{IBE} (U_{IIBE}) und bestimmt den Break-Even-Umsatzpunkt U_{IBE} (U_{IIBE}).

42. Die Break-Even-Linie

Bei alternativer Mehrproduktartenproduktion - mehrere Produktarten konkurrieren um beschränkt vorhandene Kapazitäten - ergibt sich eine Break-Even-Linie. In einigen graphischen Abbildungen soll diese veranschaulicht werden; damit kann der Einsatz des Operations Research umgangen werden.

Das sogenannte Standardmodell gehe von drei Beschränkungsgleichungen, also von drei Kapazitätslinien für drei Aggregate 1 bis 3 aus. Es sollen zwei Produktarten A und B mit den Mengen X_A und X_B hergestellt werden. Der hochgestellte Vermerk I steht für die Situation vor der mutativen Anpassung. Die Zielfunktion lautet:

$$G^{(I)} = P_A^{(I)} X_A + P_B^{(I)} X_B - k_{VA}^{(I)} X_A - k_{VB}^{(I)} X_B - K_{f1}^{(I)} - K_{f2}^{(I)} - K_{f3}^{(I)}$$

beziehungsweise:

$$(11) \quad G^{(I)} = (P_A^{(I)} - k_{VA}^{(I)}) X_A + (P_B^{(I)} - k_{VB}^{(I)}) X_B - K_{f1}^{(I)} - K_{f2}^{(I)} - K_{f3}^{(I)} .$$

Die Klammerausdrücke können als Deckungsbeitrag $d_A^{(I)}$ und $d_B^{(I)}$ pro Produkteinheit bezeichnet werden. Die Break-Even-Linie ergibt sich aus:

$$0 = d_A^{(I)} X_A + d_B^{(I)} X_B - \sum_{i=1}^{3} K_{fi}^{(I)} .$$

Hieraus wird das Funktionsgesetz der Break-Even-Linie

$$(12) \qquad X_A = \frac{\sum_{i=1}^{3} K_{fi}^{(I)}}{d_A^{(I)}} - \frac{d_B^{(I)}}{d_A^{(I)}} X_B .$$

Im (X_A, X_B)-Diagramm (Abbildung 7) ist eine Schar von Iso-Gewinnlinien eingetragen worden, deren Parameter alternative Gewinnbeträge ausmachen. Die Iso-Gewinnkurve mit dem Parameter $G^{(I)} = 0$ ist die Break-Even-Linie. Unterhalb der Break-Even-Linie befinden sich die Kurven gleicher Verluste (negative Gewinne).

Die zulässigen (X_A, X_B)-Kombinationen können auch nur auf
oder unterhalb der Kapazitätslinien liegen.

Die Kapazitätslinie für ein beliebiges Aggregat j mit j=1,2,3
lautet:

$$(13) \qquad t_{Aj}^{(I)} X_A + t_{Bj}^{(I)} X_B = T_j^{(I)} \; .$$

In (13) lassen sich $t_A^{(I)}$ und $t_B^{(I)}$ als Durchlaufzeit des Produktes A und B pro Produkteinheit auf dem Aggregat interpretieren.

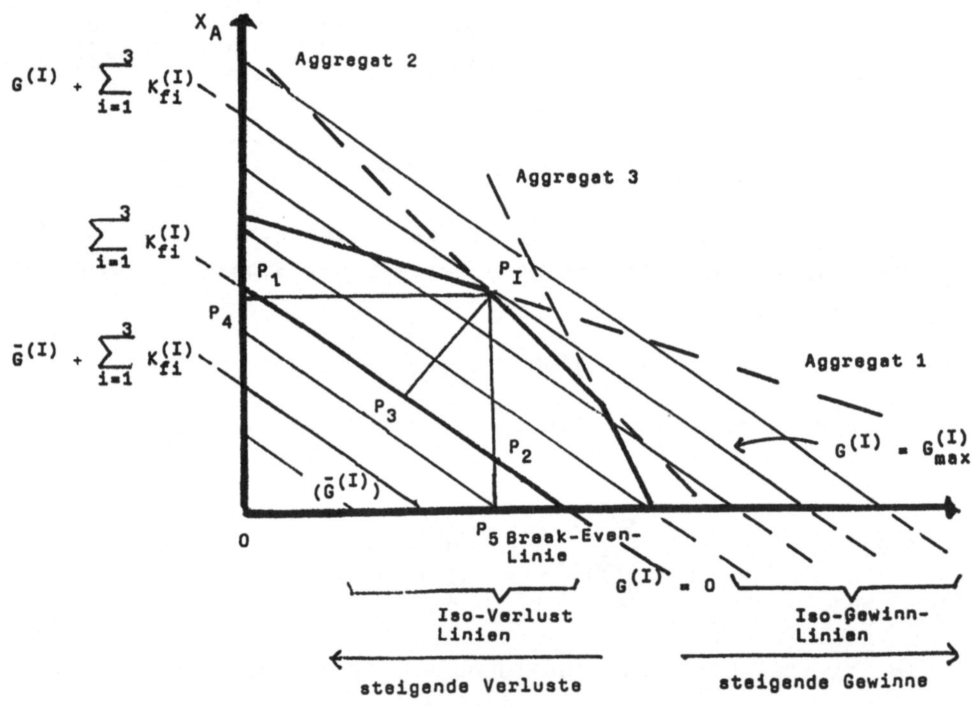

Abbildung 7

Bekanntlich ergibt sich bei P_I der unter den Beschränkungen zu
erreichende maximale Gewinn (G_{max}). Lediglich das Aggregat 3
ist nicht ausgelastet. Der margin of safety kann auf verschiedene Weise ausgedrückt werden:

134

a) $$m^{(I)} = G^{(I)}_{max} - 0.$$

Hier ergibt sich die triviale Erklärung: Je größer der
Gewinn desto weiter ist der Betrieb von der Null-Lage
entfernt, desto weniger kann ihm eine Reduktion der
Ausbringungsmengen gefährlich werden. $M^{(I)}$ sagt nichts aus.

b) $m^{(I)} = \overline{P_I P_1}$, gemessen in Einheiten der Produktart B oder

$$M^{(I)} = \frac{m^{(I)}}{\overline{P_1 P_4}}$$

c) $m^{(I)} = \overline{P_I P_2}$, gemessen in Einheiten der Produktart A oder

$$M^{(I)} = \frac{m^{(I)}}{\overline{P_2 P_5}}$$

d) $m^{(I)} = \overline{P_I P_3}$, gemessen in Kombinationen von A und B.

Der absolute margin of safety könnte aus allen Kombinations-
punkten des Zulässigkeitsbereiches oberhalb der Break-Even-Linie gebildet werden. Ausdruck für diese Kombinationen sei der
Flächeninhalt (siehe schraffierter Bereich in Abbildung 8).

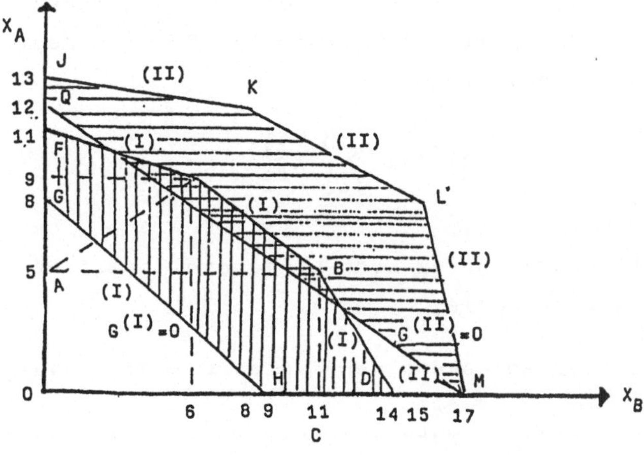

Abbildung 8

Der Flächeninhalt eines Polyeders ergibt sich aus den Flächen-
inhalten der darin enthaltenen Rechteckes (OABC) und den Flä-
cheninhalten der im Polyeder enthaltenen Dreiecke

(BCD; ABE; AEF). Für das Zahlenbeispiel in Abbildung 8 ergibt

sich vor der mutativen Anpassung:

$$\text{Flächen-inhalt} = \{OABC\} + \{BCD\} + \{ABE\} + \{AEF\} - \{OGH\}$$

$$= 55 + 7,5 + 22 + 18 - 36 = 66,5 = m_I$$

beziehungsweise $M_I = M_I = \dfrac{m_I}{36} = \dfrac{66,5}{36} = 1,85.$

Nach der mutativen Anpassung ergibt sich

$$\text{Flächen-inhalt} = \{GLNO\} + \{LMN\} + \{GKL\} + \{GIK\} - \{MOQ\}$$

$$= 120 + 8 + 30 + 20 - 102 = 76 = m_{II}$$

beziehungsweise $M_{II} = M_{II} = \dfrac{m_I}{102} = \dfrac{76}{102} = 0,745.$

Für $G^{(I)} = 0$ ergibt sich:

$$D_A^{(I)} + D_B^{(I)} = d_A^{(I)} X_A + d_B^{(I)} X_B = \sum_{i=1}^{3} K_{fi}^{(I)}.$$

Die Iso-Gewinn-Linien sind zugleich auch Iso-Brutto-Gewinn-Linien. Zum Beispiel für den Gewinn $\overline{G}^{(I)}$ in Abbildung 7 lautet
der Brutto-Gewinn:

$$\overline{G}^{(I)} + \sum_{i=1}^{n} K_{fi}^{(I)}.$$

Somit trägt die Break-Even-Linie den Parameter $\sum_{i=1}^{3} K_{fi}^{(I)}$ als
Brutto-Gewinn-Linie.

Die mutative Anpassung kann unterschiedlich ausgestaltet sein:

a) als partielle mutative Anpassung, d.h. nur ein Teil der Aggregate wird durch mutierte Aggregate ersetzt,

136

b) als totale mutative Anpassung, d.h. alle Aggregate werden durch qualitativ veränderte Aggregate ersetzt.

Jede qualitative Veränderung des Produktionsprozesses, nachfolgend mit II markiert, führt zu Veränderungen der variablen Kosten, der fixen Kosten, der Durchlaufzeiten und der Kapazitäten. Möglicherweise verändern sich auch die Produktpreise. Das "neue" Gleichungssystem lautet:

$$(14) \qquad G^{(II)} = d_A^{(II)} X_A + d_B^{(II)} X_B - \sum_{i=1}^{3} K_{fi}^{(II)}$$

$$T_j^{(II)} = t_{Aj}^{(II)} X_A + t_{Bj}^{(II)} X_B \qquad \text{für } j=1,2,3.$$

$$(15) \qquad 0 \overset{\geq}{=} \left\{ X_A, X_B \right\}$$

$$(16) \qquad X_A = \frac{\sum_{i=1}^{3} K_{fi}^{(II)}}{d_A^{(II)}} - \frac{d_B^{(II)}}{d_A^{(II)}} X_B \qquad \text{(Break-Even-Linie)}.$$

Daraus ergeben sich veränderte Steigungen der Iso-Gewinn-Linien, der Iso-Brutto-Gewinn-Linien, der Break-Even-Linie und der Kapazitätslinien der von der mutativen Anpassung betroffenen Aggregate.

Aus dem Gesagten folgt:

$$\Delta D = d_A^{(II)} X_A + d_B^{(II)} X_B - d_A^{(I)} X_A - d_B^{(I)} X_B$$

$$\Delta K_f = \sum_{i=1}^{3} K_{fi}^{(II)} - \sum_{i=1}^{3} K_{fi}^{(I)} \, .$$

Das mutative Spannungsverhältnis (Gleichung (1)) gilt weiterhin:

$$(17) \qquad V = \frac{\sum_{i=1}^{3} K_{fi}^{(II)} - \sum_{i=1}^{3} K_{fi}^{(I)}}{(d_A^{(II)} - d_A^{(I)}) X_A + (d_B^{(II)} - d_B^{(I)}) X_B}.$$

5. Relativer Margin of Safety und mutatives Spannungsver-hältnis bei der Long-Run-Kostenkurve

51. Grundsätzliches zum Long-Run-Kostenverlauf

Der Long-Run-Kostenverlauf weist in der Regel eine Substitution von variablen Einheitskosten (k_v) durch fixe Periodenkosten (K_f) auf. Wird angenommen, daß diese substitutionale Beziehung durch

$$(17) \quad k_v = \frac{b}{K_f} + a$$

wiedergegeben wird mit den Konstanten a und b. Für beispielsweise a=3 und alternativ b=1 beziehungsweise b=6 ergeben sich die in der Abbildung 9 wiedergegebenen Verläufe.

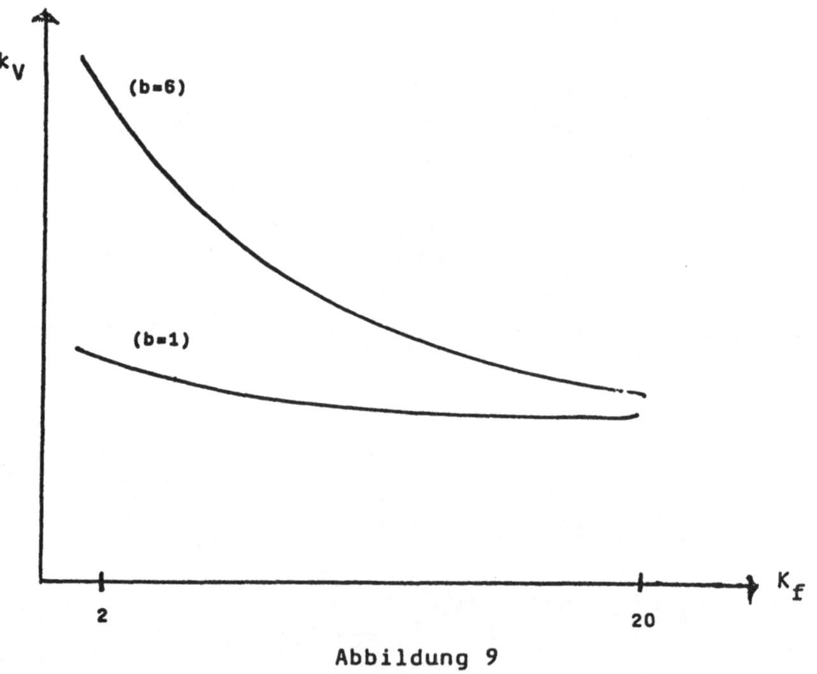

Abbildung 9

Die Kostenkurve ohne mutative Anpassungen (kurzfristiger Kostenverlauf) gehorche dem Funktionsgesetz:

$$K - K_f - k_v X = 0$$

beziehungsweise unter Berücksichtigung von (17)

138

(19) $K - K_f - \dfrac{b}{K_f} X - aX = 0.$

(19) wird nach K_f differenziert

$$- 1 + \frac{bX}{K_f^2} = 0$$

oder, wegen mutativer Anpassung wird $K_f = K_{fLR}$,

(20) $K_{fLR} = \sqrt{bX}.$

(20) wird in (19) eingesetzt; damit ist das Funktionsgesetz für den langfristigen Kostenverlauf gefunden, der mit K_{LR} bezeichnet werden soll.[6]

$$K_{LR} - \sqrt{bX} - \frac{bX}{\sqrt{bX}} - aX = 0$$

(21) $K_{LR} = 2\sqrt{bX} + aX$

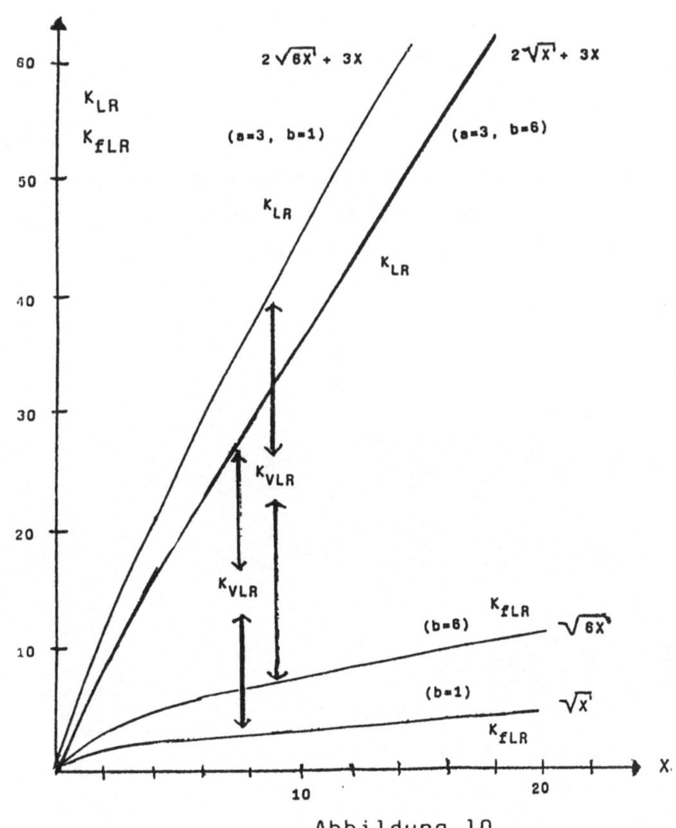

Abbildung 10

Die Differenz von K_{LR} und K_{fLR} ergibt K_{VLR}, nämlich

$$K_{VLR} = 2\sqrt{bX} + aX - \sqrt{bX}$$

(22) $\quad K_{VLR} = \sqrt{bX} + aX.$

Die Grenzkosten $\dfrac{dK_{LR}}{dX}$ lauten:

(23) $\qquad \dfrac{dK_{LR}}{dX} = \dfrac{\sqrt{b}}{\sqrt{X}} + a$

Werden die langfristigen Grenzkosten mit X multipliziert, dann ergeben sich die langfristigen "Gesamtdifferentialkosten" nach Mellerowicz.[7]

$$\left(\frac{\sqrt{b}}{\sqrt{X}} + a\right)X = \frac{X\sqrt{b}}{\sqrt{X}} + aX = \sqrt{X}\,\sqrt{b} + aX =$$

$$= \sqrt{bX} + aX = K_{VLR} = \frac{dK_{LR}}{dX}\,X \quad .$$

Die langfristigen "Gesamtdifferentialkosten" sind gleich den langfristigen variablen Kosten.

Wegen der mutativen Anpassung verändern sich die fixen Kosten, wenn sich die Ausbringung verändert. Damit läßt sich der Verlauf der Grenzfixkosten ermitteln. Es ist:

$$K_{fLR} = \sqrt{bX}$$

und somit wird:

(24) $\quad \dfrac{dK_{fLR}}{dX} = \dfrac{1}{2}\sqrt{b}\;X^{-\frac{1}{2}} = \dfrac{\sqrt{b}}{2\sqrt{X}}\,.$

Mit Hilfe von (24), in (23) eingesetzt, wird:

$$\frac{dK_{LR}}{dX} = 2\,\frac{dK_{fLR}}{dX} + a\,.$$

52. Das mutative Spannungsverhältnis

Das mutative Spannungsverhältnis war in (1) als Quotient von Fixkostenveränderung zur Veränderung des Deckungsbeitrages definiert worden. Für die Betrachtung der stetigen Long-Run-Kostenkurve wird aus (1):

$$(25) \qquad V = \frac{dK_{fLR}}{dD} = \frac{\dfrac{dK_{fLR}}{dX}}{\dfrac{dD}{dX}} \quad .$$

(25) unterstellt veränderte Ausbringungen, die mit Anpassungen von Produktionsverfahren verbunden sind. Der Deckungsbeitrag beträgt:

$$D = PX - \sqrt{bX} - aX.$$

Der Verkaufspreis P ist konstant und die variablen Kosten ergeben sich aus (22). Die erste Ableitung lautet:

$$\frac{dD}{dX} = P - \frac{\sqrt{b}}{2\sqrt{X}} - a = P-a - \frac{\sqrt{b}}{2\sqrt{X}} \quad .$$

Die erste Ableitung der fixen Kosten ergibt sich aus (24). Somit folgt:

$$(26) \qquad V = \frac{\sqrt{b}}{(p-a)2\sqrt{X} - \sqrt{b}} \quad .$$

Für P=10 ergeben sich die in der Tabelle 3 angegebenen Werte für das mutative Spannungsverhältnis V:

X	für a=3			für a=b		
	b			b		
	2	4	6	2	4	6
1	0,112	0,167	0,212	0,215	0,333	0,441
2	0,077	0,112	0,141	0,143	0,215	0,276
3	0,062	0,090	0,112	0,114	0,169	0,215
4	0,053	0,077	0,096	0,097	0,143	0,181
5	0,047	0,068	0,085	0,086	0,126	0,159
6	0,043	0,062	0,077	0,078	0,114	0,143
7	0,040	0,057	0,071	0,072	0,104	0,131
8	0,037	0,053	0,066	0,067	0,097	0,121
9	0,035	0,050	0,062	0,063	0,091	0,114
10	0,033	0,047	0,059	0,059	0,086	0,107
11	0,031	0,045	0,056	0,056	0,082	0,102
12	0,030	0,043	0,053	0,054	0,078	0,097
13	0,029	0,041	0,051	0,052	0,075	0,093
14	0,028	0,040	0,049	0,050	0,072	0,089
15	0,027	0,038	0,047	0,048	0,069	0,086
16	0,026	0,037	0,046	0,046	0,067	0,083
17	0,025	0,036	0,044	0,045	0,065	0,080
18	0,024	0,035	0,043	0,043	0,063	0,078
19	0,024	0,034	0,042	0,042	0,061	0,076
20	0,023	0,033	0,041	0,041	0,059	0,073

Tabelle 3

Für beispielsweise P = 10, a = 6 und b = 6 ergibt sich der in
der Abbildung 11 wiedergegebene Verlauf, aus dem ersichtlich
ist, daß auf 1 DM Steigerung des Deckungsbeitrages bei X = 2
eine Steigerung des Fixkostenbetrages um 0,276 DM entfallen.

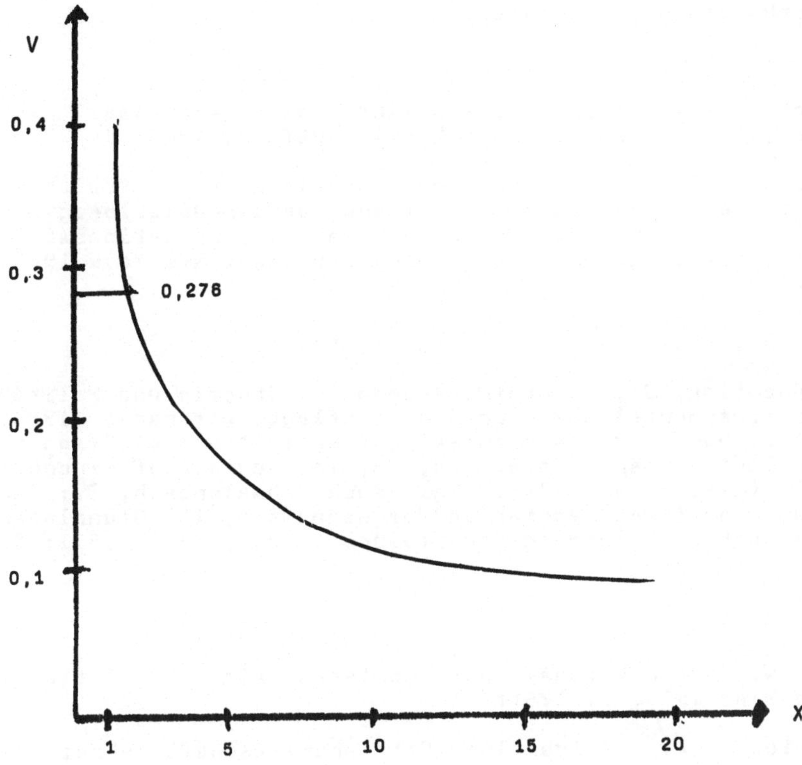

Abbildung 11

6. Anmerkungen und Literaturangaben

[1] Gerhardt, A.; Ergebniscontrolling als Wegweiser zum Wachstum; in: Kostenrechnungs-Praxis, Heft 2; 1988; S. 52.

[2] Gutenberg, E.; Grundlagen der Betriebswirtschaftslehre; Band 1; Die Produktion; 18. Auflage; Berlin-Heidelberg-New York 1971; S. 301. Bloech, J.; Lücke, W.; Produktionswirtschaft; in UTB-Taschenbücher 860; Stuttgart-New York 1982; S. 136ff.

[3] Bloech, J.; Lücke, W.; a.a.O.; S. 195ff.

[4] Vgl. Süchting, J.; Finanzmanagement - Theorie und Politik der Unternehmensfinanzierung; 4. Auflage; Wiesbaden 1984, S. 344ff. Hunt, P.; A Proposal for Definitions of "Trading on the Equity" and "Leverage"; in; The Journal of Finance; Vol. 16 (1961); S. 377ff. Vgl. auch Schmalenbach, E.; Zum Wachstum der fixen Kosten in der Gegenwart, in: Grundlagen der Selbstkostenrechnung und Preispolitik; Leipzig 1931; S. 56ff.

[5] $L = 1,75$.

[6] Lücke, W.; Produktions- und Kostentheorie; 3. Auflage; Würzburg-Wien 1973; S. 126ff.

[7] Mellerowicz, K., Allgemeine Betriebswirtschaftslehre; 2. Band; Berlin 1947; S. 66 u. 67.

Strategisches Controlling

Von Prof. Dr. Eberhard Scheffler
BATIG Gesellschaft für Beteiligungen mbH, Hamburg

1.   Der Begriff "Strategisches Controlling"

Der englische Begriff "to control" bedeutet "steuern" und
"lenken", auch im Sinne von Koordination und Integration.
Controlling heißt dementsprechend planen, steuern und über-
wachen der unternehmerischen Tätigkeit mit Hilfe betriebswirtschaftlicher Daten und Analysen. Das Controlling soll dafür
sorgen, daß das Unternehmen entsprechend seiner wirtschaftlichen Zielsetzung geführt wird.

Das Controlling hat sich aus dem traditionellen Rechnungswesen
entwickelt. Entscheidend sind dabei die Ausrichtung auf die
zukünftige Unternehmensentwicklung durch Einbeziehung der
Planung(srechung) sowie die Zielorientierung durch den insti-
tutionalisierten Soll/Ist-Vergleich, die Abweichungsanalyse
und die dadurch abgeleitete Veranlassung von Gegensteuerungs-
maßnahmen.

Das Controlling umfaßt im einzelnen die folgenden Funktionen:
Information, Planung, Analyse/Kontrolle und Steuerung.

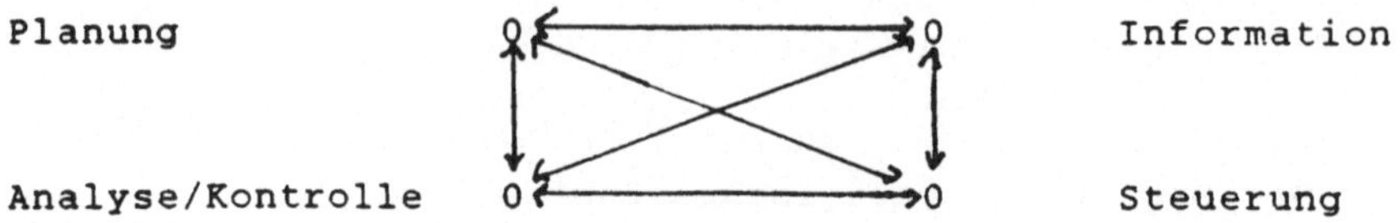

Planung   Information

Analyse/Kontrolle   Steuerung

Das weitgehend praktizierte operative Controlling dient der
ergebnisorientierten Steuerung der Unternehmung: Umsatz- und
Kapitalrendite, Kapitalumschlag, Produktivitätskennziffern und
Marktanteile sind die wichtigsten Kriterien. Das zukunftsorientierte Denken des Controlling äußert sich vor allem in
der Interpretation der Soll/Ist-Abweichungen und den daraus zu
ziehenden Schlußfolgerungen sowie in den meist quartalsweise
durchgeführten Hochrechnungen auf das Ende des laufenden
Geschäftsjahres. Ziel ist die Steuerung des Unternehmens-
geschehens zur möglichst weitgehenden Zielerreichung.

Die Controllingfunktion ist **Bestandteil der Management-
funktion.** Institutionell beinhaltet sie die Gesamtheit von
führungsanalytischen Tätigkeiten, die zur Entlastung und damit
zur Verbesserung der Unternehmensführung organisatorisch ver-
selbständigt (delegiert) sind. Der Zusammenhang zwischen
Management und Controlling kann wie folgt dargestellt werden:

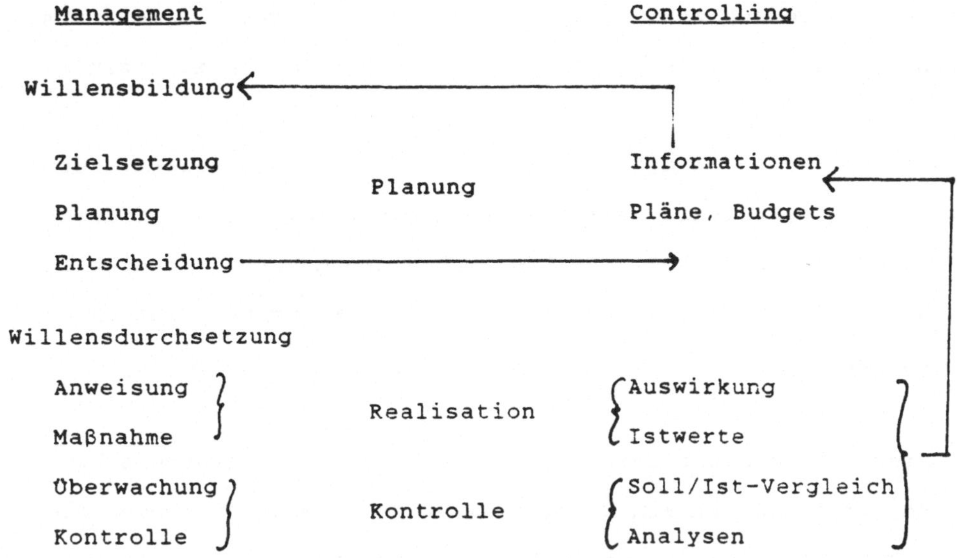

Die zunehmende Bedeutung der Umwelt für die Unternehmen führte
zur Entwicklung der strategischen Unternehmensplanung und zur
Notwendigkeit der strategischen Unternehmensführung. Eine an
kurzfristigen Gewinnzielen orientierte Unternehmensführung
reicht wegen der Dynamik der relevanten Märkte und sonstigen
Umweltfaktoren zur nachhaltigen Existenzsicherung des Unternehmens nicht mehr aus. Dazu bedarf es vielmehr des Aufbaus
und der Sicherung langfristig wirksamer Erfolgspotentiale.

Entscheidend ist dabei eine geänderte Grundeinstellung der
Unternehmensführung gegenüber Umweltveränderungen. Während
früher eine adaptive **Unternehmensphilosophie** vorherrschte, die
primär auf die Bereitstellung von Ressourcen abstellte, um
erwartete Chancen im Zeitpunkt ihres Eintritts nutzen zu
können, geht es heute angesichts rascher und tiefgreifender
Umweltveränderungen darum, die künftige Entwicklung lang-

fristig gedanklich vorwegzunehmen und eigenständige Maßnahmen
zu planen, um eigene Konzeptionen am Markt durchzusetzen.

Strategisches Management ist also normaler und selbstverständlicher Bestandteil zeitgerechter Unternehmensführung. Sein
wesentliches Merkmal ist die Einbeziehung der strategischen
Ziele und Strategien in die operativen Management-Entscheidungen.

Dies ist leichter gesagt als getan. Zu einer strategischen
Entscheidung ist ein Manager nicht gezwungen, auch wenn die
Unterlassung lang- oder mittelfristig katastrophale Folgen für
das Unternehmen haben kann. Demgegenüber kann man sich einer
operativen Entscheidung nicht entziehen. In der Praxis werden
daher häufig strategische Überlegungen im Drang des Tagesgeschäftes vergessen. Strategische Planung ohne operative
Realisierung bleibt aber Papierwerk; das Unternehmen wird
nicht strategisch geführt. Andererseits darf die Ausrichtung
auf strategische Ziele nicht dazu führen, daß die unmittelbar
vor den Füßen liegenden operativen Stolpersteine übersehen
werden.

Mit zunehmender Bedeutung der strategischen Aufgaben der Unternehmensführung haben sich auch die Controllingfunktionen
Planung, Steuerung, Überwachung, Kontrolle und Koordination
stärker am strategischen Denken zu orientieren. Das **strategische Controlling** ist eine wichtige Teilfunktion der strategischen Unternehmensführung. Der Zusammenhang zwischen strate-

gischem Management und strategischem Controlling soll das folgende Schaubild verdeutlichen:

Strategisches Management   **Strategisches Controlling**

↦Strategische Zielsetzung   ───────

                                            Planungsmethoden u.
                                              -systematik
↪Strategische Planung   Informationen über relevante
                                              Daten
                                            Koordinierung, Plausibili-
                                              tätsprüfung

Umsetzung der Strategien   Systematik, Plausibilitäts-
  Maßnahmen, Projekte,   prüfung, Dokumentation
  Etappenziele

↪Einbau in operative   Überwachung, Koordinierung
  Planung

Operative Entscheidung
in Übereinstimmung mit
den strategischen Zielen   Soll-Ist-Vergleich
                                            Abweichungsanalyse
                                            Vorschläge für Gegen-
Projektrealisierung   steuerungsmaßnahmen

Entscheidung über Gegen-
steuerungsmaßnahmen

Entscheidung über   Frühwarnsystem über Umwelt-
Änderung der operativen   veränderungen,
Planung bei Einhaltung   Veränderung der Ressourcen
der strategischen Ziele   oder ihrer Struktur, Vor-
                                            schläge für Planänderungen

Änderung der strategischen   Wesentliche Abweichungen
  Planung   ggü. der strategischen
                                            Planung

                                            Vorschläge für Planänderung

Das strategische Ziel der Unternehmung ist seine langfristige
Existenzsicherung im vorgegebenen gesellschaftspolitischen
System. Die Maxime der Existenzsicherung wird durch Produkt-
Marktkombinationen umgesetzt, die ein lukratives Marktsegment,
eine verteidigbare Wettbewerbsposition und die Lösung nach-
haltiger Kundenprobleme beinhalten. Es sollen Erfolgsposi-

tionen besetzt werden, die zumindest nicht kurzfristig von der
Konkurrenz eingenommen werden können. Sie erfordern daher im
allgemeinen einen erheblichen und langfristigen Ressourceneinsatz. Das strategische Controlling befaßt sich mit der
Planung, Steuerung und Überwachung derartiger Erfolgspotentiale. Das bedeutet im einzelnen, daß

- die für das Unternehmen relevanten Umweltfaktoren sowie die
  Stärken und Schwächen der Unternehmung systematisch erfaßt
  und in ihrer Entwicklung beurteilt werden;

- daraus unter Abwägung von Chancen und Risiken sowie unter
  Berücksichtigung der vorhandenen Ressourcen (Kapital, Know-
  How, Management) vorhandene und mögliche strategische
  Erfolgspotentiale abgeleitet und die zu ihrer Sicherung oder
  Realisierung zweckdienlichen Strategien geplant werden;

- die Verwirklichung der geplanten Strategien nach Ausmaß und
  Zeitpunkt systematisch verfolgt wird;

- Veränderungen der für die strategischen Zielsetzungen relevanten Faktoren beobachtet und gegebenenfalls Strategien
  angepaßt oder neu entwickelt werden.

Strategisches und operatives Controlling lassen sich in
Abgrenzung zueinander wie folgt charakterisieren:

<u>Strategisches Controlling</u>	<u>Operatives Controlling</u>
Nachhaltige Existenzsicherung	Ergebnisorientierte Steuerung
Einbeziehung der Umwelt	Primär unternehmens-interne Daten
"Unbegrenzter" zeitlicher Horizont	Planungszeitraum 1 - 5 Jahre Budget 1 Jahr
Vor allem qualitative Faktoren	Quantitative Faktoren

Gewinnerzielung und Existenzsicherung des Unternehmens hängen
wie folgt zusammen:

1. Ausreichender Gewinn ist eine Voraussetzung für die
   Existenz der Unternehmung. Zur Existenzerhaltung muß daher
   die künftige Gewinnerzielung gewährleistet werden.

2. Existenzsicherung "kostet" Gewinn. Der Aufbau zu-
   kunftsträchtiger Erfolgspotentiale bedeutet in der Regel,
   daß kurzfristig auf Gewinne (teilweise) verzichtet wird.

3. Die Notwendigkeit, laufend einen ausreichenden Gewinn zu
   erzielen, begrenzt die Erschließung zukünftiger Erfolgspotentiale.

Damit wird deutlich: operative und strategische Planung,
operatives und strategisches Management sowie operatives und
strategisches Controlling sind als Einheit zu sehen.

2. Aufgaben des strategischen Controlling

2.1 Verknüpfung von strategischem und operativem Controlling

Das strategische und das operative Controllingsystem haben
formal dieselben Bausteine, nämlich Planung (Zielvorgabe),
Berichtswesen (Informationen), Analysen und Gegensteuerungs-
maßnahmen. In beiden Bereichen geht es darum,

- ein systematisches, managementorientiertes Planungs- und
  Informationssystem aufzubauen bzw. fortzuentwickeln,

- die Unternehmensführung mit entscheidungsrelevanten
  Informationen im richtigen Zeitpunkt zu versorgen,

- die Manager zu zielorientierten, mit den verfügbaren
  Ressourcen vereinbarten Maßnahmen zu veranlassen.

- die Zielsetzung, Pläne und Maßnahmen der verschiedenen Unternehmensbereiche und Managementebenen zu koordinieren.

Zur notwendigen Verknüpfungen von strategischem und operativem
Controlling erweist sich als zweckmäßig, daß Methoden und In-
formationsfluß in beiden Regelkreisen verantwortlich vom Chef-
controller gesteuert und koordiniert werden.

2.2 Planungsaufgaben

Im Rahmen der Planungsfunktion befaßt sich das strategische
Controlling mit folgenden Themen:

(1) Strategische **Situationsanalyse**

Situation und langfristige Entwicklung der relevanten Umwelt. Darstellung und Analyse der Ressourcen der Unternehmung – Kapital, Personal und Management, Know-How,
Material –, u.a. nach Abhängigkeiten und Engpässen.
Definition der strategischen Geschäftsfelder.

(2) **Potentialanalyse**

Ermittlung der **Stärken und Schwächen** der Unternehmung bzw.
der strategischen Geschäftseinheiten im Vergleich zum
Wettbewerb; Definition der Schlüsselfaktoren für den
Markterfolg; Gap-, Portfolio- und ähnliche Analysen.

Definition vorhandener oder zu entwickelnder strategischer
Erfolgspotentiale, in der Regel auf der Basis besonderer
Stärken der Unternehmung. Dazu ergänzend ggf. Maßnahmen
zur Reduzierung und Beseitigung von Engpässen, z.B.
Kooperation, Akquisition oder Divestment.

Festlegung des **finanziellen Rahmens** für die strategische
Planung. Er wird geprägt durch das Finanzierungsrisiko,
das die Unternehmung eingehen will oder kann. Wesentlich

ist dabei der Verschuldungsgrad sowie seine Entwicklung
unter Berücksichtigung der "strategischen" Investitionen.
Der für strategische Investitionen verfügbare finanzielle
Rahmen wird bestimmt durch die Eigenkapitalausstattung,
die Ertrags- und Finanzkraft (Gewinn, Cash Flow), den
Kapitalbedarf zur Aufrechterhaltung des laufenden
Geschäfts sowie durch die Dividendenpolitik.

(3) **Strategische Planung**

Unter Berücksichtigung von Unternehmensphilosphie und -
politik, Zielhierarchie, strategischen Zielsetzungen (z.B.
Wachstumskonzept), Entwicklung von Strategien.

2.3 Steuerungs- und Überwachungsfunktion

Im Mittelpunkt der Steuerungs- und Überwachungsfunktion des
strategischen Controlling steht die **Umsetzung** der Strategien.
Sie wird dadurch erschwert, daß strategische Ziele und ihre
Verwirklichung mehr qualitativ, denn quantitativ beschrieben
werden können und daß strategische Entscheidung einerseits und
Schaffung und Ausschöpfung des Erfolgspotentials andererseits
zeitlich erheblich auseinanderfallen.

Dennoch sind die Steuerung und Überwachung notwendig, denn
Aufbau und Sicherung strategischer Erfolgspotentiale beanspruchen einen erheblichen finanziellen und personellen Einsatz. Fehlerhafte Einschätzungen der Umwelt- und Marktfaktoren

156

oder der Unternehmensposition können daher zu außergewöhn-
lichen Verlusten führen. Strategieänderungen oder -anpassungen
erfordern in der Regel zusätzliche Ressourcen.

Die Einbindung der strategischen Ziele und Strategien in die
operative Planung ist der erste Schritt zu ihrer Realisierung.
Strategische Maßnahmen oder Projekte, die innerhalb des Pla-
nungshorizonts der operativen Planung realisiert werden
sollen, müssen mit ihren Auswirkungen (z.B. Umsatz, Finanz-
bedarf, Ergebnis) in der operativen Planung konkretisiert
werden.

Für die Umsetzung von Strategien lassen sich selten quantitative und exakt terminierte Vorgaben, wohl aber mit zunehmender
Aktualität genau definierbare Etappenziele festlegen, wie z.B.
die Entwicklung neuer Produkte, Aufbau einer Vertriebsorganisation für bestimmte Märkte u.ä. Darüber hinaus gibt es für
die erfolgreiche Umsetzung von Strategien Signale, z.B. wenn
das neue Produkt von einem größeren Abnehmer gelistet worden
ist oder zunehmende Aktivitäten der Konkurrenz andeuten, daß
sie sich von der Unternehmung bedrängt fühlen. Derartige
Erfolgssignale vermögen mosaiksteinartig Hinweise über die
Strategieumsetzung zu geben.

Neben einer laufenden und systematischen Überwachung der unternehmensinternen Risikofaktoren, z.B. langfristig wirksame
Strukturveränderungen der Ressourcen der Unternehmung, gehört
zum strategischen Controlling eine permanente Beobachtung der
Umwelt, um frühzeitig die "schwachen Signale" (Ansoff) von

gravierenden **Umweltveränderungen** zu erkennen. Signale, die
zunächst nur ein vages Gefühl der Bedrohung oder Chance aus-
lösen, sollen in einen frühen Zeitpunkt Anlaß geben, die Trag-
fähigkeit der Unternehmensstrategie zu überprüfen und etwaige
Reaktionsstrategien zu konzipieren.

2.4 Die Kontrollaufgabe

Die Kontrollaufgabe des strategischen Controlling läßt sich in
Anlehnung an Coenenberg/Baum in zwei Teilbereiche gliedern:

- Kontrolle der Plangenerierung

- Kontrolle der Planerreichung.

Die **Kontrolle der Plangenerierung** befaßt sich mit der unternehmerischen und umweltlichen Bedingungskonstellation, welche
für die strategische Programmentscheidung ausschlaggebend war
(Kontrolle der Zielrationalität). Sie bezieht sich auf das
Leitbild der Unternehmung, auf die Planungsprämissen und auf
die Realisierbarkeit der Erfolgspotentiale.

Das **Leitbild** der Unternehmung wird vom Unternehmenszweck sowie
von den Wertvorstellungen des Top-Managements bzw. des Unternehmers geprägt. Eine vom Leitbild losgelöste oder ohne Leit-
bildfilter entstandene Unternehmensstrategie würde den markt-
gegebenen Chancen unreflektiert nachgeben und die unternehmerischen Aktivitäten uneinheitlich ausrichten. Es bestünde

158

die Gefahr, daß die Ressourcen in der Unternehmung nicht konzentriert in der wettbewerblichen Auseinandersetzung eingesetzt werden.

Im Rahmen der **Prämissenkontrolle** ist zu prüfen, ob die plantragenden und entscheidungsprägenden Prämissen weiterhin Bestand haben.

Darüber hinaus stellt sich die Frage, ob die angestrebten Erfolgspotentiale auf marktrelevanten Stärken des Unternehmens aufbauen und dabei die vorhandenen oder beschaffbaren Ressourcen im Hinblick auf die umweltgegebenen Chancen bestmöglichst eingesetzt werden. Ein solches **strategisches Programm** ist realisierbar, wenn die eigenen Ressourcen die Nutzung der umweltlichen Chance erlauben und die gewollten Wettbewerbsvorteile nachhaltig gewinnbringend aus eigener Kraft erreicht werden können. Das strategische Programm ist als gültig zu beurteilen, wenn die umweltliche Entwicklung weiterhin die Umsetzung der Strategien gestattet.

Hinsichtlich der Realisierbarkeit der Erfolgspotentiale geht es sowohl um die interne Machbarkeit wie auch um die von externen Faktoren abhängige Durchführbarkeit. Die interne Machbarkeit wird durch das Ressourcenpotential bestimmt. Daher lautet die Frage, ob die geschaffenen Leistungspotentiale hinsichtlich Ausmaß, Qualität und Zusammensetzung ausreichen, um die identifizierten Erfolgspotentiale zu realisieren. Außerdem fragt sich, ob ausreichende Kapital- und Managementressourcen

vorhanden sind, um eine beabsichtigte Ressourcenkonfiguration
zu erreichen.

Bezüglich der externen Durchführbarkeit steht die Überwachung
der Konformität der Umweltprämissen im Vordergrund. Wichtiges
Instrument dazu ist ein Frühwarnsystem, mit dem rechtzeitig
Anzeichen einer Veränderung der relevanten Umweltfaktoren
erfaßt werden.

Die **Kontrolle der Planerreichung** zielt auf die Durchsetzung
der verabschiedeten Strategien. Dazu sind aus dem Planziel
Soll-Vorgaben zu entwickeln. Dies ist schwierig, weil die
strategischen Ziele sich erst mit zunehmender Realisierung
quantifizieren und mit Kontrollmerkmalen versehen lassen.
Wichtig ist daher die Erarbeitung von **Etappenzielen** oder
"Meilensteinen". Sie müssen sich zeitgerecht in der operativen
Planung niederschlagen.

3. Strategisches Controlling in der Konsumgüterindustrie; Phänomen der stagnierenden oder schrumpfenden Märkte

Die spezifische Ausrichtung des strategischen Controlling sei für die Konsumgüterindustrie.

3.1 Besondere Aspekte der Konsumgüterindustrie

Als **Konsumgüter** gelten alle Erzeugnisse, die unmittelbar der Befriedigung menschlicher Bedürfnisse dienen, sei es als Verbrauchs- oder Gebrauchsgüter. Zur Konsumgüterindustrie werden im allgemeinen jene Unternehmen gerechnet, die Güter herstellen, die überwiegend von privaten Haushalten gekauft werden.

Die **Nachfrage nach Konsumgütern** in einer Volkswirtschaft ist weitgehend eine Funktion des realen Volkseinkommens (Keynes). Daneben spielen - stichwortartig erwähnt - soziale Schichtung, Konsumstil bestimmter Gruppen, Einkommenselastizität, Konjunkturzyklen, Preiserwartung und politische Entwicklung eine Rolle. Als spezifische Charakteristika der Konsumgüternachfrage sind ferner die Einflüsse von Mode und Geschmack, von Image und Prestige der Produkte oder Marken sowie von Witterung und Saison zu nennen. Diese oft kurzlebigen, subjektiven und teilweise zufallsbedingten Einflüsse lassen sich in ihren strategischen Auswirkungen besonders schwer erfassen.

Die Entwicklung der ursprünglich handwerklich und arbeits-
intensiv geprägten Konsumgüterindustrie ist in den letzten
Jahren durch eine überproportionale Steigerung der Personal-
aufwendungen, durch einen verstärkten Kapitaleinsatz sowie
durch zunehmende Außenhandelsverflechtungen gekennzeichnet. Im
Gegensatz zu früheren Wachstumszeiten sind die Konsumgüter-
märkte heute vorwiegend Käufermärkte mit einem Angebotsüber-
schuß. Zunehmende Konzentrationstendenzen , Kostendruck durch
Importe aus Niedriglohnländern und neue Vertriebsform bewirken
in vielen Konsumgüterbranchen einen erheblichen Wettbewerbs-
druck und Umstrukturierungen.

Für die Konsumgüterindustrie der Bundesrepublik Deutschland
haben zusätzlich die Entwicklung der Bevölkerung, die Wertedynamik und die Entwicklung des Einzelhandels Bedeutung
gewonnen. Sie sollen ebenfalls nur stichwortartig angeführt
werden.

Für die deutsche **Bevölkerung** wird ein Rückgang von zwei Mio
auf 59 Mio Einwohner im Jahre 2000 erwartet. Dabei wird sich
die Zahl der privaten Haushalte nur um 2% verringern. Gleichzeitig wird sich die Altersstruktur zu Gunsten der 30- bis 40-
jährigen sowie der über 55-jährigen verändern. Ein weiterer
Faktor für die Nachfrageentwicklung ist der veränderte Ausbil-
dungsstand der Bevölkerung.

Die **Wertedynamik** äußert sich in dem verstärkten Pluralismus
der Lebensstile und der Lebensgestaltung. Hohes Preisbewußt-
sein einerseits und intensives Service- oder Erlebnis-

162

bewußtsein andererseit prägen die zunehmend segmentierte Nachfrage nach Konsumgütern. Die kritische Einstellung der Konsumenten gegenüber dem Waren- und Dienstleistungsangebot, aber
auch gegenüber dem Verhalten der produzierenden Unternehmen
(Konsumerismus) stellt ein weiteres die Konkurrenzbeziehungen
beeinflußendes Element dar.

Die vorstehenden Entwicklungen haben auch erhebliche Veränderungen bei den Vertriebswegen für Konsumgüter bewirkt. Selbst-
bedienung, neue Medien und andere Entwicklungen haben zu neuen
Märkten und zu neuen Betriebstypen des Handels geführt, auf
die sich die Konsumgüterindustrie einzustellen hat.

Die skizzierten Besonderheiten der Konsumgüterindustrie kennzeichnen die besonderen Schwerpunkte des strategischen
Controlling in diesem Bereich. Das Verhalten der Konsumenten
und Marketingüberlegung haben in der Regel für die Konsumgüterindustrie eine größere Bedeutung als bei Herstellern von
Investitionsgütern. Im übrigen hat sich aber die Konsumgüterindustrie der Investitionsgüterindustrie weitgehend an-
genähert. Insoweit bestehen zwischen beiden Zweigen keine
Besonderheiten.

Die empirische Strategieforschung zeigt, daß weniger Branchenzugehörigkeit noch Nationalität als vielmehr die allgemeinen
Faktoren strategisch entscheidend sind wie Marktwachstum,
Marktanteil und Marktstruktur, Produkt- und Service-Qualität
oder Investitionsintensität.

3.2 Marktanteil als kritische Zielgröße

In der Konsumgüterindustrie spielt der Marktanteil als strategische Zielsetzung eine hervorragende Rolle. Die bekannten
strategischen Planungskonzepte propagieren ihn als wichtige
Zielgröße. Eine auf den Marktanteil abgestellte Zielsetzung
birgt aber auch eine Reihe von Gefahren.

Der gezielte Marktanteilzuwachs hat vielfach eine fortschrei-
tende fertigungstechnische Spezialisierung sowie eine
Produktstandardisierung zur Folge. Dies kann zu einem mono-
strukturierten Anlagevermögen und zu einem größeren
Fixkostenblock führen. Die Gewinnschwelle liegt auf einem
höheren Beschäftigungsniveau. Die Folge eines verengten
Produktsortiments kann sein, daß differenzierte Kundenbedürfnisse vom standardisierten Produkt nicht mehr erfaßt
werden. Auf der anderen Seite kann eine kreative Zerstörung
von Markt- und Bedarfstrukturen lukrative Märkte für bestimmte
Produktspezifikationen erschließen. Eine solche Teilsegmen-
tierung kann das Marktpotential des Marktführers drastisch
einengen.

Wer nach Marktanteilszuwachs strebt, muß sich bewußt sein, daß
damit -insbesondere bei marktlichen Widerständen- massive
Ressourceneinsätze verbunden sein können. Die Erfolgsaussicht
von Marktanteilszielen hängt ferner von der Wettbe-
werbsstruktur und vom etablierten Wettbewerbsverhalten ab.

Zunehmende Marktanteile sind also kein sicheres Indiz für eine
nachhaltige Gewinnerzielung.

3.3 Strategische Überlegungen bei schrumpfenden Märkten

Die klassischen Instrumente der strategischen Planung, z.B.
die Portfolio-Konzeption, gehen davon aus, daß zumindest ein
Teil der relevanten Märkte Wachstum aufweist. Bei stagnieren-
den oder schrumpfenden Märkten empfehlen diese Planungskonzepte den Rückzug, damit finanzielle Mittel für Wachs-
tumsprodukte oder -märkte freigesetzt werden. In Wirklichkeit
sind aber viele Unternehmen zunehmend gezwungen, in stag-
nierenden oder gesättigten Märkten zu operieren.

Die Unternehmen reagieren in einer solchen Situation unterschiedlich. Einige adaptieren die geänderten Bedingungen und
versuchen, durch Rationalisierung eine bessere Wettbewerbsposition zu erreichen oder einen geordneten Rückzug anzutre-
ten. Bei aggressivem Verhalten kann es zu ungewohnten, d.h.
bisher nicht branchenüblichen Aktionen des Wettbewerbs kommen.
Betriebswirtschaftlich nicht akzeptabel erscheinen Handlungs-
weisen, die die Branchen- und damit auch die Unter-
nehmensrentabilität nachhaltig ungünstig beeinflussen, wie
z.B. ein ruinöser Preiskampf, der nachhaltig das Preisniveau
absenkt. Vielfach liegt solchem Fehlverhalten die falsche
Selbsteinschätzung zugrunde, daß man für einen Verdrängungs-
wettbewerb gewappnet ist.

Entscheidend für eine erfolgreiche Strategie in schrumpfenden
Märkten sind die eigenen Wettbewerbspositionen und die Umfeld-
bedingungen, die als günstig oder ungünstig charakterisiert
werden können.

I. Wettbewerbsposition	günstig	ungünstig
(1) Ressourcen		
Anlagevermögen	universell oder branchenfremd einsetzbar	auf spez. Produktion zugeschnitten
Working Capital	niedrig	hoch
Know-How (Marketing, Entwicklung, Verfahrenstechnik u.ä.)	vielseitig branchenübergreifend	speziell
Vertriebsorganisation, Marketing	generell einsetzbar	branchenspezifisch
Managementkapazität und -qualität	groß/gut universell	Schwächen spezielle Ausrichtung
(2) Marktstellung		
Marktanteil	hoch	niedrig
Produkt-/ Servicequalität	hoch	niedrig
(3) Etrags- und Finanzkraft		
Gewinn, Cash Flow	hoch	niedrig
Kostenstruktur und -höhe	wenig Fixkosten niedrig	hohe Fixkosten, hoch
Finanzkraft, Kapitalausstattung	gut	knapp
(4) Ausstiegsbarrieren		
Produktpalette	breit, verschiedene Märkte	eng, ein Produkt
Liquiditationskosten (z.B. hohe Anlagenwerte, betriebliche Altersversorgung)	niedrig	hoch
Gesetzliche oder vertragliche Bindungen	gering	stark

II. **Umfeldbedingungen** *	**günstig**	**ungünstig**
(1) Nachfragebedingungen		
Tempo des Rückgangs	langsam	schnell/ sprunghaft
Wahrscheinlichkeit des Rückgangs	sicher	unsicher/ unberechenbarer Verlauf
Segmente stabiler Nachfrage	mehrere/einige wichtige	keine Restnischen
Produktbesonderheiten	Markentreue	No-names/ homogene Produkte
Preisniveau	stabil Preis>Kosten	Preis<Kosten
(2) Ausstiegsbarrieren		
Notwendigkeit für Reinvestitionen	keine	groß, unvermeidbar hoher Kapitaleinsatz
Überkapazitäten	gering	erheblich
Markt für Anlagenverkauf	einfach Umrüstung/ leichter Verkauf	keine Märkte hohe Stillegungskosten
Vertikale Integration	gering	sehr eng
"Ein-Produkt" Wettbewerber	keine	mehrere große Unternehmen
(3) Wettbewerbsbedingungen		
Abnehmerstruktur	zersplittert/ schwach	starke Nachfragemacht
Kostenverschiebung der Abnehmerstruktur	hoch	niedrig
Wirtschaftliche Nachteile beim Leistungsabbau	keine	hohe Vertragsstrafen

*)Harrigan/Porter nach Coenenberg a.a.O.

Die Normstrategien für die verschiedenen Konstellationen ergeben sich aus folgender Matrix darstellen:

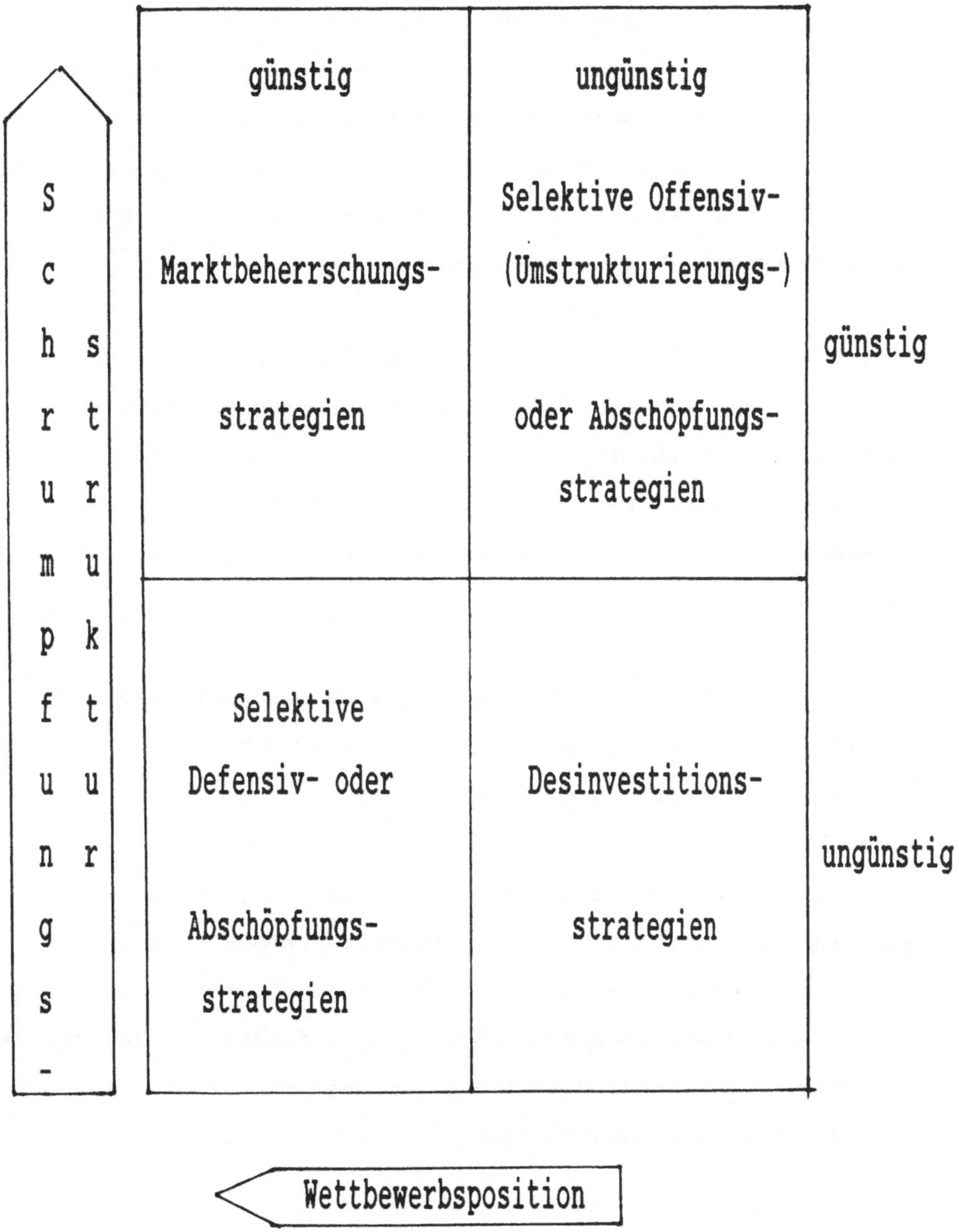

Schrumpfungs-
struktur
günstig
ungünstig
Marktbeherrschungs-strategien
Selektive Offensiv- (Umstrukturierungs-) oder Abschöpfungs-strategien
günstig
Selektive Defensiv- oder Abschöpfungs-strategien
Desinvestitions-strategien
ungünstig
Wettbewerbsposition

Bei ungünstiger Wettbewerbsposition und ungünstiger
Schrumpfungsstruktur erscheint ein schneller, möglichst
geordneter Rückzug angebracht. Umgekehrt wird man bei
günstiger Schrumpfungsstruktur und günstiger Wettbewerbsposition auf den Erwerb oder die Absicherung der **Marktführerschaft** zielen. Dies kann durch zusätzliche Marktinvestitionen,
Steigerung der Produktqualität und/oder insbesondere durch
Kostenführerschaft angestrebt werden.

Investitionen mit dem Ziel einer Marktführerschaft machen
jedoch dann wenig Sinn, wenn die Marktbedingungen schwer kal-
kulierbar und riskant erscheinen. Hier wird abzuwägen sein, ob
eine Abschöpfungsstrategie (Gewinnmaximierung bei Aufgabe von
Marktanteilen) oder eine Desinvestitionsstrategie angezeigt
ist.

Bei günstiger Schrumpfungsstruktur, aber ungünstiger Wettbewerbsposition ist zu prüfen, ob durch eine Umstrukturierung
oder Segmentierung des Marktes eine attraktive Überlebens-
nische für das Unternehmen gefunden werden kann. Mit Hilfe
einer **Differenzierungsstrategie** wird versucht, besondere
strategische Stärken in einer bestimmten Produkt- Marktkombi-
nation zu bündeln und damit ein Wettbewerbsvorteil aufzubauen.
Märkte sind damit ebenso wie Produktspezifikationen das Ergebnis unternehmerischer Gestaltung. Im Gegensatz dazu, stellt
eine **Spezialisierungsstrategie** auf ein bestimmtes Marktsegment
ab.

4. Operationalität der strategischen Unternehmensführung

In der Praxis ist immer wieder festzustellen, daß Unternehmen
nur unzureichend entsprechend ihrer strategischen Zielsetzung
geführt werden. Dies liegt häufig daran, daß die strategischen
Ziele zu abstrakt oder zu wenig strukturiert und damit zu
unverbindlich ausgedrückt werden. Um die strategische Planung
operabel zu machen, sollte sie -nach gründlicher
vorhergehender Analyse- auf wenige, einsichtige Aussagen
zurückgeführt werden. Notwendig ist ferner, daß alle Manager
des Unternehmens im Denken und Handeln auf die strategischen
Zielsetzungen ausgerichtet sind. Eine solche einheitliche
Identifikation mit den Unternehmenzielen hat z.B. den
Sanierungserfolg bei Chrysler möglich gemacht.

Einen praktikablen Ansatz stellt das von Pümpin entwickelte
Konzept der strategischen Erfolgspositionen (SEP) dar. SEP
bezeichnen aus der Sicht des Konsumenten wichtige und gegenüber der Konkurrenz dominierende Fähigkeiten des Unternehmens
bei der Bereitstellung der nachgefragten Güter und Dienstleistungen. Sie ermöglichen im Vergleich zur Konkurrenz überdurchschnittliche Ergebnisse (Gewinn, Marktstellung und
anderes) zu erzielen.

Strategische, d.h. nachhaltig wirksame Erfolgspositionen sind
dadurch gekennzeichnet, daß sie
- nicht ohne weiteres (kurzfristig) von der Konkurrenz
  kopierbar sind
- sich auf in der zukünftigen Umwelt- und Marktsituation

bedeutsame Faktoren beziehen und

- den langfristigen Erfolg des Unternehmens sichern.

Die Marschrichtung der Unternehmung muß in Form von strategischen Erfolgspositionen definiert werden. Sie legen Band-
breiten fest, innerhalb welcher die Unternehmensangehörigen
entscheiden und handeln. Die SEP können sich auf Produkte,
Märkte oder Funktionen beziehen, wobei Überschneidungen möglich sind. Produktbezogene SEP beruhen auf besonderen Fähigkeiten zur Ermittlung und Befriedigung von Kundenbedürfnissen.
Sie bewirken nachgefragte, bedürfnisgerechte Produkt- und
Serviceangebote. Marktbezogene SEP beziehen sich auf die
Marktstellung oder das Image des Unternehmens. Funktionale SEP
betreffen den Produkt-/Service- und optimalen Ressourceneinsatz.

Das Management strategischer Erfolgspositionen läßt sich in
folgenden Leitsätzen zusammenfassen (Pümpin):

(1) Das Vorhandensein von SEP bestimmt den Unternehmenserfolg.

(2) SEP werden durch die Zuordnung von Ressourcen aufgebaut.

(3) Einer vorgegebenen SEP zugeordnete Ressourcen müssen
anderen möglichen SEP entzogen werden, es sei denn zwischen
ihnen besteht eine Synergie. Die Anzahl aufbaubarer SEP is
daher begrenzt. Die Unternehmensleitung muß also festlegen,
welche wenigen SEP aufgebaut werden sollen. Nur durch
konzentrierten Ressourceneinsatz werden starke SEP aufgebaut.

(4) Die Erhaltung aufgebauter SEP ist nur dann möglich, wenn
diese durch entsprechende Ressourcen-Zuteilung laufend ge-
pflegt werden. Die SEP haben dynamischen Charakter und müssen
im Vergleich zu wandelnden Konkurrenz- und Marktverhältnissen
gesehen werden. Der Nutzen einer SEP kann sich im Zeitablauf
ändern.

(5) Starke SEP verlangen, daß alle Unternehmensbereiche durch
interdisziplinäre Zusammenarbeit dazu beitragen. Zwischen der
Unternehmenskultur und den SEP bestehen enge Wechselbe-
ziehungen. Überdurchschnittliche Fähigkeiten können nur dann
entwickelt werden, wenn die vom Management ausgehenden Signale
in sich konsistent sind. Das Norm- und Wertgefüge im Unternehmen muß mit den aufzubauenden SEP korrespondieren.

(6) Der Aufbau von SEP ist eine mittel- bis langfristige Ange-
legenheit. Starke strategische Erfolgspositionen zeichnen sich
gerade dadurch aus, daß die Wettbewerber mehrere Jahre benöti-
gen, um gleichartige SEP aufzubauen. Damit wird auch deutlich,
daß die Bestimmung einer aufzubauenden SEP eine Entscheidung
von großer Tragweite ist.

Die Konzentration auf wenige strategische Erfolgspositionen
bewirkt im Endeffekt eine einfache und einprägsame Formulierung der Kernstrategie des Unternehmens. Damit kann erreicht
werden, daß auch im Tagesgeschäft die wesentliche strategische
Ausrichtung des Unternehmens nicht vergessen wird.

5.   Zusammenfassung

Eine zeitgerechte und effiziente Unternehmensführung schließt
das strategisch ausgerichtete Management des Unternehmens ein.
Das strategische Controlling soll helfen, daß bei den unaus-
weichlichen operativen Managemententscheidungen die strategischen Zielsetzungen bedacht und berücksichtigt werden.

Die grundsätzlichen Anforderungen an das strategische Controlling sind für Unternehmen aller Branchen gleich. Wegen der
Besonderheit der Konsumgüterindustrie werden aber die Entwicklung der Konsumnachfrage, das Konsumentenverhalten und
Marketingüberlegungen ein besonderes Schwergewicht haben.

Literatur

Albach, Strategische Unternehmensplanung bei erhöhter
Unsicherheit, ZfB 1978, S. 702-715

Coenenberg/Baum, Strategisches Controlling,
Stuttgart 1987

Hinterhuber, Wettbewerbsstrategie, Berlin/New York 1982

Jacob (Hrsg), Strategisches Management, SzU Band 29 und 30,
Wiesbaden 1982 und 1983

Porter, Competitive Strategy, New York 1980

Porter, Competitive Advantage, New York 1985

Pümpin, Management strategischer Erfolgspositionen,
Bern/Stuttgart 1982

Scheffler, Strategisches Controlling, DB 1984, S. 2149 -2152

Strategische Planung bei IBM: Planungssystem und Planungsverfahren

Von Dr. Dr. Franz Schober, Dr. Berc Pekayvaz
und Walter Haußmann
IBM Deutschland GmbH, Stuttgart

1. <u>Einleitung: Internationale Aufgabenteilung</u>

Der folgende Beitrag setzt sich zwei Ziele, nämlich zum einen
die Beschreibung der wesentlichen Elemente des strategischen
Planungsprozesses der IBM Deutschland und zum andern die
Darstellung der Einsatzmöglichkeiten computergestützter
Informationssysteme im Rahmen des Planungsprozesses.

Zum Verständnis der strategischen Planung der IBM Deutschland ist es notwendig, zuerst auf die internationale
Aufgabenteilung im Gesamtkonzern einzugehen.

Die Organisation des IBM Konzerns ist im Schwerpunkt nach
geographischen Gesichtspunkten gegliedert (Abbildung 1).
Die "IBM United States" Group bildet mit 46 Prozent Anteil am
Konzernumsatz des Jahres 1987 die umsatzstärkste regionale
Organisation. Es folgen die "IBM Europe/Middle East/Africa"
mit 35 Prozent, die "IBM Asia/Pacific" mit 13 Prozent und
die "IBM Americas" mit 6 Prozent Anteil am Gesamtumsatz.
Alle vier Organisationen sind als Profit Centers für die
Erreichung von Umsatz-, Gewinn- und Rentabilitätszielen in
ihrem geographischen Zuständigkeitsbereich verantwortlich.

Die Organisationen außerhalb der USA sind weiter in
einzelne Ländergesellschaften aufgegliedert, die ebenfalls
als Profit Centers operieren. So umfaßt z.B. die
"IBM Americas" Group die lateinamerikanischen Länder und
Kanada. Die europäischen Ländergesellschaften berichten an
die "IBM Europe/Middle East/Africa" Group, darunter auch die
IBM Deutschland.

Neben dieser geographischen Delegation der Geschäfts-
verantwortung werden verschiedene Aktivitäten zentral
gesteuert. Das betrifft zunächst die Forschung und
Entwicklung, die für all jene Produkte weltweit koordiniert
wird, für die eine landesspezifische Produktentwicklung
aus ökonomischen oder sonstigen Gründen nicht sinnvoll
erscheint. Trotz weltweiter Koordination werden jedoch
die eigentlichen Entwicklungsarbeiten dezentral in den
unterschiedlichsten Ländern durchgeführt.

Ebenfalls aus vorwiegend ökonomischen Gründen wird auch
die Fertigung der Produkte über die Landesgrenzen hinweg
koordiniert. So steuert z.B. die "IBM Europe/Middle
East/Africa" zentral die Produktionsaktivitäten für alle

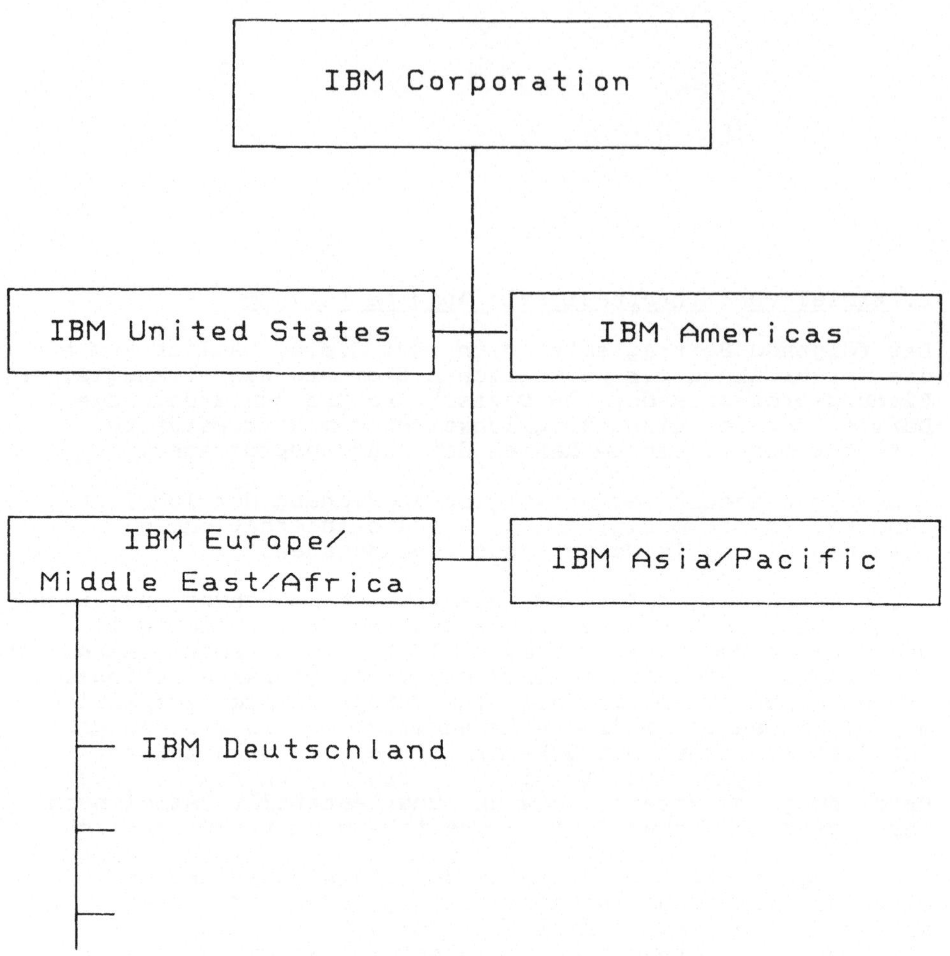

Abb. 1: Organisation der IBM Corporation

Produkte, die in ihrem geographischen Bereich abgesetzt
werden. Die Fertigungsstätten, die sich in unterschiedlichen
europäischen Ländern finden, sind auf die Fertigung oder
Montage jeweils ganz spezifischer Komponenten oder Produkte
spezialisiert und decken hierfür den kompletten Bedarf aller
Länder innerhalb der "IBM Europe/Middle East/Africa" ab.
Ein analoger Produktionsverbund besteht für die "IBM United
States" und gemeinsam für die beiden anderen internationalen
Organisationen.

Damit richtet sich ein Hauptaugenmerk der Länderorganisationen innerhalb dieser internationalen Aufgabenteilung
auf das Marketing und den Vertrieb von Produkten und
Dienstleistungen der Informationstechnologie. Zwar haben
diejenigen Länderorganisationen wie die IBM Deutschland, die
Produktions- und Entwicklungsaktivitäten aufweisen, eine
Gesamtverantwortung für die dort erzielten Ergebnisse und
eingesetzten Ressourcen, doch sind Planung und Entscheidung
innerhalb der Funktionsbereiche Vertrieb, Fertigung und
Entwicklung auf sehr unterschiedliche Weise in die
Matrix des internationalen Managementsystems eingebunden.

2. Das strategische Planungssystem

2.1 Aufgaben der strategischen Planung

Aufgrund der internationalen Arbeitsteilung bezieht sich
das hier beschriebene Planungssystem der IBM Deutschland
vorwiegend auf vertriebsseitige Aspekte. Die Planungssysteme
des Produktionsbereichs und des Entwicklungsbereichs der IBM
Deutschland bleiben außerhalb der Betrachtung.

Die strategische Planung bei IBM hat mehrere Aufgaben,
die sich unter den Begriffen

- Gestaltungsfunktion,
- Kommunikationsfunktion,
- Integrationsfunktion und
- Kontrollfunktion

subsummieren lassen.

Die Gestaltungsfunktion der strategischen Planung bezieht
sich auf die Erarbeitung von langfristigen Zielsetzungen in
quantitativer und qualitativer Sicht und die Entwicklung
von Strategien und Maßnahmen zur Erreichung dieser Ziele.

Die Kommunikationsfunktion der strategischen Planung bei
IBM bezweckt die Förderung eines Konsens der Organisation
über die wesentlichen Ziele und Strategien der IBM. Er wird
sowohl duch eine breite aktive Beteiligung aller relevanten
Bereiche der Organisation an der Strategieformulierung als
auch durch Kommunikation der Strategieinhalte erzeugt.

Dieser Konsens wird als unabdingbar erachtet, um einen

reibungslosen Übergang von der Strategieformulierung über
die Festlegung einzelner Maßnahmen bis hin zur Implementierung der Strategien zu gewährleisten. Hier kommt die
Integrationsfunktion der Planung zur Geltung.

Die Kontrollfunktion zielt schließlich auf eine bessere
Steuerung der IBM in langfristiger Sicht. Im Rahmen der
strategischen Planung werden strategische Meßziffern
entwickelt, die später eine laufende Kontrolle der wirksamen
Implementierung der Strategien gestatten.

Um diesen Aufgaben gerecht zu werden, ist die strategische
Planung ein integraler Bestandteil eines Gesamtsystems, das
daneben noch die operative Planung und die Plankontrolle
umfaßt.

2.2 Organisation und Phasen des formalen Planungsprozesses

Die Zusammenhänge zwischen den Teilprozessen des Gesamtsystems sind in Abbildung 2 skizziert.

Die "strategische Planung" als formaler Planungsprozeß wird
einmal zu Beginn eines jeden Jahres in rollierender Form
durchgeführt, wobei der Planungszeitraum das laufende Jahr
und fünf Folgejahre umschließt. Sämtliche Jahre werden bei
jeder Runde von neuem geplant, nicht nur das neu in den
Planungszeitraum gerückte letzte Jahr.

Die Aktivitäten der strategischen Planungsrunde erstrecken
sich in der Regel über die erste Hälfte eines Kalenderjahres.
Während der zweiten Jahreshälfte erfolgt dann die operative
Planung, ebenfalls in rollierender Form. Der Planungszeitraum
der operativen Planung umfaßt das laufende Jahr plus zwei
Folgejahre. Der strategische Plan dient als Richtschnur für
die Erstellung des operativen Plans, jedoch werden nun die zu
implementierenden Maßnahmen wesentlich konkreter formuliert,
Aufwand und Ertrag genauer geschätzt.

Im Prozeß der Plankontrolle werden im monatlichen Rhythmus
die tatsächlich erreichten Ergebnisse den geplanten
gegenübergestellt. Hierzu wird der operative Plan für das
laufende Jahr in möglichst detaillierte Teilpläne und Budgets
aufgefächert. Die Plankontrolle orientiert sich zwar im
Schwerpunkt an den kurzfristigen Kennziffern der
Erfolgsrechnung und ihrer Komponenten, jedoch wird mehr
und mehr versucht, relevante Kennziffern für Aktivitäten mit
aufzunehmen, die gegenwärtig noch keinen nennenswerten
Beitrag liefern, aber langfristig von Bedeutung werden, wie
etwa die Investitionen und Umsätze für neue Geschäftsfelder
mit attraktiven langfristigen Wachstumschancen (strategische
Plankontrolle).

Als Leitlinie für die Organisation der Planungsprozesse
gilt bei IBM der Grundsatz, daß Planung und Ausführung
soweit wie möglich in einer Hand liegen sollen. Das gilt

182

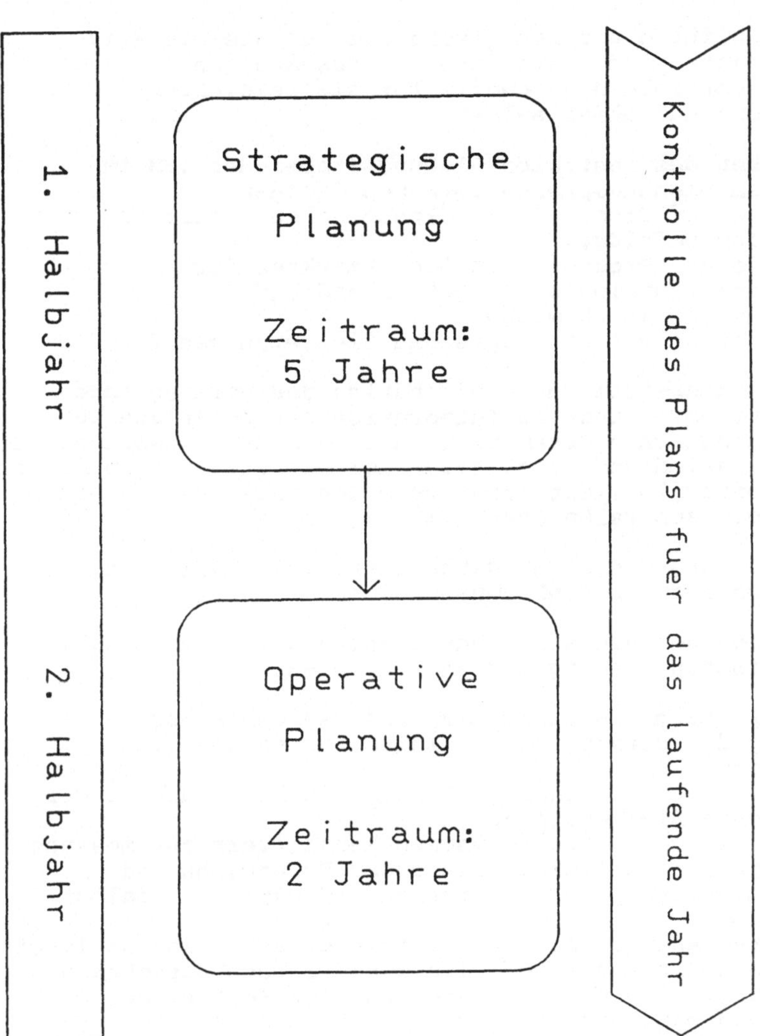

Abb. 2: Gesamtsystem der Planung

gleichermaßen für die strategische wie für die operative
Planung. Entsprechend erarbeiten die zuständigen
Unternehmensbereiche die jeweils für sie relevanten
Strategien und Maßnahmen selbst.

Die Aufgaben des zentralen Planungsstabes der IBM im
strategischen Planungsprozeß umfassen dagegen
- die Analyse und Prognose des ökonomischen, politischen
  und sozialen Umfelds,
- die Analyse und Prognose des Gesamtmarktes der
  Informationstechnologie in Deutschland und der
  Entwicklung des Wettbewerbs,
- die Erarbeitung von strategischen Zielsetzungen für die
  IBM,
- die zwischenbereichliche Koordination des strategischen
  Planungsprozesses und die Integration der Teilpläne zu
  einem strategischen Gesamtplan (die Gesamtverantwortung für
  die Koordination und Integration der operativen Planung und
  der Plankontrolle liegt nicht beim zentralen Planungsstab,
  sondern beim zentralen Controller).

Bei der Erfüllung dieser Aufgaben wirken zum Teil auch die
Planungsstäbe anderer Funktionsbereiche mit.

Die Aufgaben der einzelnen Unternehmensbereiche im Rahmen
der strategischen Planung beziehen sich auf

- die Formulierung von Strategien und Maßnahmen zur
  Erreichung der strategischen Zielsetzungen und damit
  einhergehend
- die Validierung bzw. Infragestellung der Machbarkeit der
  strategischen Zielsetzungen,
- die Entwicklung von strategischen Kennziffern zur Messung
  des Erfolgs der zu implementierenden Strategien und
- die Implementierung der Strategien und Maßnahmen selbst.

Die Gesamtverantwortung für die strategische Planung liegt
bei der Unternehmensleitung. Alle wesentlichen Entscheidungen
zu den strategischen Zielsetzungen und den empfohlenen
Strategien und Maßnahmen sind von ihr zu treffen. Entsprechend wird die Unternehmensleitung intensiv in den
Planungsprozeß einbezogen.

Die soweit skizzierte strategische Planung bei IBM
verläuft nach dem sogenannten "Gegenstromprinzip der
Planung", indem "top/down" erarbeitete Zielsetzungen den
Anstoß zur zeitlich und organisatorisch getrennten
Formulierung der Strategien geben ("Bottom/Up"-Planung).
Erweisen sich die Ergebnisse der beiden Planungsphasen als
inkonsistent, so wird durch Rückkopplung nach einem Konsens
gesucht.

Wegen der eingangs erwähnten internationalen Arbeits-
teilung innerhalb des IBM-Konzerns ist es erforderlich, daß
Planungsergebnisse laufend mit den internationalen
Managementorganisationen abgestimmt werden. Das betrifft

184

vor allem den Dialog mit den Entwicklungsfunktionen,
um auf die weltweite Produktpolitik Einfluß zu nehmen,
sowie den Dialog mit den Produktionsfunktionen, um Nachfrage
und Fertigungskapazitäten in Einklang zu bringen.

Die Etablierung eines formalen Planungsprozesses
berücksichtigt nicht die Tatsache, daß sich der Bedarf an
Strategieformulierung nur schwer in einen festen Zeitrahmen
pressen läßt. Deshalb ist die strategische Arbeit mit dem
Ende eines formalen Planungszyklus in aller Regel nicht
gleichfalls getan, sondern dehnt sich über das gesamte
Kalenderjahr aus. In vielen Fällen liefert der formale Prozeß
zunächst nur die "Anregung" zur strategischen Arbeit. Die
Strategien und Maßnahmen werden in der Folgezeit im einzelnen
erarbeitet und im strategischen Plan des nächsten Jahres
integriert.

Im folgenden sollen die wichtigsten Phasen der strategischen Planung bei IBM näher beschrieben werden (Abbildung 3).

2.2.1 Umfeld- und Marktanalyse

Im Rahmen der Umfeld- und Marktanalyse werden Analysen und
Prognosen für das ökonomische, politische und soziale
Umfeld und für den Markt der Informationstechnologie
erarbeitet. Eine Schlüsselrolle kommt hier den Abteilungen
Volkswirtschaft und Marktforschung innerhalb des zentralen
Planungsstabes zu; sie werden dabei von anderen Stäben
aus den Bereichen Vertrieb, Personal und Öffentlichkeits-
arbeit unterstützt.

Die Abteilung Volkswirtschaft erstellt eigenständige
kurz- und langfristige Prognosen für die wichtigsten
Indikatoren der deutschen Wirtschaftsentwicklung.
Diese Prognosen werden auf internationaler Ebene abge-
stimmt und dienen als verbindliche Rahmendaten für alle
Planungsaktivitäten im Hause IBM.

Sie gehen, neben spezifischen Informationen und
Hypothesen zur Produkt- und Anwendungstechnologie sowie zur
strukturellen Marktentwicklung, in die Prognosen für das
Wachstum des Marktes für Informationstechnologie in Deutschland ein. Basis der Marktanalysen ist die geeignete
Segmentierung des Marktes aus produktseitiger,
anwendungsseitiger und kundenseitiger Sicht. Auf der Produkt-
seite werden Kategorien wie CPU's an großen, mittleren
und kleinen Systemen, Personal Computer, Bildschirmgeräte,
Speichergeräte, Drucker und Telekommunikationsgeräte, System-
und Anwendungssoftware, Wartung und andere Dienstleistungen
unterschieden. Auf der Anwendungsseite sind Kategorien wie
z.B. "Computer Integrated Manufacturing", "Desk Top
Publishing" oder "Büroautomation" von Bedeutung. Die
kundenseitige Segmentierung richtet sich u.a. an der
Branchenzugehörigkeit oder an der Betriebsgröße aus.

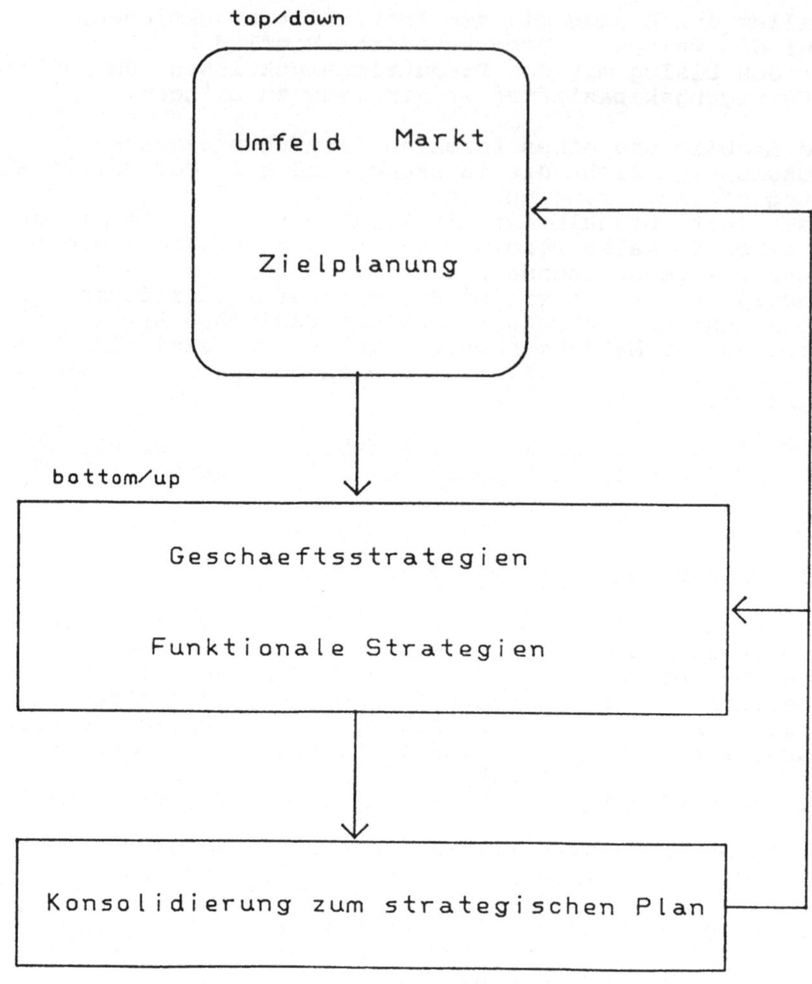

Abb. 3: Prozeß der strategischen Planung

Die Prognosen für jedes der Segmente werden, wie die
volkswirtschaftlichen Prognosen, international abgestimmt.
Dies macht auf der einen Seite die Verwendung eines
weitgehend einheitlichen Segmentierungskonzeptes erforderlich, führt aber auf der anderen Seite zu enormen
Synergismen bei der äußerst schwierigen Aufgabe, einen
dynamischen Markt wie den der Informationstechnologie richtig
einzuschätzen.

Zu diesem Zweck wird auch die Rolle der wichtigsten
Mitbewerber in den jeweiligen Marktsegmenten analysiert und
prognostiziert.

Die Umfeld- und Marktprognosen sind ein wichtiger Input
für die anschließende Phase der Zielplanung, d.h. der
Erarbeitung einer strategischen Rahmenkonzeption für die IBM.

2.2.2 Zielplanung

Die strategischen Zielsetzungen beziehen sich zum einen
auf die erstrebenswerte Positionierung der IBM in
den einzelnen Marktsegmenten, zum anderen auf die
erforderlichen Weichenstellungen im Ressourceneinsatz,
um die Marktziele zu unterstützen.

Diese Zielsetzungen werden so global wie "nötig"
formuliert, um einerseits eine Orientierungshilfe für die
Strategieformulierung im Detail zu bieten, zum andern aber
nicht den Freiraum für die Strategienbildung im einzelnen zu
sehr einzuschränken.

Für diese quantitativ formulierten Ziele werden in der
Regel alternative Vorschläge entwickelt, die auf
unterschiedlichen Szenarien für die Umfeld- und Marktdaten
sowie auf alternativen Annahmen für die unternehmensinternen
Parameter fußen.

Neben den quantitativen Zielen für das letzte Jahr des
Planungszeitraums und eines geeigneten Zwischenjahres werden
auch qualitative Ziele formuliert, um damit eine Fokussierung
der Planung auf die strategisch wichtigsten Themen zu
erreichen. Da innerhalb eines bestimmten Zeitraums nur eine
Handvoll strategischer Themen mit der erforderlichen
Aufmerksamkeit bearbeitet werden kann, aber auch nur eine
Handvoll Themen wirklich "brennt", scheint eine solche Ein-
schränkung sehr zweckmäßig.

Die alternativen quantitativen Zielvorschläge werden
zusammen mit den Vorschlägen für die qualitativen Ziele
intensiv mit der Unternehmensleitung diskutiert. Nach der
Entscheidung der Unternehmensleitung für eine bestimmte
Alternative von quantitativen Zielen und für die zu
bearbeitenden qualitativen Ziele gehen die Zielvorgaben den
betroffenen Unternehmensbereichen zu.

Ein Vorteil der Zielplanung liegt darin, daß die
Unternehmensleitung zu Anfang des Planungsprozesses eine
generelle strategische Richtung festlegen kann. Ein zweiter
Vorteil liegt in der besseren zeitlichen Synchronisation des
nachfolgenden Prozesses der Strategiebildung in den einzelnen
Bereichen, da ein grobes Zahlengerüst von Anfang an vorliegt
und damit die sonst unvermeidbare Sukzessivplanung der
Teilbereiche teilweise aufgehoben werden kann.

2.2.3 Formulierung der Geschäftsstrategien

Die Strategien der Unternehmensbereiche lassen sich generell
unterteilen in

- Geschäftsstrategien und
- funktionale Strategien.

Die Geschäftsstrategien richten den Blick nach außen, sind
markt- und kundenbezogen. Die funktionalen Strategien
dagegen haben vorwiegend den Blick nach innen gerichtet,
stellen die Frage nach dem effektiven und effizienten Einsatz
der Ressourcen zur Unterstützung der Geschäftsstrategien.

Abbildung 4 skizziert die wesentlichen Kategorien der
Geschäftsstrategien in Form einer Matrix. Eine Achse der
Matrix bezieht sich auf anwendungs- und kundenspezifische
Segmente wie z.B. Industrie und Technik, Finanz, Mittelstand
oder Telekommunikation. Die Strategien für jede dieser
Kategorien kreisen um die Identifikation zukünftiger
Anwendungsmöglichkeiten der Informationstechnik und um die
Entwicklung geeigneter Lösungskonzepte für diese Anwendungen.

Die andere Achse der Matrix bezieht sich auf die einzelnen
Produkte (Hardware und Software) und Dienstleistungen
(z.B. Abwicklung komplexer Kundenprojekte, Wartung,
Schulung, Informationsservice). Hier sind spezifische
Produktstrategien zu entwickeln, zum Teil in Abstimmung mit
den internationalen Entwicklungsfunktionen (vor allem bei
Hardware und Systemsoftware).

Die Entwicklung der Geschäftsstrategien obliegt dedizierten
Stäben im Marketingbereich. Diese Strategien bilden die
Grundlage für die Formulierung der funktionalen Strategien.

2.2.4 Formulierung der funktionale Strategien

Die wichtigsten Bereiche, die funktionale Strategien
entwickeln, sind in Abbildung 5 dargestellt: Die
konzentrischen Kreise symbolisieren dabei den Grad der
Unmittelbarkeit, mit der die funktionalen Strategien die
Geschäftsstrategien unterstützen.

Im Zentrum steht die Vertriebsstrategie. Ein wesentlicher
Aspekt dieser Strategie ist die Planung des Vertriebswege-

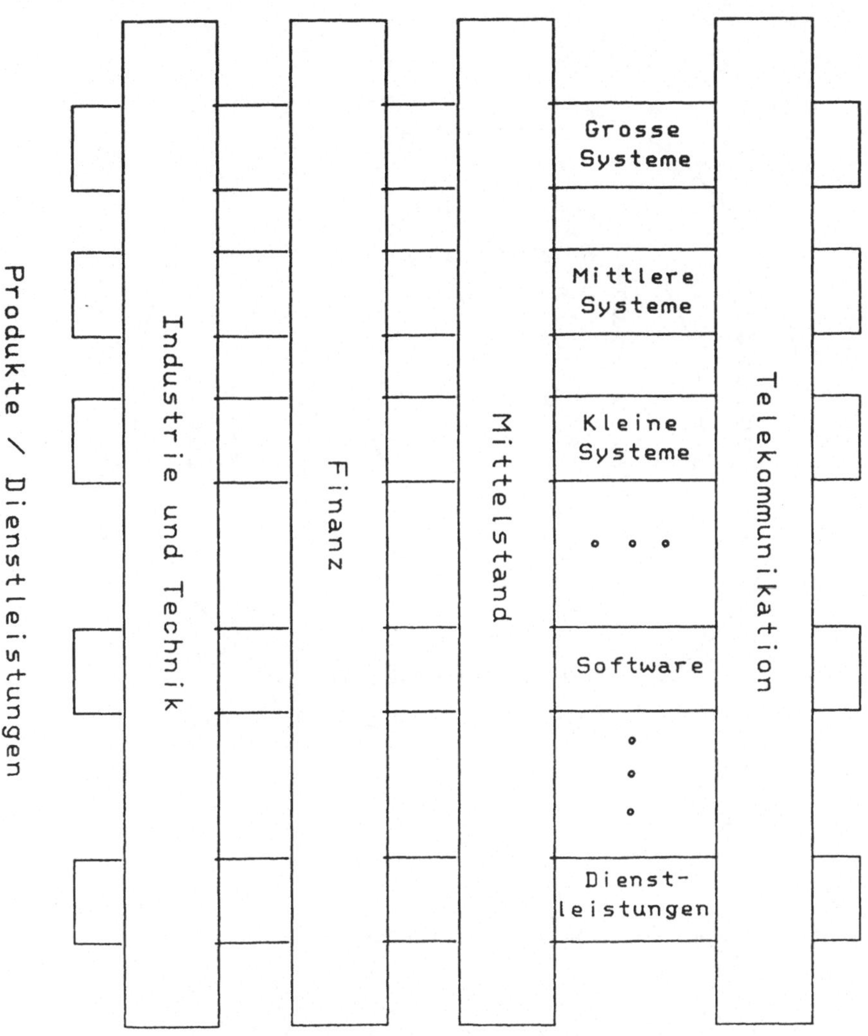

Abb. 4: Geschäftsstrategien

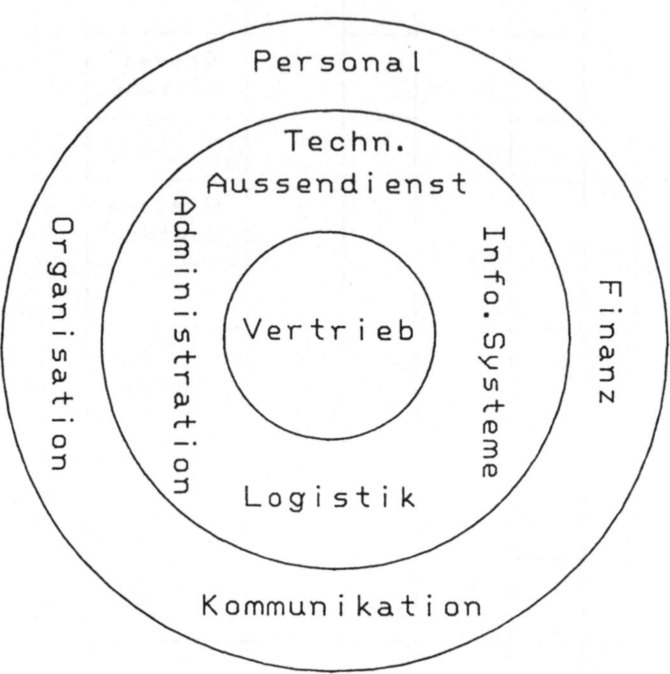

Abb. 5: Funktionale Strategien

netzes und des dazugehörigen Ressourcenbedarfs. Dazu kommen
weitere vertriebsunterstützende Programme und Investitionen.
Die Vertriebsstrategie hat einen direkten Einfluß auf die
Servicestrategie des technischen Außendienstes, die Planung
geeigneter administrativer und logistischer Prozesse sowie
auf die Strategien zur langfristigen Entwicklung des
betrieblichen Informationssystems.

Die Inhalte der Strategien für die Bereiche Finanz,
Personal, Kommunikation und Organisation sind nicht
so eng mit dem Vertrieb verbunden, sondern beziehen sich
mehr auf die gesamte Unternehmung.

Es kann hier nicht auf die Inhalte der funktionalen
Strategien im Detail eingegangen werden. Allgemein beziehen
sie sich zum einen auf die Formulierung spezifischer
Programme, zum andern auf die Schätzung des
Ressourcenaufwands in personeller und finanzieller Sicht.
Eine Schlüsselrolle spielen bei sämtlichen funktionalen
Strategien die Überlegungen zur Steigerung der Effektivität
und Produktivität der Ressourcen und zur Verbesserung der
operativen Prozesse sowie der Managementprozesse, die sich
mit Hilfe informationstechnischer und organisatorischer
Methoden erzielen lassen.

2.2.5 <u>Konsolidierung zum strategischen Plan</u>

Nach der Entscheidung der Unternehmensleitung über die
Inhalte der einzelnen Strategien erfolgt die Bewertung und
Konsolidierung auf der Unternehmensebene. Die
Konsolidierungsrechnungen umfassen alle wesentlichen
physischen und monetären Größen in aggregierter Form. Zu den
physischen Größen zählen insbesondere die Absatzzahlen, der
Personalbedarf, der Bedarf an Geräten der Informationstechnik
und der Raumbedarf. Die monetären Größen richten sich an den
üblichen Kennziffern der Gewinn- und Verlustrechnung sowie
der Investitions- und Finanzierungsrechnung aus.

Erst am Ende dieser Planungsphase kann in aller Regel die
Frage vollständig beantwortet werden, ob die eingangs
gesetzten Unternehmensziele tatsächlich erreichbar sind.
Andernfalls werden Rückkopplungen zu den vorgelagerten Phasen
des Prozesses notwendig. Um die Flexibilität des
Gesamtprozesses zu erhöhen, wurde es bei IBM als entscheidend empfunden, gerade die Konsolidierungsphase
soweit wie möglich durch den Einsatz von Informations-
technologien zu unterstützen. Damit lassen sich in kurzer
Zeit mehrere Iterationen der Planungsphasen durchführen und alternative Strategievorschläge schnell
konsolidieren.

3. <u>Informationssysteme zur Unterstützung der strategischen</u>
<u>Zielplanung</u>

3.1 <u>Überblick</u>

In sämtlichen Phasen des strategischen Planungsprozesses bei
IBM kommen computergestützte Informationssysteme in
unterschiedlich starkem Maße zur Anwendung. So wird z.B. für
die Analyse und Prognose des ökonomischen Umfelds ein
ökonometrisches Modell der Wirtschaftsentwicklung der
Bundesrepublik Deutschland eingesetzt. Die Daten zur
Spezifikation des Modells werden einer großen
volkswirtschaftlichen Datenbank entnommen. Auch zur Analyse
und Prognose des Gesamtmarktes für die Informations-
technologie und des Wettbewerbs werden Datenbanken und
computergestützte Verfahren herangezogen. Hierzu zählen
Korrelationsrechnungen zwischen Markt-, Preis- und
gesamtwirtschaftlicher Entwicklung, Überlegungen zum
Produktzyklus und zur Marktsättigung (z.B. Zahl der
Betriebsstätten mit EDV-System, Work Stations je
Beschäftigtem) sowie Beziehungen zwischen technischen
Größen wie etwa zwischen der CPU-Leistung, des
Speicherbedarfs und der Zahl der Workstations.

In ähnlichem Maße wird die Formulierung von Strategien und
Maßnahmen in den einzelnen Funktionsbereichen vielfach durch
den Einsatz des Computers unterstützt.

Die Konsolidierung zum strategischen Plan geschieht über
einen Verbund von Datenbanken zur Speicherung der geplanten
Absatzvolumina, des Ressourcenbedarfs und der finanziellen
Planinformationen. Die Datenbanken werden von den Abteilungen
gewartet, die die Verantwortung für die Erstellung der
jeweiligen Plandaten haben. Die Schnittstellen zwischen den
einzelnen Datenbanken sind konsistent gestaltet, so daß jede
Information im Verlauf des Konsolidierungs-prozesses nur
einmal eingegeben werden muß. Schließlich können die Pläne
über internationale Computernetze direkt an die Planungsstäbe
der IBM Europe/Middle East/Africa in Paris und der
Konzernspitze in USA weitergeleitet werden.

Neben der Konsolidierungfunktion kommt den Datenbanken die
Aufgabe der aktuellen und jederzeit abrufbaren Auskunft
über den Stand der Planung zu.

Zur Steuerung und Dokumentation des Planungsprozesses
wurde ein Online-System entwickelt, das die Aufgaben
der ca. 30 Teilprozesse des Gesamtprozesses im Detail
beschreibt sowie die Interdependenzen, die hinsichtlich des
Informationsflusses zwischen den Teilprozessen bestehen.
Damit werden die Planungsschritte transparent und die Risiken
bei Fehlen wichtiger Informationen erkennbar. Ein Netzplan
der zeitlichen Abhängigkeiten zeigt auf potentielle Engpässe
im Prozeßablauf. Damit kann die Informationstechnologie
auch zur besseren Organisation eines Planungsprozesses
beitragen, wobei sie durch ein systematisches "Process

192

Engineering" die Stabilität des Prozesses erhöht.

Beispielhaft für diese unterschiedlichen Einsatzmöglichkeiten des Computers soll im folgenden ein
Anwendungsgebiet im Vordergrund stehen, das sich in
besonderem Maße durch quantitative Modelle und durch
Informationssysteme unterstützen läßt, nämlich die
strategische Zielplanung.

3.2 Informationssysteme zur Unterstützung der strategischen Zielplanung

3.2.1 Kausales Modell zur langfristigen Prognose der Absatzvolumina

Abbildung 6 zeigt eine Gesamtübersicht über die computergestützten Modelle, die derzeit im Bereich der strategischen
Zielplanung bei IBM zum Einsatz kommen. Sie haben ihren
Schwerpunkt im Bereich der Planung der Absatzvolumina, der
Planung der Personalressourcen und der finanziellen Bewertung
alternativer Annahmen zur Entwicklung von Absatz und
Personal.

Zur langfristigen Prognose der Absatzvolumina für Hardware
(Installationen) wurde ein kausales Nachfragemodell
entwickelt. Dieses Modell auf Jahresbasis versucht, den
Zusammenhang zwischen aggregierten Hardware-Volumina,
gemessen in einem IBM-spezifischen Volumenmaßstab ("Punkte"),
und den als wesentlich erachteten Einflußgrößen zu
quantifizieren. Die Einflußgrößen beziehen sich auf die
Entwicklung des Preis/Leistungsverhältnisses für
Informationstechnologie (IBM-spezifisch und in Relation zum
Wettbwerb) und auf die Entwicklung des ökonomischen Wachstums
(reales Bruttosozialprodukt).

In der Entwicklung des Preis/Leistungsverhältnis kommt der
technologische Fortschritt zum Ausdruck, der zu immer neuen
Anwendungsmöglichkeiten der Informationsverarbeitung führt.
Das Preis/Leistungsverhältnis hat sich in der Vergangenheit
im Durchschnitt jährlich um etwa 20 Prozent verbessert und
hat damit in entscheidendem Maße zur heutigen Ausbreitung
der Informationstechnologie beigetragen. In die Berechnung
des Preis/Leistungsverhältnisses gehen die Messung der
Gesamtleistung komplexer Systeme der Informationsverarbeitung und die hierfür erforderlichen Aufwendungen
für Hardware, Systemsoftware und Kommunikationseinrichtungen
einschließlich der Folgekosten für Wartung, Bedienung,
Systemunterstützung, Energie, Raumbedarf u.a. ein.

Das ökonomische Wachstum in Form der Veränderung des realen
Bruttosozialprodukts spiegelt den Zusammenhang zwischen
volkswirtschaftlichem Output und den hierfür erforderlichen
Computertransaktionen wider.

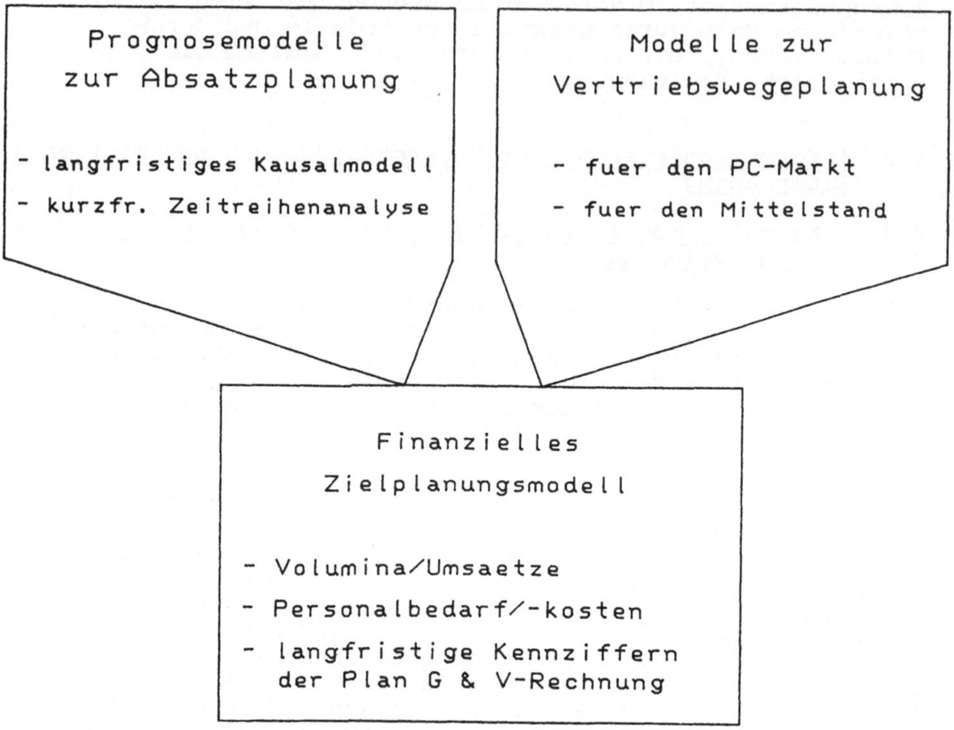

Abb. 6: Modelle zur Unterstützung der strategischen
        Zielplanung

Die abhängige Modellgröße ist zunächst der insgesamt an
jedem Jahresende installierte Gesamtbestand an IBM-Systemen,
aggregiert über alle Größenklassen und einschließlich der
Peripheriegeräte. Diese Bestandsgröße beschreibt die
effektive Kundennachfrage. Daraus wird in einem zweiten
Modellschritt unter Beachtung des Ersatzbedarfs der jährliche
Absatz ermittelt.

Die empirische Schätzung der Modellparameter erfolgt anhand
historischer Zeitreihen für die Modellgrößen, die bis zu 20
Jahren zurückreichen. Für die Beurteilung der Qualität der
Schätzung werden verschiedene Validierungstests zur
ökonomischen und statistischen Plausibilität der Ergebnisse
herangezogen. Die dynamischen Effekte bei der Auswirkung der
Einflußgrößen auf die Nachfrage sind im Modell durch komplexe
Lag-Strukturen dargestellt. Da nach Ablauf eines Jahres stets
neue aktuelle Daten vorliegen, wird das Modell im jährlichen
Rhythmus neu geschätzt.

Im Rahmen der strategischen Zielplanung wird das Modell
insbesondere zur Bewertung alternativer Annahmen für die
zukünftige Entwicklung des Preis/Leistungsverhältnisses
und der gesamtwirtschaftlichen Rahmendaten im Sinne einer
Szenarioanalyse herangezogen. Die Spannweite der
Modellergebnisse zusammen mit der Beurteilung der subjektiven
Eintrittswahrscheinlichkeit für die alternativen Annahmen
sind ein wesentlicher Input zur Festlegung der langfristigen
Ziele der IBM im Hardwarebereich (Abbildung 7).

3.2.2 Kurzfristige Prognosemodelle für die Absatzvolumina

Zur genaueren Kalibrierung des ersten Prognosejahres für
das beschriebene langfristige Kausalmodell, aber auch zur
Beurteilung des laufenden Geschäfts (Plankontrolle), wurden
mehrere kurzfristige Prognosemodelle für die Absatzvolumina
auf der Grundlage statistischer Zeitreihenanalysen
entwickelt.

Die historische Datenbasis enthält monatliche Werte für
den Absatz (Installationen) und für den Auftragsbestand; die
Daten reichen dabei bis in das Jahr 1982 zurück. Die
eingesetzten statistischen Methoden umfassen

- autoregressive Filter,
- Box-Jenkins-Verfahren in Kombination mit einer Saisonal-
  bereinigung nach der X11-Methode,
- Saisonbereinigung und Trendextrapolation nach der
  EPA-Methode (Economic Planning Agency, Japan), einer
  Modifikation der X11-Methode,
- Regression mit dem terminierten Auftragsbestand für
  Prognosen für die ersten drei Monate.

Die Ergebnisse der verschiedenen Verfahren werden sowohl
einzeln aufgezeigt als auch zu einem gleichgewichteten
Mix zusammengefaßt.

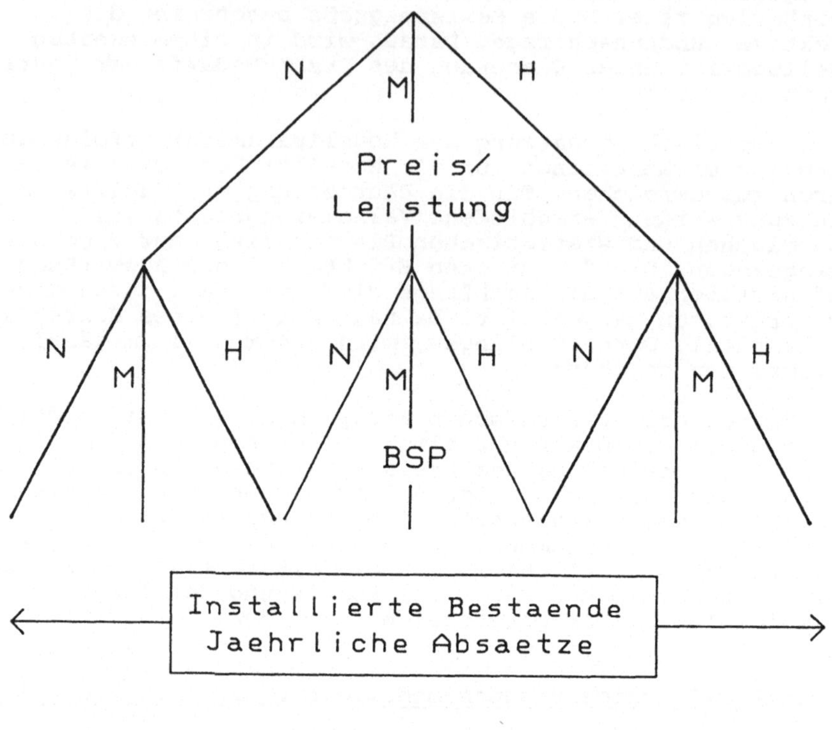

H = hoch   M = mittel   N = niedrig

BSP = Bruttosozialprodukt (real)

**Abb. 7: Evaluierung alternativer Szenarien für
die langfristigen Absatzvolumina**

3.2.3 <u>Modelle zur langfristigen Planung des Vertriebswege-Mix und des Vertriebspersonals</u>

Bis vor wenigen Jahren setzte die IBM nur den direkten
Vertriebsweg ein. Erst mit dem Vertrieb von Mini- und
Mikrocomputern an kleinere Unternehmungen und Einzelpersonen
stellte sich die Frage nach der Einführung alternativer
Vertriebswege wie z.B. IBM-eigener Läden, externer Händler
oder Vertriebsagenten. Die Planung des Vertriebspersonals
ist seitdem eng mit der Strategie für die verschiedenen
Vertriebswege verbunden. Zur Unterstützung der Planung der
Vertriebswegestrategie in einem für die Zielplanung
ausreichenden aggregierten Niveau wurden in der Folgezeit
zwei quantitative Entscheidungsmodelle entwickelt.

Ein Modell konzentriert sich auf den Markt von Personal
Computern. Es wurde zuerst für den europäischen Gesamtmarkt
als Kooperationsprojekt mit dem Seminar für Systemforschung
der Universität München entwickelt. Zwei Aspekte stehen im
Vordergrund: Die Schätzung von kundensegmentspezifischen
Präferenzen für einzelne Vertriebswege und die daraus
abgeleitete Allokation von Vertriebsressourcen.

Die Schätzung der Präferenzen erfolgt mittels des
Verfahrens des "analytischen Hierarchieprozesses" (AHP) von
T.L. Saaty. Mehrere Marktexperten werden dabei in einer
strukturierten Vorgehensweise befragt (Abbildung 8). Das
Schätzproblem wird hierarchisch so zerlegt, daß die oberste
Hierarchiestufe dem Hauptkriterium "Kundenpräferenz"
entspricht und die untergelagerten Hierarchiestufen zunächst
eine Auffächerung des Hauptkriteriums in spezifische
Subkriterien und zuletzt die Aufführung der Optionen
(Vertriebswege) enthalten. Alle Elemente der unteren und
der mittleren Stufe werden sodann paarweise bezüglich ihres
Beitrags zu jedem einzelnen Kriterium der nächsthöheren Stufe
verglichen, z.B. die Vertriebswege "Direkt" und "Laden"
hinsichtlich ihrer Kompetenz bei der Lösung von
Kundenproblemen bzw. auf der nächsten Stufe z.B. die
Kriterien "Preis" und "Lösungen" hinsichtlich ihrer Bedeutung
zur Bildung der Kundenpräferenz selbst. Als subjektive
Bewertungsskala dienen die Ziffern 1 (equal importance)
bis 9 (absolute dominance). Aus den kompletten ordinalen
Vergleichen lassen sich schließlich intervallskalierte
Präferenzen (Prozentwerte, die sich für alle Vertriebswege
zu 100 Prozent addieren) sowie Angaben zur Konsistenz der
Schätzungen herleiten.

Mit Hilfe der AHP-Methode lassen sich auch zweite
Präferenzen errechnen, die anzuwenden sind, falls für das
betrachtete Kundensegment der erstpräferierte Vertriebsweg
nicht verfügbar gemacht wird. Dadurch können alternative
Vertriebswege-Strategien evaluiert werden. Hierzu wird ein
Allokationsmodell der linearen Programmierung eingesetzt.

Ein zweites Modell zur Vertriebswegeplanung bezieht sich
auf die relative Beurteilung der Effektivität von direktem

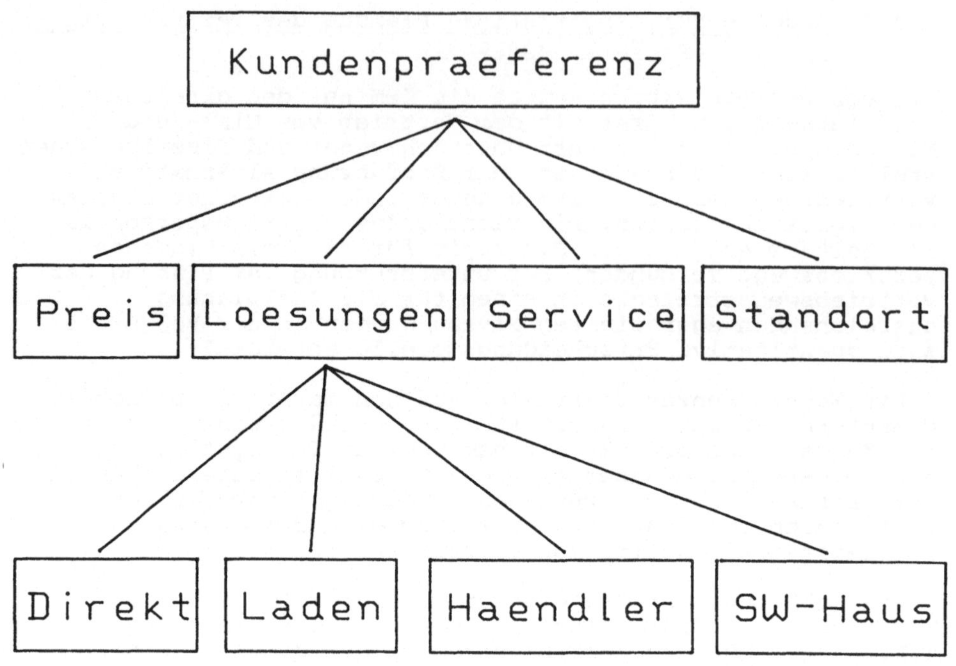

Abb. 8: Schätzung von Kundenpräferenzen
mit dem AHP-Verfahren

Vertriebspersonal gegenüber Vertriebsagenten bei Kunden
im Mittelstandsbereich. Die wesentlichen Modellparameter
beziehen sich hier auf

- den "added value", den Agenten mit eigener Anwendungssoftware einbringen,
- die Aufteilung des added value in Umsatzanteile, die
  den Agenten respektive der IBM zufließen,
- die unterschiedlichen Vertriebskosten für beide
  Vertriebswege.

Da die langfristigen Ausprägungen für diese Parameter mit
großen Unsicherheiten behaftet sind, werden mit Hilfe des
Modells vor allem Sensitivitätsanalysen durchgeführt.
Dabei lassen sich Fragen beantworten wie beispielsweise
der minimal erforderliche added value, um Agenten in
bestimmten Ausmaß ökonomisch einzusetzen.

   Neben den Modellen zur Vertriebswegeplanung werden
verschiedene Datenbanken mit strategisch relevanten
Informationen genutzt, um z.B. Aussagen über die
Produktivität des direkten Vertriebswegs für bestimmte
Kundensegmente zu gewinnen. All diese Aussagen und Modellergebnisse dienen im Rahmen der strategischen Zielplanung
letztlich dazu, eine grobe Stoßrichtung des Ressourcen-
einsatzes zu entwickeln, an der sich die zu formulierenden
Einzelstrategien und Maßnahmen orientieren können.

3.2.4 Finanzielles Zielplanungsmodell

Die Aufgabe dieses Modells liegt in erster Linie bei der
finanziellen Bewertung der zuvor gewonnenen langfristigen
Aussagen über die Absatzvolumina, den Vertriebswegemix
und den daraus resultierenden Personalbedarf. Darüber
hinaus können im Sinne von "what if" oder "what to do to
achieve"-Analysen alternative Konstellationen der
Eingabeparameter in ihrer Wirkung auf wichtige finanzielle
Kennziffern wie z.B. Umsatz- oder Gewinnwachstum getestet
werden.

   Inhaltlich folgt das Modell dem Schema einer vergröberten
langfristigen Plan-Gewinn- und Verlustrechnung (Abbildung 9).
Wesentliche Kategorien sind hier Absätze, Umsätze und
Produktkosten nach verschiedenen Produktbereichen und
Vertriebswegen, Personalbedarfszahlen und Personalkosten nach
verschiedenen Personalgruppen, Kommissionen an Agenten,
sonstige Vertriebs-und Verwaltungskosten sowie der Vergleich
der Umsätze je Produktbereich mit den entsprechenden
Prognosen für den Gesamtmarkt in diesem Bereich. Die
finanziellen Entscheidungsparameter beziehen sich vor allem
auf die Produktpreise und die Annahmen zur Entwicklung der
Gehälter und anderer Kostenindikatoren. Die Produktstück-
kosten sind dagegen aufgrund der internationalen Aufgabenteilung als vorgegeben zu betrachten, ebenso wie vereinbarte
Lizenzzahlungen zur Finanzierung der Produktentwicklung.

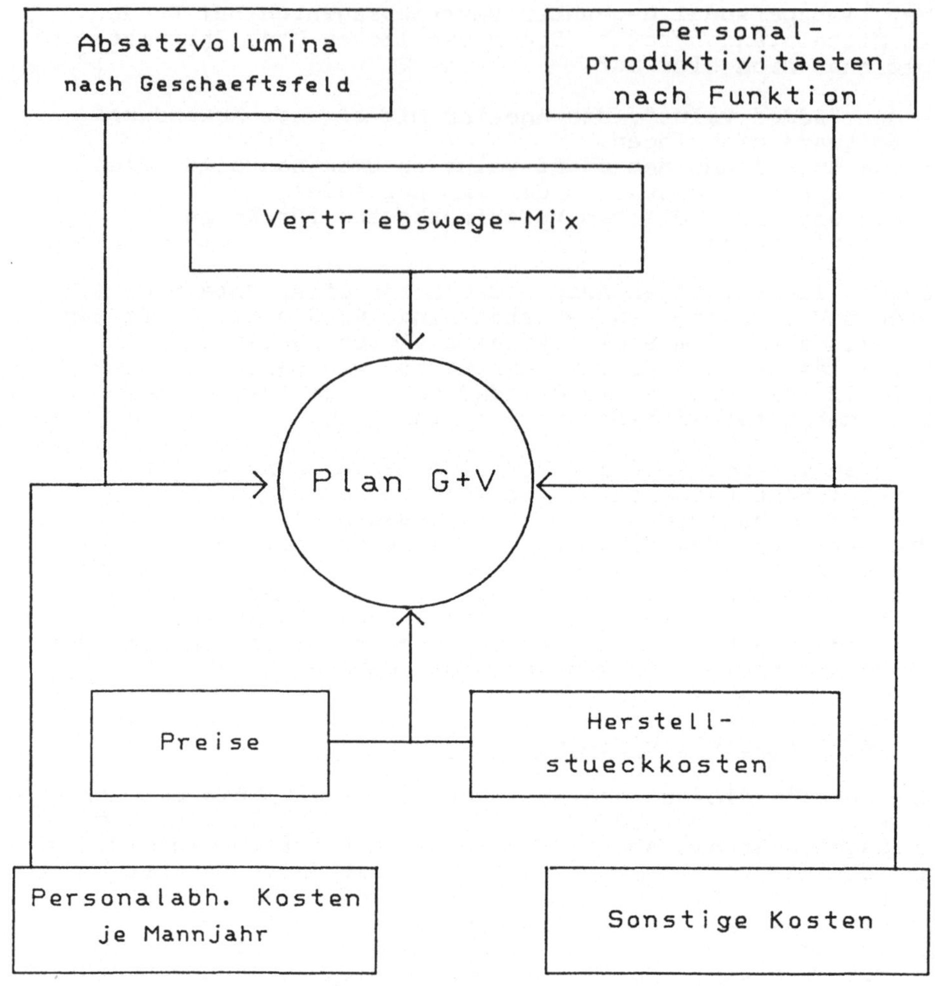

Abb. 9: Finanzielles Zielplanungsmodell

4. <u>Die Rolle entscheidungsunterstützender Systeme in der strategischen Planung</u>

Entscheidungen im Bereich der strategischen Planung zählen zu den schlecht- bzw. unstrukturierten Entscheidungen. Dementsprechend kann die EDV die Lösungssuche bestenfalls unterstützen, aber nicht komplett übernehmen, wie dies bei operativen Entscheidungen vielfach der Fall ist. Auch der Entscheidungsprozeß in der strategischen Planung läuft nicht nach einem wohldefinierten Schema ab, sondern muß immer wieder situationsabhängig modifiziert werden.

Als Konsequenz ist die EDV-seitige Unterstützung sehr flexibel zu gestalten. Von EDV-Spezialisten vorgefertigte Anwendungen bringen hier wenig Hilfe; vielmehr kommt es darauf an, eine benutzerfreundliche Systemumgebung zu schaffen, in der der Planungsexperte Anwendungen selbständig entwickeln kann. Die in einer solchen Benutzerumgebung konzipierten Informationssysteme zur Planung werden als "entscheidungsunterstützende Systeme" bezeichnet. Die wesentlichen Systemkomponenten sind:

- Die Datenbanken, die unternehmensinterne und externe Informationen von strategischer Relevanz enthalten. Als Erweiterung können hier auch die normativen Informationen (Regeln) eines Expertensystems zugezählt werden. Jedoch steht die praktische Anwendungen von Expertensystemen für die strategische Planung noch ganz am Anfang.

- Die Methodenbanken, die Programme für Planungstechniken aus den Bereichen der Statistik, der Ökonometrie, des Operations Research u.a. enthalten.

- Die Planungssprachen, die es dem Benutzer erlauben, ohne Kenntnis allgemeiner höherer Programmiersprachen Anwendungen in einer ihm gewohnten Notation zu formulieren.

- Techniken zur aussagefähigen Gestaltung der Ergebnisberichte in tabellarischer und grafischer Form.

- Schließlich die verschiedenen Anwendungen/Modelle selbst.

Entscheidungsunterstützende Systeme sind fast ausnahmslos interaktiv und erleichtern damit durch einen vom Menschen geführten Dialog mit der Maschine die heuristische Lösungssuche des Planers.

Die Systeme sind "offen" zu gestalten, d.h. neue Daten, Methoden und Anwendungen sollen bei Bedarf jederzeit zugefügt werden können.

Die Arbeit mit entscheidungsunterstützenden Systemen wird durch eine einheitliche Benutzeroberfläche, z.B. durch einheitliche Menüs, stark erleichtert. Des weiteren erhöht

die Einbettung der Systeme in ein Bürokommunikationssystem
vor allem bei Großunternehmungen die Effektivität ihres
Einsatzes, da es hier oft darauf ankommt, Planungs-
informationen schnell und unternehmensweit zu kommunizieren.

Die beschriebenen Anwendungen zur Zielplanung der IBM
wurden von den für die Zielplanung verantwortlichen
Mitarbeitern (d.h. den Autoren dieses Beitrags) selbst
entwickelt und programmiert. Für die Modelle zur Erklärung
und Prognose der Absatzvolumina (siehe 3.2.1. und 3.2.2.)
kamen die Planungssprachen APL Econometric Planning Language
und AS (Application System) der IBM zum Einsatz. Die anderen
Modelle wurden in der Dialogsprache APL geschrieben,
unterstützt durch den Applikationsgenerator APE (Application
Prototype Environment). Zur tabellarischen und grafischen
Darstellung der Planungsergebnisse stehen spezifische
Programmsysteme zur Verfügung.

Sämtliche Anwendungen laufen interaktiv auf einem
Großrechner, über den auch der Zugriff zu verschiedenen
Datenbanken mit strategischer Relevanz (z.B. Kundendaten,
Markt- und gesamtwirtschaftliche Daten, Daten zum Einsatz der
Personalressourcen) möglich ist. Auf diesem System ist auch
ein Bürokommunikationssystem installiert, das den weltweiten
Austausch von Planinformationen gestattet. Das Informations-
system zur Unterstützung der Zielplanung ist offen, so daß
jederzeit Anwendungen neu hinzugefügt oder modifiziert werden
können.

5. <u>Zusammenfassung</u>

Ausgehend von einer Darstellung der internationalen
Aufgabenteilung bei IBM beschreibt der Beitrag sowohl den
strategischen Planungsprozeß als auch die dabei zum
Einsatz gelangenden Methoden und Techniken.

Der Prozeß ist der erste Teil einer Gesamtplanung, an den
sich die operative Planung und die Plankontrolle anschließen.
Der strategische Planungsprozeß ist nach dem
Gegenstromprinzip konzipiert, d.h. er stellt einer Top/Down-
Planung von Umfeld, Markt und Unternehmenszielen eine
Bottom/Up-Planung der einzelnen Geschäftsstrategien und
funktionalen Strategien gegenüber. Nach Konsolidierung bildet
der strategische Plan die Richtschnur für die Entwicklung des
operativen Plans.

Die Beschreibung der Planungsmethoden und -techniken
konzentriert sich beispielhaft auf Anwendungen im Bereich der
Zielplanung. Die derzeit implementierten Modelle unterstützen
die Prognose der Absatzvolumina, die Vertriebswegeplanung und
die finanzielle Zielplanung.

Abschließend kommen die EDV-seitigen Aspekte der Planungs-
unterstüzung zur Sprache. Die eingesetzten interaktiven
Informationssysteme und Werkzeuge sind auf den Planungs-

experten zugeschnitten. Im Rahmen eines offenen
entscheidungsunterstützenden Systems können die einzelnen
Anwendungen vom Planer selbständig entwickelt und
situationsbedingt modifiziert werden. Dies führt zu einer
hohen Akzeptanz der Anwendungen in den Planungsfunktionen und
in der Unternehmensleitung.

F + E-Controlling bei Lurgi

Von Dr. Michael R. Schröter
Lurgi GmbH, Frankfurt a. M.

Das Unternehmen

Geschäftsbereich Energie- und Umwelttechnik

Geschäftsbereich Gas- und Mineralöltechnik

Geschäftsbereich Chemie, Metallurgie und Industriebau

Forschung und Entwicklung

F+E-Controlling

Das Lurgi-Konzept

Zur anschaulichen Darstellung der Aufgaben eines Controllers Forschung und Entwicklung in einem Unternehmen des
Großanlagenbaus erscheint es mir im Rahmen eines Seminars
für Studenten der Betriebswirtschaftslehre notwendig, zunächst einen Einblick in die Arbeitsgebiete und Arbeitsweise des Unternehmens zu vermitteln, um darauf aufbauend
den Stellenwert von Forschung und Entwicklung und die Anforderungen an ein F+E-Controlling abzuleiten. Ich möchte
deshalb mit einer Vorstellung der Lurgi GmbH, ihrer Organisation und Geschäftstätigkeit beginnen und anschließend
insbesondere auf ihre Forschung und Entwicklung eingehen.
Im weiteren folgen dann einige generelle Bemerkungen zu
F+E-Controlling, bevor ich Ihnen das auf die speziellen
Bedürfnisse der Lurgi zugeschnittene F+E-Controlling dar-
stelle.

DAS UNTERNEHMEN

Die LURGI ist ein weltweit tätiges Ingenieurunternehmen,
das schlüsselfertige Fabriken und Einzelanlagen für alle
Industriebereiche einschließlich der dazu erforderlichen
Infrastruktur plant, liefert und baut. Es ist das größte
Ingenieurunternehmen Deutschlands und dank seiner breiten
Palette an Verfahren, wohl weltweit das Vielseitigste.

Die LURGI bietet eine Vielzahl von Dienstleistungen an,
vom Consulting über Feasibility-Studien, Basic- und Detail-
engineering bis zu Montage, Inbetriebsetzung und Personal-
training. Zusätzlich werden Projektmanagement, Finanzier-
ungen und sogar Countertrade-Möglichkeiten angeboten. Der
Name LURGI stammt übrigens von der ehemaligen Telegramm-
adresse der 1897 gegründeten Metallurgischen Gesellschaft,
aus der die LURGI hervorgegangen ist.

Als Unternehmensbereich "Anlagenbau" gehört die LURGI zum
Konzern der Metallgesellschaft, die mit einem Weltumsatz
von rund 15 Milliarden DM und etwa 25.000 Mitarbeitern zu
den dreißig größten Unternehmen der Bundesrepublik gehört.
Die Metallgesellschaft, die auf eine mehr als 100jährige
Unternehmensgeschichte zurückblicken kann, ist neben dem
Anlagenbau in den Gebieten Rohstoffe, Verarbeitung, Chemie
und Transport tätig.

In der Lurgi bearbeiten derzeit etwa 4.200 Beschäftigte,
die überwiegende Mehrzahl davon Akademiker und Ingenieure,
Aufträge in einem Gesamtumsatzvolumen von ein bis zwei
Milliarden DM jährlich.
In den vergangenen Jahren haben verschiedene Faktoren wie
zum Beispiel Zahlungsprobleme der Comecon- und Entwick-
lungsländer, die sinkenden Öleinnahmen der OPEC-Länder und
strukturelle Krisen in der Stahlindustrie zu starker Zu-
rückhaltung bei den Investitionen geführt. Davon sind weltweit alle Unternehmen des Anlagenbaues mehr oder minder
stark betroffen. Bei der LURGI hat sich das in einem Abbau
der Mitarbeiterzahl von ehemals 5.500 auf heute 4.200 aus-
gewirkt, einige amerikanische Konkurrenten haben ihre Be-
legschaften noch weit stärker verringert. Daß die LURGI
von diesem weltweiten Auftragsrückgang im Anlagenbau
weniger als andere betroffen wurde, liegt vor allem daran,
daß sie sehr stark diversifiziert ist und eine große Zahl
eigener Verfahren besitzt.
Interessant sind in diesem Zusammenhang zwei Entwicklungen:
Zum einen: konnte die LURGI noch vor 5 Jahren einen Auf-
tragszugang von knapp 3 Milliarden DM zu 90 % aus dem Ausland erreichen, so kommen die heutigen Aufträge zur Hälfte
aus dem Inland. Zum anderen hat sich das Schwergewicht der
Aufträge weg von der Rohstoff oder Energieorientierung hin
zum Umweltschutz entwickelt.

Seit 1984 besteht die LURGI, früher eine Gruppe mehrerer
relativ selbständiger Gesellschaften, aus einer einheitlichen GmbH mit einer sechsköpfigen Geschäftsführung und
drei Geschäftsbereichen mit Profitverantwortung. Daneben
gibt es, im Sinne einer Matrix organisiert, verschiedene
Funktionsbereiche wie

-       Forschung und Entwicklung
-       die technischen Dienste, der von der Personenzahl
        größte Bereich, der die ingenieurtechnische Abwick-
        lung der Aufträge bearbeitet
-       der Bereich Personal und kaufmännische Dienste, der
        u.a. für den Einkauf und die kaufmännische Auftrags-
        betreuung zuständig ist
-       und der Bereich Controlling, Finanzen und Verwaltung.

Die Geschäftsbereiche unterteilen sich weiter in Verfahrensbereiche, die ich im folgenden kurz vorstellen möchte:

Geschäftsbereich Energie- und Umwelttechnik

Der Verfahrensbereich **Abgas, Wasser, Luft** befaßt sich bereits seit Jahrzehnten mit einem Thema das heute im Vordergrund nicht nur des öffentlichen Interesses steht, nämlich
der umweltfreundlichen Behandlung von Abwässern, Abgasen
und Abfällen sowohl für industrielle, als auch für kommunale Kunden. Zu den wesentlichen Aktivitäten auf diesem
Gebiet gehören: Die Trinkwasseraufbereitung, industrielle
und kommunale Klärwerke, aber auch die Reinigung spezieller Abwässer wie der aus Rauchgasentschwefelungsanlagen,
die Aufbereitung und Verbrennung von Klärschlämmen, Haus-
müll und anderen Abfällen, die Behandlung von flüssigen
und festen Sonderabfällen und die Rückgewinnung von
Lösungsmitteln z. B. in Druckereien.

Der Verfahrensbereich **Emissionsschutz** ist - historisch
gesehen - das älteste Arbeitsgebiet der LURGI und zugleich
eines der aktuellsten. Ursprünglich war es allein ausgerichtet auf die Abscheidung von Stäuben insbesondere
hinter Kraftwerken, aber auch Stahlwerken, Zementwerken
und anderen industriellen Anlagen. Auf diesem Gebiet hat
es - nicht zuletzt bedingt durch die gesetzlichen Vorschriften - in den 70iger Jahren einen Abbau der Emis-
sionen um mehr als 90 Prozent gegeben. In den letzten
Jahren wurden fast alle Betreiber größerer Anlagen zusätzlich zur Beseitigung ihrer gasförmigen Schadstoffemis-
sionen wie Schwefeldioxid, Stickoxide oder Schwermetalle
gezwungen. Hier bietet die LURGI diverse Verfahren von der
nassen Rauchgasentschwefelung nach dem SHL-Verfahren bis
zur trockenen Abscheidung auf Basis von Sprühabsorbern
oder zirkulierender Wirbelschicht. Schließlich gehört zu
diesem Arbeitsgebiet auch der Bau kompletter Zementwerke.

Abb. 1:   Trockene Rauchgasentschwefelung und -entstaubung
          in einem Kohlekraftwerk

Der Verfahrensbereich **Kohle- und Energietechnik** hat zwei
Arbeitsschwerpunkte. Der eine ist die Veredlung fester
Brennstoffe, das reicht von der Vergasung von Holz, Kohle,
Koks und Biomassen bis zum Schwelen von Ölschiefern, Teer-
sanden und anderen unkonventionellen Rohstoffen mit dem
Ziel der Ölgewinnung. Der andere Schwerpunkt ist der Bau
von Kohlekraftwerken nach dem Prinzip der zirkulierenden
Wirbelschicht.Hier haben wir ein guten Beispiel für inte-
grierten Umweltschutz, denn das Verfahren kann nicht nur
Brennstoffe verarbeiten, die zu mehr als 50 % aus nicht-
brennbarem Ballast bestehen, sondern es kommt auch ohne
nachgeschaltete Rauchgasentschwefelung oder -entstickung
aus: die Entschwefelung ist in die Verbrennung integriert,
die Entstehung von Stickoxiden kann durch die niedrigeren
Verbrennungstemperaturen vermieden werden.

Geschäftsbereich Gas- und Mineralöltechnik

Der Verfahrensbereich **Gas- und Synthesetechnik** beschäftigt
sich einerseits mit der Erzeugung von Synthesegas, Stadtgas,
Heizgasen sowie Reduktionsgasen für die Stahlindustrie,
andererseits mit der Reinigung und Aufbereitung von Erdgas.
Daneben baut dieser Verfahrensbereich Syntheseanlagen für
Ammoniak, Methanol, Waschmittel-Vorprodukte, Automobilkraft-
stoffe und Zusätze dazu. Auch die Gewinnung von Schwefel,
die Herstellung von Wasserstoff durch Elektrolyse von Wasser
und Anlagen zur Gewinnung und Raffination von Speiseölen
aus natürlichen Rohstoffen gehören zu seinem Arbeitsgebiet.

Der Verfahrensbereich **Mineralöltechnik** baut zum einen kom-
plette Raffinerien und Konversionsanlagen für Schweröle
sowie petrochemische Großanlagen. Zum anderen ist er auf
dem Gebiet der Fasertechnik insbesondere auf dem Gebiet
des Schnellspinnens von Synthesefasern tätig.

Geschäftsbereich Chemie, Metallurgie und Industriebau

Das Repertoire des Verfahrensbereichs **Anorganische Chemie**
reicht von Schwefelsäureanlagen, der Erzeugung von Chlor,
Natronlauge und Bleich-Chemikalien für die Zellstoffin-
dustrie bis zur Phosphorsäure und Düngemitteln. In diesem
Bereich werden auch Aufbereitungsanlagen für Dünnsäuren,
wie sie seit einiger Zeit in der öffentlichen Diskussion
sind, Eindampf- und Kristallisationsanlagen sowie Röstan-
lagen für schwefelhaltige Erze bearbeitet.

Der Verfahrensbereich **Metallurgie** schließlich befaßt sich
mit der Aufbereitung von Erzen, mit der Verfestigung solcher Rohstoffe durch Sintern, Pelletieren oder Brikettie-
ren beispielsweise für den Einsatz in traditionellen Hoch-
öfen und mit Direktreduktionsanlagen für die Erzeugung von
Eisenschwamm, einem Zwischenprodukt das man für die heute
kleiner gebauten modernen Elektrostahlwerke benötigt.

Abb. 2:   Direktreduktionsanlage zur Erzeugung von Eisenschwamm

Daneben ist dieser Bereich auf dem Gebiet der Nichteisen-
metallurgie engagiert z.B. beim Bau umweltfreundlicher
Bleihütten nach dem QSL-Verfahren, der Verhütung von
Kupferkonzentraten im Flammzyklonreaktor sowie dem Bau von
Zinkhütten. In jüngster Zeit ist mit der Entgiftung kon-
taminierter Böden ein neues Arbeitsgebiet aus dem Umweltschutz hinzugekommen.

Im Sommer 1987 wurde die bereits drei Jahre zuvor voll-
zogene organisatorische Zusammenfassung verschiedener
Einzelfirmen zu einer GmbH nun auch räumlich dokumentiert.
Die zuvor über das Frankfurter Stadtgebiet verstreuten
knapp 3.000 inländischen Beschäftigten haben - wie es in
der Presse hieß - Deutschlands größtes Bürogebäude bezogen, ein Gebäude das zudem ohne Rückgriff auf die
übliche Hochhausbauweise auskommt.

FORSCHUNG UND ENTWICKLUNG

Für ein Ingenieurunternehmen, das einen erheblichen Teil
seiner Geschäfte mit Verfahren macht, die sein Eigentum
sind, die es selbst entwickelt hat und die potentielle
Konkurrenten zumindest in dieser Form nicht anbieten
können, ist Forschung und Entwicklung ein unabdingbarer
Bestandteil seiner Aktivitäten.

Die LURGI, die jährlich rund 60 Mio DM für Forschung und
Entwicklung aufwendet, hat seit inzwischen 50 Jahren ein
rund 60.000 m² - großes F+E-Zentrum im Osten Frankfurts,
in dem etwa 300 Mitarbeiter eine Vielzahl von Labor- und
Versuchsanlagen betreiben.

Die Entwicklung eines technischen Verfahrens ist ein zeit-
aufwendiger Vorgang, der sich in verschiedenen Phasen mit
zunehmendem finanziellen Aufwand über mehrere Jahre, manchmal mehr als 20 Jahre erstreckt. Es beginnt mit einer Idee,
die zunächst im Labor-, dann im Technikummaßstab untersucht
wird. Im Erfolgsfall werden schrittweise immer größere
Anlagen getestet, wobei dieses "Scale up" vor allem bei
Verfahren zur Verarbeitung von Feststoffen schwierig und
deshalb entsprechende Versuche besonders wichtig sind. Die
halbtechnische Pilotanlage enthält bereits die meisten
Aggregate einer späteren Großanlage und kann bereits einige
Millionen DM kosten. Eine meist noch nicht wirtschaftlich
arbeitende Demonstrationsanlage muß i. a. schon wegen der
notwendigen Infrastruktur von einem potentiellen Kunden
betrieben und auch mitfinanziert werden. Erst mit der
ersten kommerziell betriebenen Großanlage kann das Verfahren als fertig betrachtet und entsprechende Garantien gegeben werden. Trotz allem wird es auch dann noch ständig
Verbesserungen unterzogen.

Einige der halbtechnischen Anlagen, wie die in Abbildung 3
gezeigte Anlage für Tests mit der zirkulierenden Wirbelschicht haben für einige Anwendungen nahezu kommerzielle
Größenordnung. Die genannte Anlage dient vor allem dazu,
Interessenten wie Heizkraft- oder Elektrizitätsversorgern,
die ein Kraftwerk bauen wollen, mit ihren eigenen Brenn-
stoffen unter von ihnen vorgegebenen Bedingungen die ge-
wünschten Betriebswerte zu demonstrieren.

Zum Schluß noch ein paar Erläuterungen zur Organisation
des F+E-Bereichs, wobei allerdings zu ergänzen ist, daß
Beiträge zu Forschung und Entwicklung nicht nur von den
Mitarbeitern dieses Bereichs sondern auch von Angehörigen
der Geschäfts- und Fachbereiche geleistet werden.

Abb. 3: halbtech-
nische ZWS-Pilotan-
lage im Lurgi-F+E-
Zentrum

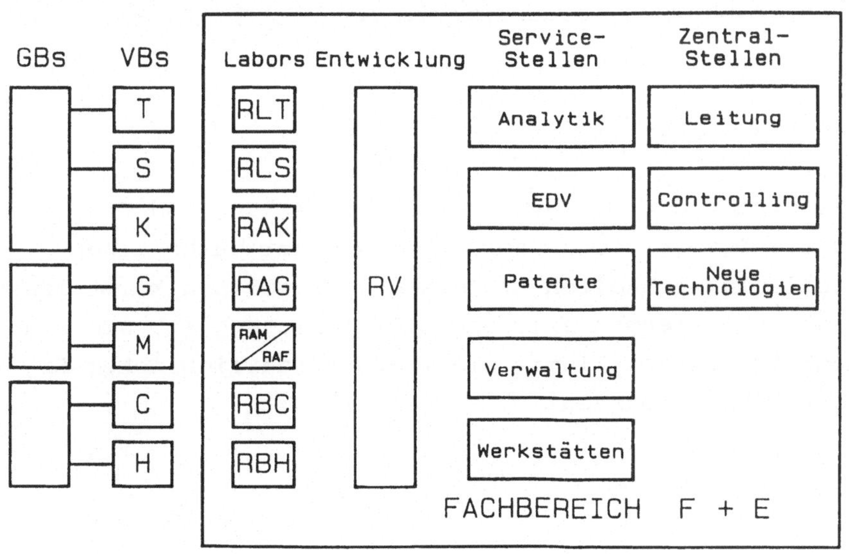

Abb. 4: Organisation des Bereichs Forschung und
Entwicklung

Den Verfahrensbereichen fachlich zugeordnet sind die verschiedenen Labors, z. B. das Labor für Gastechnik RAG dem Verfahrensbereich Gas- und Synthesetechnik. Hierarchisch unterstehen jedoch alle Labors dem zentralen Bereichsleiter Forschung und Entwicklung. Die technischen Gegebenheiten verlangen jedoch häufig auch darüber hinausgehende Arbeitsbeziehungen:

So arbeiten beispielsweise noch zwei weitere Labors für den genannten Verfahrensbereich Gas- und Synthesetechnik. Umgekehrt zählt das Labor für Anorganische Chemie RBC insgesamt 5 Bereiche zu seinen Kunden.

Die Entwicklungsabteilung RV bearbeitet hauptsächlich Ingenieurstudien für alle Verfahrensbereiche und sorgt u. a. für den notwendigen Queraustausch. Daneben gibt es Serviceabteilungen wie Analytik, EDV, Patente, Verwaltung und Werkstätten sowie als zentrale Funktionen neben der Leitung und dem Controlling das Labor für Neue Technologien, das Arbeitsgebiete betreut, die bisher noch keinem Verfahrensbereich zuzuordnen sind.

F+E-CONTROLLING

Man kann man die Aufwendungen für Forschung und Entwicklung als Investitionen zur Erhaltung der zukünftigen Geschäftsmöglichkeiten auffassen. Als solchen kommt ihnen für das Unternehmen existentielle Bedeutung zu, sie sind jedoch im Einzelfall mit einem außerorderlich hohem Erfolgsrisiko verbunden.

Auf der anderen Seite kann man beobachten, daß weltweit -
und das gilt ebenso für die Bundesrepublik - die Belastung
der Unternehmen durch Forschung und Entwicklung auch real
steigt. Gründe dafür gibt es viele, ich möchte nur einige
beispielhaft nennen:

1. Die Innovationszyklen werden kürzer, die Abstände in
    denen eine Produktgeneration durch die nächste abge-
    löst wird, werden geringer.

2. Der weltweite Wettbewerb veranlaßt Hochlohnländer wie
    die Bundesrepublik, verstärkt innovative Technologien
    anzubieten, während das Detail-Engineering mehr und
    mehr in Niedriglohnländer abwandert.

3. Überlegungen der Resourcen-Schonung und der Umwelt-
    verträglichkeit erfordern zusätzliche Innovationsan-
    stregungen.

Der aus den genannten Gründen gestiegene Stellenwert von
Forschung und Entwicklung hat in den zurückliegenden
Jahren zu verstärkten Bemühungen um spezifische Manage-
mentmethoden für diesen Sektor insbesondere auch um ein
spezielles F+E-Controlling geführt. Diese Fragen sind auch
Hauptthema eines Arbeitskreises "F+E-Management" der
Schmalenbach-Gesellschaft, der deutschen Gesellschaft für
Betriebswirtschaft, an dem die LURGI beteiligt war und
ist.

Trotz starker Branchen-Unterschiede aufgrund unterschied-
licher Strukturen der F+E-Aktivitäten beispielsweise
zwischen Elektronik, Automobilbau und Chemie lassen sich
doch gemeinsame Schwerpunkte erkennen, so insbesondere die
Abstimmung zwischen F+E-Planung und Strategischer Unter-

nehmensplanung, das systematische Informationsmanagement
und die Schwierigkeiten bei der Festlegung von F+E-Pro-
duktivität.

Neben den unterschiedlichen Auffassungen, die es zu den
allgemeinen Controller-Aufgaben gibt, kommt beim F+E-Con-
trolling noch hinzu, daß eine rein kostenmäßige Betrachtung vielfach den komplexen Abhängigkeiten bei F+E-Vor-
haben nicht gerecht werden kann. Es wird also häufig eine
vertiefte Beschäftigung mit technischen Fragestellungen
notwendig.
Des weiteren muß sorgfältig abgewogen werden, wo die Grenze
zwischen notwendigen Eingriffen zur Vermeidung von Mittel-
verschwendung und der counterproduktiven Demotivation krea-
tiver aber nicht primär profitorientierter Mitarbeiter
verläuft. Auch befindet sich der F+E-Controller oft in
einer Vermittler- oder Dolmetscherrolle - sei es zwischen
Kaufleuten und Technikern, - sei es zwischen Profitverant-
wortlichen und Forschern.

DAS LURGI-KONZEPT

Im Anschluß an die Umstrukturierung des Unternehmens und
die Schaffung des Zentralbereichs Forschung und Entwicklung wurde das F+E-Controlling als hauptamtliche Funktion
eingeführt. Ich möchte Ihnen hier unser Konzept in Grund-
zügen vorstellen und dabei insbesondere auf Ziele, Instrumente und die bisherigen Erfahrungen eingehen.

Bei der Einführung des F+E-Controllings haben wir großen
Wert darauf gelegt, den Betroffenen klar zu machen, daß
der Begriff "CONTROLLING" sich nicht vom deutschen "kontrollieren" sondern vom englischen "control" ableitet und

sich vielleicht am besten mit Feinsteuerung übersetzen
läßt. Die Kontrolle, vor allem der Kosten, ist nur **eine**
Funktion des Controlling neben anderen gleichbedeutenden
wie der umfassenden Planung und zielgerichteten (Manage-
ment-)Information. Controlling in unserem Sinne ist also
nicht rückwärts gerichtet sondern eine zukunftsorientierte
Aktivität. Dies gilt im besonderen Maße für das Controlling
von Forschung und Entwicklung, das sich nicht auf das Auf-
summieren von Kosten beschränken kann und darf. Vielmehr
muß es unter Einbeziehung technischer Aspekte die Frage

        "Tun wir genug F+E an der richtigen Stelle"

aufwerfen und beantworten.

Wir haben deshalb als Hauptziel des F+E-Controllings die
Steigerung der Effizienz und Effektivität von F+E herausgestellt.
Das klingt vielleicht eher wie ein selbstverständliches
Schlagwort; es soll aber zeigen, daß es sich beim F+E-Con-
trolling nicht um rein quantitative kaufmännische Funktionen handelt, sondern auch qualitative kaufmännische und
technische Aspekte von Bedeutung sind. Nicht Minimierung
der Kosten um jeden Preis ist die Zielrichtung, sondern
optimaler Einsatz der Mittel. Dazu war es zunächst einmal
notwendig, die F+E-Vorhaben sowohl im Hinblick auf die
angestrebten Versuchs- und Entwicklungsziele als auch im
Hinblick auf die zu erwartenden Kosten sinnvoll zu planen.
Das hat es uns einerseits ermöglicht, zu einem frühen
Zeitpunkt das F+E-Gesamtprogramm im Sinne des ganzen
Unternehmens zu gestalten, andererseits führte es zu einem
rechtzeitigen Abgleich mit den vorhandenen Personalkapazitäten. Aufbauend darauf wurde durch Soll/Ist-Vergleiche
der Kosten und eine technische Erfolgskontrolle ein Feed-
back möglich, das unter Berücksichtigung der aktuellen
Marktchancen einen angemessenen Eingriff in das jeweilige
F+E-Vorhaben erlaubt.

All dies ist nur möglich, wenn das gesamte F+E-Geschehen
in ausreichendem Maße transparent ist, das heißt, wenn wir
wissen "**was** wir **wo** und **mit welcher Absicht** machen und **was
es kostet**".

Um dieses notwendige Subziel **"Erhöhung der Transparenz"** zu
erreichen, haben wir als ersten Schritt eine möglichst ge-
rechte Zuordnung aller Kosten zu den jeweiligen Verursachern
angestrebt. Das hatte in der Vergangenheit allein in der
Hand des Rechnungswesens und seiner Abteilung Kostenrechnung
gelegen, die größere fachliche Nähe zu Forschung und Entwicklung hat hierbei zu erheblichen Verbesserungen und zu größerer Akzeptanz geführt. Die Daten und Informationen aus dem
Bereich Forschung und Entwicklung sollen zudem so verarbei
tet und in Berichte umgesetzt werden, daß sie optimal auf
die jeweiligen Empfänger zugeschnitten sind.
Erst so können diese Daten zu einem wirksamen Steuerungsin-
strument für die Entscheidungen auf den verschiedenen
Ebenen (Labor- bzw. Projektleiter, Bereichsleiter oder
Geschäftsführer) werden.

Auf die wichtigsten Instrumente des F+E-Controlling-Konzepts
möchte ich im folgenden etwas detaillierter eingehen; und
zwar

-    die Klassifizierung der F+E-Vorhaben
-    die F+E-Jahresplanung
-    die strategische F+E-Planung
-    die F+E-Kostenüberwachung
-    das F+E-Berichtswesen
-    die F+E-Schwerpunkte
-    die interne Strukturverbesserung

Zunächst haben wir gleich nach Schaffung des Zentralbereichs
F+E eine neue **Klassifizierung der F+E-Vorhaben** eingeführt.
Dahinter stand die Frage "wofür verwenden wir eigentlich
die ca. 60 Mio DM jährliches F+E-Budget?"

Ich möchte zunächst die Abgrenzung der Begriffe kurz erläutern. Über die Ergebnisse einer Analyse des letzten Geschäftsjahres vor der Einführung des F+E-Controllings werde
ich später im Vergleich mit der Planung für das laufende
Geschäftsjahr berichten. Der Sinn einer solchen Unterteilung liegt zum einen in der unterschiedlichen Bedeutung
der Rubriken für die Zukunftssicherung der LURGI, zum
anderen in den spezifischen Problemen, für die ich gleich
einige Beispiele anführen werde:

-   Unter "Forschung" verstehen wir per definitionem die
    Neuentwicklung von Verfahren oder wesentlichen Kompo-
    nenten. Diese Forschung ist also anwendungsbezogen
    und keine Grundlagenforschung, wie sie an wissenschaft-
    lichen Hochschulen betrieben wird. Hier wird in die
    Zukunft investiert, hier werden neue Produkte, d.h.
    bei uns neue Verfahren, geschaffen. Lücken auf einzel-
    nen Gebieten, die das Überleben eines Geschäftsfeldes
    gefährden, kann man hier frühzeitig erkennen.

-   Die Rubrik "Weiterentwicklung" umfaßt die nicht pro-
    jektbezogene Fortentwicklung bereits kommerziell ge-
    nutzter Verfahren im Hinblick auf neue Anwendungen
    und andere Materialien, z.B. die Erweiterung eines
    Kalzinierverfahrens für Tonerde auf Phosphat. Vor-
    haben dieses Bereichs müssen besonders kritisch auf
    das zu erzielende Marktpotential geprüft werden.

Hier endet bereits Forschung und Entwicklung im engeren
Sinne. Die anderen Rubriken sind stärker am laufenden
Geschäft orientiert.

-   Bei der "projektbezogenen Entwicklung" sind zwei
    wichtige Typen von Vorhaben zu unterscheiden: zum
    einen Auslegungsversuche und Materialtests, mit deren
    Hilfe ein Auftrag akquiriert werden soll, wie bei-
    spielsweise Reduktionsversuche mit Erz des Kunden im
    Drehrohr oder Verbrennungsversuche in der halbtechni-
    schen ZWS, zum anderen Anpassungsversuche im Rahmen
    bereits kontrahierter Aufträge wie zum Beispiel Strö-
    mungsmodelle und -versuche für Elektrofilter oder
    Rauchgasentschwefelungsanlagen.
    Bei Vorhaben der projektbezogenen Entwicklung kommt
    es leicht zu erheblichen Budgetüberziehungen. Auf
    jeden Fall sind solche projektbezogenen Versuche
    neben den Projektstunden der Sparten bei der
    Ermittlung der Projektkosten zu berücksichtigen.

-   Zur "Akquisitionshilfe" zählen Gefälligkeitsversuche
    zur Pflege eines potentiellen Kunden oder Unter-
    suchungen zur generellen Erschließung neuer Märkte,
    jedoch ohne konkreten Projektbezug.

-   Mit "Kundendienst" schließlich sind reine Lohnauf-
    träge gemeint, die zur besseren Auslastung von In-
    vestitionen geeignet sind.

Nun zum nächsten Instrument, der **F+E-Jahresplanung**. Wir
führen für jeden Verfahrensbereich jährlich eine F+E-Pla-
nungssitzung durch. An diesen Sitzungen, die vor Beginn
des neuen Geschäftsjahres stattfinden, nehmen neben dem
jeweiligen VB-Leiter der Leiter des Fachbereichs Forschung

und Entwicklung, die Spartenleiter, die zuständigen Labor-
und Entwicklungsleiter sowie der F+E-Controller teil. Inhalt der Planungssitzung ist die Diskussion und Festlegung
der F+E-Themen für das kommende Geschäftsjahr und der zugehörigen Stunden und Budgets. Mit der Neueinführung von
Jahresbudgets für jedes absehbare Vorhaben haben wir eine
bessere Budgetdisziplin gegenüber der früheren Praxis
(Gesamtbudgets für die ganze Laufzeit des Vorhabens und
entsprechende Soll/Ist-Vergleiche) erreicht. Dies gilt vor
allem für umfangreiche und längerfristige Vorhaben. Die
Ergebnisse der F+E-Planungssitzungen der Verfahrensbereiche
werden in einem F+E-Planungsband zusammengefaßt und einem
ausgewählten Kreis von Interessenten zugänglich gemacht.

Jeder Bereich stellt bei dieser Gelegenheit auch seine
Schwerpunktthemen vor, auf die er seine Hauptanstrengungen
für das kommende Jahr richtet. Während die Themen für Forschung und Weiterentwicklung überwiegend auf eigene Initia-
tive zurückgehen und deshalb weitgehend planbar sind, wird
für projektbezogene Entwicklung nur ein Gesamtkostenrahmen
pro Gebiet abgesteckt.

Das Erarbeiten von neuen Verfahrensideen sowohl in den
Labor- als auch in den Entwicklungsabteilungen wird durch
die Einrichtung spezieller Budgets für neue Themen begrenz-
ter Höhe gefördert.

Bei der Gegenüberstellung der F+E-Kosten des letzten Geschäftsjahres vor Einführung des F+E-Controllings und der
Planzahlen für das laufende Geschäftsjahr, kann man erkennen, daß die Absicht besteht, mehr Mittel als früher in
die Entwicklung neuer Verfahren zu investieren.

Für die **längerfristige F+E-Planung** sah das Konzept jeweils
im Frühjahr eine F+E-Planungssitzung pro technischen Geschäftsbereich vor mit Themen wie der Grobplanung des
F+E-Programms der nächsten drei Jahre und der Investitionen.

Bei der jährlichen Festlegung unseres F+E-Programms sind
wir allerdings aufgrund der sich stark verändernden Nach-
frage auf Teilmärkten darauf angewiesen, sehr flexibel zu
reagieren. Daher hat sich die längerfristige Planung eines
F+E-Programms als wenig aussagekräftig herausgestellt.
Inzwischen bildet deshalb die Diskussion und Auswahl sog.
F+E-Strategiethemen den Schwerpunkt der längerfristigen
Überlegungen zu Forschung und Entwicklung. Ausgehend von
der Fragestellung, auf welche Verfahren die Bereiche ihr
Geschäft in den Neunziger Jahren stützen wollen, werden
Themen vorgeschlagen und in einem mehrstufigen Prozeß
vorausgewählt, die das Potential zu künftigen Geschäfts-
schwerpunkten versprechen. Für jedes dieser Themen wird
ein Arbeitskreis von Experten beauftragt, ein Konzept-
papier unter festgelegten Kriterien anzufertigen. Eine
Auswahl dieser Themen, die in regelmäßigen Abständen
überprüft und diskutiert wird, soll auf diese Weise über
längere Zeit angemessen begleitet werden.

Die **Überwachung der F+E-Kosten** war vor Einführung des
F+E-Controllings vor allem durch die Vielzahl laufender
Versuchsauftragskonten gekennzeichnet, die oft starke
Kostenüberschreitungen aufwiesen und deshalb den Ent-
scheidungsträgern das Erkennen von Veränderungen schwer
machte. In mehreren Bereinigungsaktionen wurden einerseits "Altlasten" beseitigt und andererseits notwendige
Budgeterhöhungen genehmigt. Das F+E-Controlling beteiligt
sich teilweise bereits in der Kalkulations- und Genehmi-

gungsphase und sorgt schließlich für eine zeitliche aktuelle Information der Projektleiter.

Inzwischen werden die Daten der Kostenrechnung aus dem
zentralen Großrechner monatlich in Datenbanken der PCs des
F+E-Controllings überspielt, so daß eine anwenderfreund-
liche Nutzung der Informationen leichter ist.
Bei Abweichungen werden zunächst die Gründe eruiert und -
soweit möglich - in Zusammenarbeit mit dem Projektleiter
geklärt. Erst wo eine solche Klärung nicht zum Erfolg
führt, wird der Sparten- bzw. Verfahrensbereichs-Leiter
eingeschaltet.

Zur Verbesserung der Budgetdisziplin ist eine genaue
Prüfung und spezielle Genehmigung von Budgeterhöhungen
notwendig. Diese können natürlich bei entsprechendem
Versuchsverlauf durchaus gerechtfertigt sein.

Zum **F+E-Berichtswesen** habe ich Ihnen schon zuvor einiges
gesagt. Dazu gehört weiterhin eine vernünftige Abgrenzung
des F+E-Begriffs: Hier stellt sich manchmal das Problem,
daß F+E-Vorhaben bzw. Teile davon ganz oder teilweise von
Partnern, Kunden oder öffentlichen Geldgebern bezahlt
werden und dann mitunter als normale Aufträge gebucht
werden. Ferner sollen die F+E-Berichte Soll/Ist-Vergleiche
enthalten und vor allem einem stärkeren Bezug zu den je
weiligen Empfängern und den notwendigen Entscheidungen
besitzen.

Besonderes Augenmerk soll dem nächsten Gebiet, den
F+E-Schwerpunktthemen gelten.

Diese herausgestellten Vorhaben mit besonders hoher
Priorität und i. a. großem finanziellen Umfang werden

einer speziellen Beobachtung unterzogen, die bis in die
Phase der Markteinführung reicht und sich damit auch auf
die Vermarktung neuer Technologien erstreckt. Jährliche
Statusberichte geben in übersichtlicher Form neben Ge-
samtziel und Zeitplan die Bilanz des zurückliegenden Jahres, den erreichten Gesamtstand und die aktualisierten
Marktchancen wieder. Sowohl über laufende Schwerpunktthemen
als auch über abgeschlossene Entwicklungen, die noch vor
dem kommerziellen Erfolg stehen, wird in den Laborkolloquien
einem größeren Auditorium berichtet und auch mit nicht
involvierten Fachleuten diskutiert werden.

Ein weiteres Tätigkeitsfeld für den F+E-Controller könnte
man mit **interner Strukturverbesserung** umschreiben. Dazu
gehören sowohl die Begleitung von internen Kosten-Nutzen-
Analysen der Laborbereiche als auch die Prüfung von möglichen innovationsfördernden Maßnahmen. Außerdem sollte
der F+E-Controller Probleme im F+E-Bereich, die er erkennt
oder die ihm zugetragen werden, analysieren und zusammen
mit den Beteiligten Verbesserungen einleiten.

Als erstes Beispiel hierfür möchte ich nur die Zusammen-
führung der Entwicklungsabteilungen herausgreifen. Diese
wurden bei der Neuorganisation der LURGI vor drei Jahren
bestimmten Geschäftsbereichen zugeordnet. Das hat sowohl
aus Gründen der übergreifenden Thematik und Arbeitsweise
als auch aus Interessenkonflikten zwischen kurzfristigen
Geschäftszielen und längerfristiger Ausrichtung der Entwicklungen die Arbeit dieser Abteilungen erschwert. In
mehreren Diskussionen mit allen Betroffenen hat der
F+E-Controller dafür gesorgt, daß die für uns sehr wichtige Entwicklungsarbeit nunmehr durch Zusammenfassung der
verschiedenen Gruppen und Integration in den ZB F+E effizienter und effektiver ablaufen kann.

Ein zweites Beispiel aus dem täglichen Betriebsablauf im
F+E-Controlling:
Auf einem F+E-Schwerpunktgebiet war es im vorletzten Jahr
trotz eines - wegen der Bedeutung des Gebiets - großzügig
bemessenen Budgets innerhalb weniger Monate zu einer erheblichen Überziehung gekommen. Die erste Analyse ergab
statt 1.000 kalkulierter Werkstattstunden ca. 5.000 ange-
fallene Stunden. Als Hauptgrund für die Budgetüberschrei-
tung stellte sich heraus, daß die Auftraggeber, Ingenieure
und Chemiker, mit Handskizzen und naiven Vorstellungen
bezüglich der Materialanforderungen auf Schlosser getroffen waren, die es gewohnt waren, anhand von genauen Zeich-
nungen zu arbeiten. Das führte auf diesem neuen und schwierigen Gebiet zu einem erheblichen Experimentieren nach
dem Motto "Trial and Error". Auf Vorschlag des Controllers
wurde ein Konstrukteur mit der Aufgabe betreut, komplizierte Werkstattaufträge zu begleiten. Allein im gerade beschriebenen Fall hätte er in wenigen Wochen mehr als sein
Jahresgehalt eingespart.

Als letztes Beispiel möchte ich Ihnen kurz von einer kürzlich abgeschlossenen Kosten-Nutzen-Analyse des Gesamtbe-
reichs F+E berichten. Zusammen mit zwei Bereichsfremden -
in anderen Bereichen war diese Rolle von externen Beratern
wahrgenommen worden - einem Direktor der zentralen Betriebswirtschaft und dem technischen GF eines großen Tochterbe-
triebs bildete der F+E-Controller ein Team, das in zahlreichen Gesprächen und unter Erhebung zusätzlicher Daten
den Bereich analysierte. Ergebnis war ein Bericht, in dem
u. a. die Abschaffung einer organisatorischen Hierarchie-
ebene, eine Straffung des Verwaltungsapparats und ein
neues Konzept für die Werkstatt vorgeschlagen wurden,
insgesamt Maßnahmen mit einem Einsparpotential in Mil-
lionenhöhe. Nach Diskussion und Verabschiedung dieser Vor-

schläge durch die Geschäftsführung wurde der F+E-Con-
troller mit der verantwortlichen Umsetzung des Werkstatt-
konzepts betraut.

Man sieht also, daß hier - im Vergleich zu anderen Auffassungen über die Aufgaben von Controllern - der Con-
trolling-Begriff sehr weit gefaßt ist und das macht die
Tätigkeit in meinen Augen besonders interessant. Nicht
nur, daß der Controller im Sinne eines "internen Con-
sultants" konkrete Handlungsvorschläge für das Management
erarbeitet, vielmehr kann er auch - im Sinne eines "Managements auf Zeit" vorgeschlagene Verbesserungen im Betriebsablauf umsetzen.

F+E-Controlling ist also im Prinzip - wie eigentlich jedes
Controlling - ein Informations-Management im Regelkreis
Planen - Messen - Analyse - Eingriff, wobei Gespräche das
wichtigste Instrument sind. Das vorgestellte F+E-Controll-
ing-Konzept kann ganz allgemein für ein Gemeinkostencon-
trolling gelten. Als solches hat es auch Modell für ein
EDV-Controlling gedient. Neben vielen Gemeinsamkeiten, die
das F+E-Controlling mit anderen Controlling-Aufgaben hat,
sind doch einige besondere Anforderungenen herauszuheben:

Erstens beinhaltet das F+E-Controlling viel Technik, d.h.
der Controller braucht eine solide kaufmännische Ausbildung aber auch ein sehr ausgeprägtes Verständnis für technische Zusammenhänge. Für die Akzeptanz bei den Technikern
von Forschung und Entwicklung ist es vorteilhaft, wenn er
eine technische Zusatzausbildung oder ein Vordiplom in
Natur- oder Ingenieur-Wissenschaften besitzt.

Zum zweiten muß er Rücksicht auf die kurzfristige Orientierung der Profitcenter nehmen, gleichzeitig Bremser und Aktivierer sein und auch Anregungen zu mehr Aktivitäten geben; denn immer wieder glauben Profitverantwortliche Kosten sparen zu können, wenn sie F+E-Aktivitäten **unterlassen**.

Schließlich verlangt das F+E-Controlling Fingerspitzengefühl im Umgang mit den "Forschern": Es erfordert einerseits einen gewissen Zwang zu objektivierbarer Systematik (Budgets, Statusberichte, Kosten - Nutzen - Denken), andererseits darf der Controller nicht als lästiger Aufpasser betrachtet werden. Er muß beispielsweise durch Unterstützung dort motivieren helfen, wo die "Forscher" auf dem richtigen Weg sind.

Innovation
als Erfolgs- und Überlebensstrategie
eines mittelständischen Unternehmens

Von Dr. Hans Viessmann
Viessmann Werke GmbH & Co., Allendorf/Eder

Einleitung

Innovation ist sehr komplex

Grundhaltung des innovativen Unternehmers

Rahmenbedingungen für den innovativen Erfolg sind notwendig

Schaffung einer personellen und organisatorischen Unternehmensstruktur,
die erfolgreiche Innovationen begünstigt

Beachtung einer angemessenen Kosten-Nutzenrelation

Flexibilität und Anpassungsfähigkeit

Praktische Beispiele innovativen Handelns
Beispiel Kesselentwicklungen
Beispiel Entwicklung Öl/Gasbrenner
Beispiel Entwicklung Elektroniken

Schluß

Meine Damen und Herren,

zunächst möchte ich mich ganz herzlich bei Ihnen, Herr Sierke, und bei den Veranstaltern für die Einladung bedanken, vor den Teilnehmern des betriebswirtschaftlichen Seminars ein Referat zum Thema "Innovationmanagement" zu halten. Es war stets mein Bestreben, meine Erfahrungen als Unternehmer auch an die nachfolgende Generation weiterzugeben und mit jungen Leuten, insbesondere aus den Wirtschaftswissenschaften und aus den Ingenieurwissenschaften in Kontakt zu bleiben. So veranstalten wir im Gästehaus meines Unternehmens in Battenberg seit vielen Jahren die Internationale Battenberger Hochschulwoche, die etwa 40 Studentinnen und Studenten an Fachhochschulen und Universitäten alljährlich für einige Tage mit Professoren aus den verschiedensten Fachbereichen zu Vorträgen und Diskussionen über den neusten Stand des Wissens zusammenführt.

Vielleicht hat der eine oder andere von Ihnen Gelegenheit, sich über einen Dozenten Ihres Fachbereiches zu dieser Hochschulwoche auch einmal als Teilnehmer anzumelden.

Von mir als dem Leiter eines international tätigen Unternehmens der Heizungsbranche mit heute 5.400 Mitarbeitern in elf Fertigungsbetrieben erwarten Sie sicherlich zum Thema Innovationsmanagement Ausführungen eines Praktikers; ich habe, von Haus aus Ingenieur, meine unternehmerische Aufgabe stets darin gesehen, aufbauend auf Vorhandenem Neues zu schaffen und durch Innovationen Problemlösungen zu erreichen.

<u>Innovation ist sehr komplex</u>

Begrifflich darf das Wort Innovation nicht mit Erfindung verwechselt werden. Innovation bedeutet mehr als Erfindung. Innovation umfaßt die Umsetzung von technisch-wissenschaftlichen Erfindungen einerseits, unternehmerisch inspirierten Ideen andererseits zu konkreter Produktreife und zu Unternehmensstrategien, die ihre Feuerprobe am Markt bestehen müssen. So gesehen verbirgt sich hinter dem Wort Innovation ein sehr komplexer Tatbestand: Zum einen Entwicklung neuer Produkte, die den bisherigen objektiv überlegen sein müssen; dann aber auch die Realisierung neuer Ideen, die sozusagen zusammen mit den weiterentwickelten Produkten im Markt verkauft werden müssen; und schließlich die Akzeptanz beider, des verbesserten Produkts und der neuartigen Strategie durch den Markt selbst. Es leuchtet daher ein, daß sich erfolgreiche Innovation in einem Unternehmen weder im Elfenbeinturm der Forscher allein realisieren läßt, noch in den neuerdings für moderne Industrieunternehmen immer wieder geforderten Denkfabriken von Brainstorming-Teams, sondern daß erfolgreiche Innovation in einem Unternehmen im Grunde genommen einen Motor braucht, der das ganze antreibt, ja ich wage zu behaupten, daß nur diejenigen Unternehmungen erfolgreiche Innovation betreiben können, bei denen das gesamte Arbeitsklima von der Geschäftsleitung bis hinunter zu den Fachabteilungen auf innovatorisches Denken und Handeln angelegt ist. Man könnte auch ganz einfach sagen, ein innovatorisch erfolgreiches Unternehmen muß auf allen Ebenen entsprechend geführt werden, und die Quelle aller Innovationen ist die Kreativität.

Grundhaltung des innovativen Unternehmers

Für mittelständische Unternehmen, meine Damen und Herren, soweit sie vom Inhaber zusammen mit seiner Führungsmannschaft geleitet werden, reduziert sich damit die Frage nach dem Innovationsmanagement auf den Grad der Innovationsbereitschaft des Unternehmers selbst. Für mich sind Probleme niemals Anlässe gewesen zu resignieren. Ich habe mein Unternehmen aus kleinsten Anfängen in 40 Jahren zu seiner heutigen Bedeutung aufgebaut und dabei von Anfang an gelernt, daß es wesentlich ist, aus scheinbaren Nachteilen konkrete Vorteile zu machen. Probleme verlangen nach Lösungen und zwar möglichst in origineller Weise, also nicht auf ausgetretenen

Pfaden. Staunen, sich wundern können, Neugier, produktive
Originalität, Phantasie und Einfallsreichtum - so las ich
kürzlich - sind die Quellen, aus denen innovatives Verhalten
gespeist werden. Ich möchte hinzufügen: Die Fähigkeit, die
Dinge um uns herum und ihre Funktionsabläufe gründlich und
vorurteilsfrei beobachten zu können, um daraus die richtigen
Schlüsse zu ziehen, gehört unbedingt dazu; und natürlich
auch Beharrlichkeit, der feste Wille, sich nicht entmutigen
zu lassen, aber auch die Bereitschaft, Umwege in Kauf zu
nehmen, etwas zu verwerfen und neu zu durchdenken, wenn der
erste Entwurf nicht gleich zum Erfolg führt.

Rahmenbedingungen für den innovativen Erfolg sind notwendig

Die von mir beschriebene Grundhaltung des Unternehmers ist
daher gleichsam nur der Boden, auf dem Innovation möglich
wird; der Weg im einzelnen kann dornenreich und lang sein.
Denn so überzeugend etwa eine technische Problemlösung bei
einem Produkt auch sein mag: zur erfolgreichen Vermarktung
gehören genauso rationelle Fertigungsmöglichkeiten sowie
ausreichende finanzielle Ausstattung, Rahmenbedingungen also,
die auf den ersten Blick scheinbar recht wenig mit Kreativität und innovatorischer Kraft zu tun haben. Sieht man allerdings genauer hin, so ist dies ein Trugschluß. Je mehr etwa
ein bestimmtes Produkt in seiner Entwicklungsfähigkeit an
eine Grenze gerät, die technisch nicht mehr verbesserbar ist,

236

umso mehr entzieht sich dieses Produkt weiteren innovatorischen Bemühungen. Die Produktentwicklung ist in unserem Land heute auf einem sehr hohen technischen Stand. Dagegen lassen sich die Fertigungsmethoden, insbesondere unter dem Druck immer weiter steigender Arbeitskosten, durchaus noch beachtlich verbessern. Und dort, wo in früheren Jahren am wenigsten verändert wurde, nämlich im Bereich der allgemeinen Verwaltung, in den kaufmännischen und technischen Büros, ist inzwischen die Innovation durch EDV, Telekommunikation und CAD/CAM in besonders eindrucksvollem Maße auf dem Vormarsch.

Es ist also durchaus nicht so, daß sich bestimmte Unternehmensbereiche innovatorischen Veränderungen ihrer Natur nach entziehen; im Gegenteil sorgt das innovatorische Klima eines Unternehmens, das letztlich vom Unternehmer selbst in enger Zusammenarbeit mit seiner Führungsmannschaft bestimmt wird, dafür, daß aufgrund des technischen Fortschritts alle Unternehmensbereiche vom Innovationsmanagement erfaßt werden. Dabei gilt es allerdings zwei Faktoren sozusagen vorab richtig einzuschätzen im Sinne von Rahmenbedingungen für jeden innovatorischen Erfolg:

- die Schaffung einer personellen und organisatorischen
  Unternehmensstruktur, die erfolgreiche Innovationen
  begünstigt

- die Beachtung einer angemessenen Kosten-/Nutzenrelation
  sowohl bei der Produktentwicklung als auch im Fertigungs-
  und Vertriebsbereich

<u>Schaffung einer personellen und organisatorischen Unterneh-</u>
<u>mensstruktur, die erfolgreiche Innovationen begünstigt</u>

Zur richtigen personellen und organisatorischen Unternehmensstruktur gehört
- die Einführung moderner Führungsgrundsätze
- die Einhaltung eines leistungsbezogenen Arbeitsstils
- die Schaffung integrierter Projektgruppen
- die umfassende und kontinuierliche Weiterbildung und
  Schulung der Mitarbeiter

Der Unternehmer braucht für seine Ideen und Anregungen die
Aufnahmebereitschaft seiner Mannschaft. Bürokratische Enge,
innovationsfeindliche Angepaßtheit müssen vermieden werden.
"Innovative Leute stellen viele Fragen, weil sie alles in
Frage stellen müssen. Der Umgang mit innovativen Leuten erfordert also hohe Disziplin." - So war es kürzlich in einem
Aufsatz zu lesen. Und ich füge hinzu: Voraussetzung dafür,
daß die Mitarbeiter die innovativen Anregungen des Unternehmers weitertragen und umsetzen, ist die entsprechende
Motivation. So sollte im Rahmen klar definierter Unternehmensziele jedem einzelnen Mitarbeiter an seinem Platz auch
ein ausreichend weiter Entscheidungsspielraum eingeräumt
werden.

Beachtung einer angemessenen Kosten-Nutzenrelation

Die Beachtung des Kosten-/Nutzenverhältnisses ist in einer
Zeit immer härteren Wettbewerbs für jedes Unternehmen uner-
läßlich. Eine technische Innovation eines Produkts ist nicht
um ihrer selbst willen da; das Produkt muß handhabbar bleiben, es darf nicht zu kompliziert oder zu bedienungsaufwendig
werden. Es muß auch vom Preis her so kalkuliert sein, daß
die Vermarktung in rationellen Stückzahlen gesichert ist.

Was die Fertigungseinrichtungen angeht, so darf in diesem
Bereich Innovation keineswegs mit Rationalisierung gleichgesetzt werden. Innovation im Fertigungsbereich sollte auch auf
Flexibilität ausgerichtet sein, also die kleine Serie ebenso
wie die große Serie kostengünstig ermöglichen. Das gleiche
gilt für den Vertrieb. Mikroelektronik und Telekommunikation
ermöglichen in diesen Bereichen rasche Anpassung an Märkte
und Verbraucherwünsche.

Flexibilität und Anpassungsfähigkeit

Ein innovatorisch geführtes Unternehmen, meine Damen und
Herren, ist also ein sehr komplexes Gebilde, das auf der
einen Seite unentwegt an der Verbesserung und Weiterentwicklung seiner Produkte arbeitet, auf der anderen Seite aber
von hoher Flexibilität und Anpassungsfähigkeit in Fertigung
und Vertrieb gekennzeichnet ist. Ein solches Unternehmen

wird aufgrund der durch die Innovation erzwungenen häufigen
Veränderungen auch investitionsfreudig sein müssen. Durch
entsprechende Investitionen aber werden dauerhaft neue Arbeitsplätze geschaffen. Die menschenleere Fabrik, meine
Damen und Herren, ist kein allgemein gültiges Konzept für
ein innovatives Unternehmen. Forschung und Entwicklung für
ein Produkt, Anpassung von Fertigungsmethoden und die Entwicklung moderner Vertriebsstrategien verlangen qualifizierte aufgeschlossene mitdenkende Menschen im Unternehmen,
die allerdings zum großen Teil nicht mehr in den Werkhallen,
sondern in Laboratorien, in der Arbeitsvorbereitung, an
Computern und an Schreibtischen arbeiten. Ein innovatives
Unternehmen wird daher, bezogen auf die entscheidenden
Schaltstellen, immer personalintensiv sein.

Und es ist, meine Damen und Herren, dem Wettbewerb meist um
die berühmte Nasenlänge voraus. Denn alle die von mir aufge-
zählten Punkte
- technisch ausgereifte Produkte
- angemessene Kosten-/Nutzenrelation
- flexible Fertigungs- und Vertriebsstruktur
qualifizieren das innovative Unternehmen im Wettbewerb.
Hinzu kommt das Erfordernis einer hierauf abgestimmten Pro-
duktwerbung und Öffentlichkeitsarbeit.

So läßt sich vielleicht zusammenfassend sagen, daß gerade
unter den Wettbewerbsbedingungen, in denen wir uns in den

westlichen Industrieländern am Ende unseres Jahrtausends befinden, erfolgreiche Unternehmenstätigkeit durch drei Felder
gekennzeichnet ist, die aufeinander abgestimmt sein müssen:
- das innovatorische Gesamtklima
- die Bereitschaft für zukunftweisende Investitionen
- eine motivierte und qualifizierte Mitarbeiterschaft
Keiner dieser Bereiche ist ohne die beiden anderen zu denken,
aber alle drei zusammen ergeben so etwas wie den Schlüssel
zum Erfolg, auch in tendenziell nicht mehr wachsenden
Märkten.

Praktische Beispiele innovativen Handelns

Meine Damen und Herren, angesichts der zur Verfügung stehen-
den Zeit möchte ich diesen eher allgemeinen Ausführungen nur
kurz einige konkrete Hinweise folgen lassen, wie in meinem
Unternehmen innovatorisches Denken und Handeln praktiziert
wird. Anschließend möchte ich Ihnen dann entsprechend den
zeitlichen Vorgaben für diese Veranstaltung Gelegenheit
geben, Fragen zu stellen. Sie werden bei diesen Beispielen
aus der Praxis feststellen, daß innovatorische Entscheidungen
bei der Produktfindung ebenso anstanden wie bei den anderen
von mir genannten Bereichen.

<u>Beispiel Kesselentwicklungen</u>

Gleich zu Beginn der Entwicklung meines Unternehmens nach
dem zweiten Weltkrieg waren zwei Problemkreise sehr unter-
schiedlicher Art zu lösen. Anders als alle maßgeblichen
Heizkesselhersteller bauten wir traditionell Stahlheizkessel
anstelle von Gußkesseln. Mit der Einführung der modernen
Ölfeuerung erwies sich der Stahlheizkessel mit exakter
Brennkammergeometrie gegenüber den Gußkesseln deutlich überlegen. Heute führen fast alle Wettbewerber ebenfalls Stahlheizkessel im Angebot. Wir haben damals, vor Einführung der
Ölfeuerung, der Versuchung widerstanden, Gußkessel im Programm mitzuführen, um so schneller aus unserer ursprüngli-
chen Außenseiterposition herauszukommen.

Als dann in den 50er und 60er Jahren der Durchbruch für uns
erzielt wurde, mußten neue Finanzierungsmethoden zum Aufbau
des Unternehmens erschlossen werden. So gründete ich in der
Schweiz eine Firma, durch die erforderliche Maschineninve-
stitionen über Leasing zu einem damals ungewöhnlich günsti-
gen Kostensatz finanziert werden konnten. Lange Zeit rätsel-
te die Branche darüber, wie ich mir die erforderlichen Mittel
in so kurzer Zeit beschaffen konnte. Auch dies war also ein
innovatorischer Erfolg.

Mitte der 70er Jahre, auf dem Höhepunkt der Ölpreisexplosion,
geriet die Heizungswirtschaft aufgrund einer gewissen Marktsättigung, die sich in einem Rückgang der Bautätigkeit
äußerte, in eine gefährliche Absatzkrise. Jahrzehntelang
hing das Unternehmen Viessmann von der Neubautätigkeit ab.
Nun galt es, neuartige Heizkessel auf den Markt zu bringen,
die wesentlich weniger Heizenergie verbrauchten als herkömmliche Kessel und die sich gleichzeitig für die Kessel-
modernisierung eigneten. So entwickelten wir unseren zwei-
schaligen Tieftemperaturkessel Vitola-biferral mit Heizflä-
chen aus Grauguß und Stahl. Dieser Kessel, von dem in den
letzten 8 Jahren mehr als 500.000 Stück verkauft werden
konnten, wird außentemperaturabhängig gleitend ohne untere
Temperaturbegrenzung betrieben, d. h., daß der Kessel nur in
Betrieb ist, soweit Wärme gebraucht wird. Es leuchtet ein,
daß hierdurch eine besonders hohe Energieersparnis erzielt
werden konnte. Wegen des Schwefelgehalts im Heizöl mußte die
Kondensation der Heizgase und damit die Korrosion der Eisen-
werkstoffe unter allen Umständen vermieden werden. Dies
gelang auf physikalischem Wege durch Erhöhung der Heizgas-
temperatur insbesondere im hinteren Teil des Kessels, eine
Innovation, die bis heute den Erfolg des Vitola-biferral
sichergestellt hat.

Für uns war schon damals Energieersparnis nicht das einzige
Kriterium für die Güte eines modernen Heizkessels. Bis heute
achten wir genauso auf Betriebssicherheit und lange Lebens-

dauer; denn dem Anlagenbetreiber tun wir keinen Gefallen damit, Kessel mit optimalen Wirkungsgraden anzubieten, deren Betriebssicherheit oder Lebensdauer durch zu hohe Heizflächenbelastung, zu enge Wasserwände etc. vermindert werden.

Heute ist für uns nicht allein Energieersparnis, sondern mehr noch die Entlastung der Umwelt von Schadstoffen aus Abgasen von Heizungen die Priorität Nr. 1. Durch meine Reisen in die USA kannte ich die Arbeiten der American Gas Association, bei den dort üblichen Luftheizungen zur Reduzierung des Stickoxidgehalts bei gasgefeuerten Anlagen zu kommen. Meine Mitarbeiter, die ich zum Studium dieser Arbeiten in die USA entsandte, rieten mir davon ab, entsprechende Entwicklungen für unsere Warmwasserheizungen aufzunehmen. Ich habe jedoch nicht locker gelassen, und so wurde mein Unternehmen der erste Lizenznehmer des amerikanischen Patents in Europa. Heute werden alle Viessmann Gasspezialkessel mit Brenner ohne Gebläse mit dem Renox-System ausgerüstet, durch das der Stickoxidausstoß dieser Kessel gegenüber herkömmlichen Kesseln um ein Drittel reduziert wird. Ein Beispiel, daß Innovation nicht immer ganz von vorn anfangen muß, sondern daß es durchaus interessant sein kann, auf den Ergebnissen anderer aufzubauen. So vergeben wir seit Jahren Aufträge an Fachhochschulen, Universitäten und unabhängige wissenschaftliche Institute, ohne den Ehrgeiz zu haben, alles im eigenen Hause zu entwickeln.

Beispiel Entwicklung Öl/Gasbrenner

Daß erfolgreiche Innovationen sich keineswegs nur auf technisch umwälzende Neuerungen stützt, sondern gerade auch die
Nebeneffekte oder das Handling betrifft, haben wir in meinem
Unternehmen besonders eindrucksvoll durch die Entwicklung
eines eigenen Öl- und Gasgebläsebrenners zum Niedertempera-
turheizkessel sowie eigener Elektroniken bewiesen.

Als wir vor 10 Jahren anfingen, war der Markt für Öl- und
Gasbrenner vergeben. Eine Marktanalyse ergab, daß nur unter
Preiskämpfen ein angemessener Marktanteil für uns zu erreichen wäre und außerdem eine umfangreiche Werbekampagne den
Verkauf und die Markteinführung begleiten muß. Was haben wir
gemacht? Wir untersuchten das Handling der bis dahin auf dem
Markt befindlichen Brenner und stellten fest, daß die Hei-
zungsfirmen die Brenner oft nur mit erheblicher Montagearbeit
an die Kessel anbauen konnten. Es mußten Löcher gebohrt, Ge-
winde geschnitten und teilweise sogar mit dem Schweißbrenner
Öffnungen geschaffen werden. Und wenn der Brenner angebaut
war, mußte er einreguliert und genau dem Kessel angepaßt
werden. Der Montageaufwand betrug mindestens 3, in manchen
Fällen 4 bis 5 Stunden. Die Kosten für die Montage betrugen
zwischen 120,-- und 200,-- DM.

Wir brachten einen Brenner auf den Markt, der sich in seiner
Funktion kaum von anderen Brennern unterschied, dabei aber

einige entscheidende Vorteile hatte, die wir als Hersteller
von Kesseln mit zugehörigen Brennern in die Waagschale wer-
fen konnten. In erster Linie haben wir dabei das Handling
vereinfacht, indem wir die Brenner so konstruierten und bauten, daß sie genau zu unseren Kesseln paßten und abzustimmen
waren. Die Brenner werden bei uns, bevor sie verschickt werden, warm geprüft und genau auf die jeweilige Kesselleistung
eingestellt. Sie sind in die Kesseltüre integriert, so daß
bei der Montage der Heizungsmonteur sich darauf beschränken
kann, die Türe mit dem Brenner einzuhängen und das Kabel von
der Kesselregelung mit dem daran befindlichen Stecker in den
Brenner einzustecken. Dann ist der Brenner regeltechnisch
angeschlossen und unter Strom. Man braucht dann lediglich
noch die Öl- oder Gasleitung anzuschließen, die, wenn es
sich um Modernisierung der Heizung handelt, vorhanden ist.
Der Montageaufwand beträgt 20 Minuten.

Für den Käufer, für den Betreiber der Heizungsanlage, ist es
wichtig zu wissen, daß der Monteur an dem Brenner nicht viel
zu machen braucht und nichts falsch machen kann. Wir haben,
um mit den Brennerherstellern keinen Krieg zu beginnen, für
die Brenner von Anfang an keine Werbung gemacht. Wir haben
uns lediglich auf einen einfachen Prospekt beschränkt. In
unseren Kesselprospekten erscheinen unsere Kessel mit einem
neutralen Brenner, nicht mit dem typischen Viessmann-Unit-
Brenner. Erfolg: Wir haben im Jahr 1987 60.000 Brenner verkauft. Der Marktführer für Brenner hat im Jahr 1986 113.000

Brenner abgesetzt, wobei in dieser Zahl auch Brenner größerer
und großer Leistung enthalten sind, die wir bis heute nicht
herstellen. Mit unserer Strategie konnten wir daher einen
beachtlichen Marktanteil und hohe zusätzliche Umsätze erreichen.

<u>Beispiel Entwicklung Elektroniken</u>

In die gleiche Richtung weist die Entwicklung unserer Elektroniken. Wir traten vor 10 Jahren mit Elektroniken zur
Regelung des Kessels und der angeschlossenen Heizkreise auf
den Markt, wobei, ähnlich wie beim Ölbrenner, die Technik
für Elektronik soweit ausgereift war, daß man bei den Rege-
lungsvorgängen selbst kaum etwas verbessern konnte. Wir haben
aber das Handling verbessert. Für neue Kessel, die eine gleitend abgesenkte Betriebsweise der Heizung zulassen, wurde
die bisherige einfache elektromechanische Regelung durch
eine elektronische Regelung ersetzt. Diese elektronische
Regelung mußte bisher verdrahtet werden, wozu häufig eine
fremde Elektroinstallationsfirma hinzugezogen wurde, die
sich mit Elektronik auskannte, es sei denn, die Heizungs-
firma beschäftigte Monteure, die in der Lage waren, Regelungen zu verdrahten. Diese Verdrahtungsarbeit auf der
Montagestelle war seinerzeit ein wesentliches Hindernis
dafür, daß Elektroniken in größerem Umfang für die Regelung
von Kesseln und Heizungen eingesetzt wurden. In Kenntnis der
Verhältnisse und Probleme verbesserten und vereinfachten wir

das Handling unserer Elektroniken, um die Montagearbeiten
auf der Baustelle zu erleichtern und entsprechend zu redu-
zieren, indem wir alle Komponenten der Regelung mit Kabeln
und Steckern versahen. Die Stecker sind codiert und unver-
wechselbar, so daß auch ein einfacher Heizungsmonteur kom-
fortable Regelungen montieren, zusammenstecken und in Betrieb setzen kann. Ergebnis: Wir sind heute in der Bundesrepublik der bedeutendste Hersteller von Elektroniken für
die Heizung.

So haben wir bei der Entwicklung eigener Öl/Gasgebläsebrenner
kleiner Leistungen und bei der Einführung unserer Elektroniken mit dem Viessmann-Schnellmontagesystem sozusagen für
unsere Kunden, die Heizungsfachfirmen, mitgedacht und wesentliche Teile ihrer Dienstleistungen auf uns verlagert, was
Montagezeit und damit Geld einspart - eine "Innovation im
Handling" von großer praktischer Bedeutung, wenn ich mich so
ausdrücken darf.

<u>Schluß</u>

Die Reihe der Beispiele ließe sich beliebig verlängern; Sie
mögen daraus, worauf es mir ankam, die große Breite des
Spektrums erkennen, wo im einzelnen Innovationen in einem
mittelständischen Betrieb ansetzen können und wie vielfältig
sie sich auswirken für das Unternehmen, aber auch für den
Verbraucher.

Meine Damen und Herren, innovativ zu denken und zu handeln
war und ist für mich sicher eine der wesentlichen Antriebs-
kräfte meiner unternehmerischen Tätigkeit. Wir werden beim
Unternehmen Viessmann diesen Weg konsequenz weitergehen, und
wir setzen darauf, daß gerade dies entscheidender Inhalt
unserer Überlebensstrategie ist, einer Strategie für weitere
künftige Erfolge ungeachtet der großen Herausforderungen,
denen sich unsere Wirtschaft und insbesondere selbständige
Unternehmer für die Zukunft gegenüber sehen.

Ich danke Ihnen für Ihre Aufmerksamkeit.

Das strategische Personalmanagement

Von Ian Walsh
Leder Hirzel & Partner, Frankfurt a. M.

1. EINLEITUNG

Der angelsächsische Begriff "human resources" läßt sich
schwer ins Deutsche übersetzen. Die Konstruktionen
"Human-Ressourcen" bzw. "menschliche Ressourcen" schrek-
ken allein durch deren Mißklang ab. Darüber hinaus vermitteln sie die falsche Botschaft: die Mitarbeiter sind
zwar ein wertvolles Kapital, aber irgendwie doch nur eine
Ergänzung des Sach- und Anlagevermögens. Unter dem englischen Begriff "human resources" versteht sich das gesamte geistige und körperliche Potential der Mitarbeiter
eines Unternehmens, und zwar sowohl das latent vorhandene
als auch das bereits genutzte Potential.[1] Um eine weitere Strapazierung der englischen Sprache zu vermeiden - man
denke an "Dressman", ein Wort, das im Englischen nicht
existiert, oder an "Controlling", das mit Kontrolle wenig
zu tun hat - sprechen wir hier einfach vom Personal.
"Human resource management" läßt sich gut mit "strategisches Personalmanagement" übertragen.

Das strategische Personalmanagement verknüpft Personalplanung, Fortbildungsmaßnahmen und Formen der Personalführung
mit der strategischen und kulturellen Bestimmung des Unternehmens.

Ausgang für alle strategischen Überlegungen sind Markt und
Wettbewerb sowie die daraus abzuleitenden Möglichkeiten,
haltbare Wettbewerbsvorteile aufzudecken und zu sichern.
Überdies beeinflussen Wertvorstellungen, Arbeitsweisen und

---

1) Vgl. Laukamm/Walsh in "Management im Zeitalter der
   Strategischen Führung" (1985) Seite 79.

Führungsstile, die die Persönlichkeit des eigenen Unternehmens prägen, den strategischen Spielraum.

Bei der Umsetzung von Strategien - aber auch schon bei der
Strategiebestimmung - hat das Personal und vor allem das
Management einen wichtigen Einfluß auf die Chancen und
Grenzen strategischer Vorhaben. Es wird oft übersehen, daß
Management selbst zu einem Wettbewerbsvorteil werden kann.

Dadurch wächst der Personalabteilung eine essentielle Aufgabe zu. Sie wird diese Herausforderung aufgreifen müssen.
Personalarbeit kann nicht mehr als bloß nachgeordnete Planung verstanden werden, sondern hat sich als Teil des
strategischen Managements zu etablieren. Ihr Beitrag ist
das Erkennen, das Konkretisieren und das Bereitstellen der
zukünftig erforderlichen Personalressourcen.

Hierzu stehen mehrere erprobte Instrumente und Verfahren
zur Verfügung:

- In der Personalplanung können Zielfähigkeiten aufgrund
  der für das Unternehmen kritischen Erfolgsfaktoren sowie
  der Interdependenzen zwischen den verschiedenen strategischen Geschäftsfeldplänen abgeleitet werden.

- In der Personalentwicklung müssen Fortbildungsmaßnahmen
  zur Konkretisierung dieser Zielfähigkeiten an der kulturellen Bestimmung und der strategischen Zielsetzung des
  Unternehmens ausgerichtet werden.

254

- In der Personalpolitik verfügt man über Instrumente des
Personalportfolios, Verfahren zur Potentialerfassung für
Führungsnachwuchs. Für eine bessere Anpassung an die
strukturellen Notwendigkeiten kann das Outplacement
einen wertvollen Beitrag leisten. Diese Instrumente müssen aber einen strategischen Bezug haben, das heißt, sie
werden eingesetzt im Rahmen eines ganzheitlichen Strate-
giekonzeptes, als Hilfsmittel zur Erreichung bestimmter
Wettbewerbsvorteile.

Der Sinn der strategischen Führung ist letztlich in der
Sicherung zukünftiger Gewinne zu sehen. Wenn das strategische Personalmanagement dazu beitragen soll - und dies ist
schließlich dessen Sinn - so muß sein Nutzen transparent,
das heißt, quantifizierbar sein. Im Personalbereich stehen
dem Strategen schon genügend Werkzeuge zur Verfügung.

Strategisches Personalmanagement stellt einen wesentlichen
Bestandteil der strategischen Führung dar. Es bedarf aber
einer konsequenten Anpassung des herkömmlichen Personalwesens.

2. DAS PERSONALWESEN IM STRATEGISCHEN ZUSAMMENHANG

In den meisten Unternehmen hat die Personalabteilung noch
wenig mit dem Strategieprozeß zu tun. Häufig wird der Per-

sonalleiter erst in die Überlegungen hineinbezogen, wenn
die strategische Zielrichtung bereits erarbeitet worden
ist. Seine Aufgabe ist es dann, die notwendigen Personalressourcen herzuzaubern. Viele Personalleiter haben als
Folge darunter zu leiden, daß sie nicht zaubern können.

Das Problem beginnt mit dem allgemeinen Mißverständnis,
daß Strategieimplementierung der Strategiebestimmung
folgt. In Wirklichkeit beginnt die Implementierung schon
mit dem ersten Handschlag der Strategie. Die Basis für zukünftige Wettbewerbsvorteile ist wohl, was das Unternehmen bereits kann. Und diese Leistungen, diese Ressourcen
sind auf neue Ziele auszurichten. Dies ist kein
"Einführungsschritt", sondern ein Prozeß. Erst mit diesem
Prozeß wird es möglich, die Grenzen der vorhandenen
Ressourcen zu erkennen und die notwendigen Fähigkeiten und
Leistungen wirksam auszubauen.

Das strategische Personalmanagement ist dennoch die Abstimmung aller Maßnahmen, die die strategisch wichtigen
Fähigkeiten im Unternehmen personell darstellen. Hierzu
müssen verschiedene Felder des Managements zusammenwirken.
Das umfaßt die Bereiche der Personalpolitik, der Führung
und Kooperation, der Organisation sowie der Know-how-
Logistik.

Die Schritte in diesem Prozeß werden in der Abbildung 1
gezeigt.

Abbildung 1: **STRATEGISCHES PERSONALMANAGEMENT**

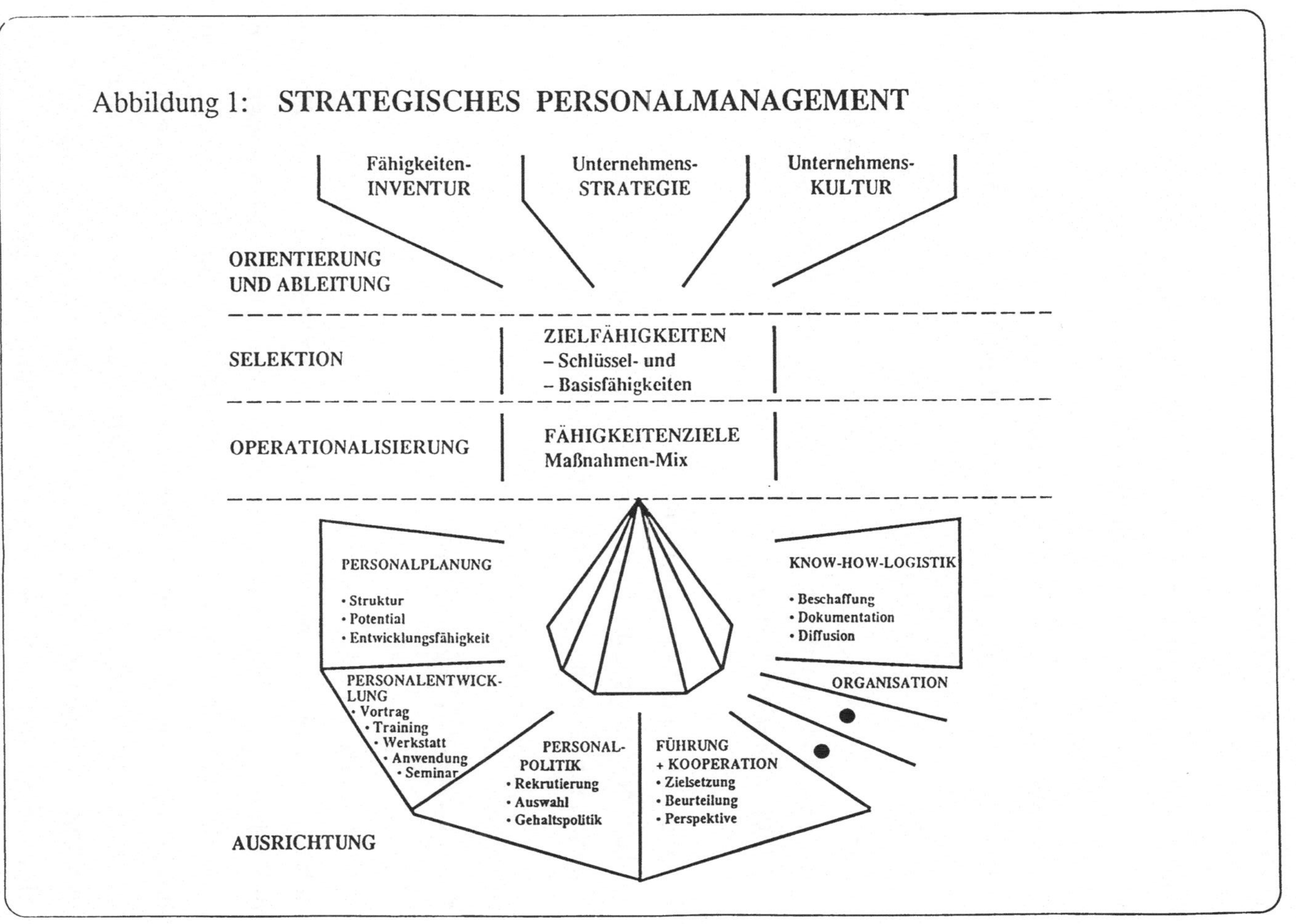

Fähigkeiten erfassen

Die für das Unternehmen kritischen Fähigkeiten sind zu
erfassen, indem drei Fragen beantwortet werden:

- Welchen Stand haben die Fähigkeiten des Unternehmens
  relativ zum Wettbewerb und den bestehenden Zielen?
  (Fähigkeiteninventur)

- Auf welche Vorteile im Wettbewerb zielt die jeweilige Geschäftseinheit und das Unternehmen als Ganzes?
  (Unternehmensstrategie)

- Welche Grundüberzeugungen und Wertschätzungen hinsichtlich des Wegs zum Unternehmenserfolg gelten nach außen
  und nach innen? (Unternehmenskultur)

Fähigkeiten selektieren

Die Strategien der Geschäftseinheiten, Sparten und Unter-
nehmensfunktionen müssen Ziele beinhalten, die den Aufbau
der wichtigen Fähigkeiten beschreiben. Die relevanten Per-
sonalaktivitäten ergeben sich nicht aus der Differenz von
heute vorhandenen und heute wünschenswerten Fähigkeiten,
sondern beziehen sich auf den Unterschied zwischen den für
den Unternehmenserfolg zukünftig notwendigen Fähigkeiten
einerseits und den bei Fortschreibung der gegebenen Maßnahmen prognostizierbaren Fähigkeiten andererseits.

258

Operationalisierung

Die festgelegten strategischen Unternehmensziele werden
auf relevante Gruppen und Personen bezogen und mit entsprechenden Personalentwicklungsmaßnahmen verbunden. Das
Mix dieser Maßnahmen wird für alle Managementfelder festgelegt.

Ausrichtung

Die Maßnahmen der verschiedenen Managementfelder werden
aufeinander abgestimmt, um die strategisch wichtigen
Fähigkeiten zu fördern.

Personalbeschaffung, Potentialerhebung, Leistungsbeurteilung, Stellenausrichtung können so im Verbund die strategisch wirksamen Unternehmensfähigkeiten realisieren. Die
Personalentwicklung wird in den Schwerpunkten dabei als
Teil des strategischen Personalmanagements ausgerichtet.

3. ERMITTLUNG DER PERSONALANFORDERUNGEN

Das strategische Personalmanagement setzt eine bestimmte
Einstellung voraus, nämlich ein Verständnis für die stra-
tegischen Anforderungen des Geschäftes, gekoppelt mit der
Erkenntnis, daß die Personalfunktion einen wesentlichen
Beitrag zum Geschäftserfolg leisten soll. Leider bedeutet

Personalarbeit heute allzuoft bloß Personalverwaltung. Die
unternehmerische Komponente fehlt. Dies ist nicht nur
darauf zurückzuführen, daß das Personalwesen im Vorfeld
der Strategiebestimmung meist nicht dazugezogen wird.
Hinzu kommt, daß Personalleiter ihre Rolle eher in der
Personalverwaltung sehen.

Jüngste Erfahrungen zeigen jedoch, daß der Trend in Richtung strategieorientierter Personalarbeit geht. Eine neue
Generation von Personalleitern will ihr Wissen und ihre
Erfahrungen in den Prozeß der strategischen Führung gel-
tend machen. Das neue Selbstbewußtsein basiert auf der
Erkenntnis, daß qualifizierte Beiträge der Personalfunktion die Entscheidungsbasis der Geschäftsführung erheblich
verbessern können.

Der Ausgang für alle strategischen Überlegungen sind Markt
und Wettbewerb (Abbildung 2).

Markt und Wettbewerb sowie vorhandene Ressourcen und Unternehmenskultur bestimmen den Spielraum für den Ausbau
von Wettbewerbsvorteilen. Wäre diese einfache Tatsache in
der Vergangenheit nicht so häufig übersehen worden, so
wäre sie eine Binsenweisheit. Übersehen werden auch der
kontinuierliche Wandel und die dadurch veränderten Anforderungen an die Mitarbeiter.

In den Finanzdienstleistungen erkennt man einen starken
Trend in Richtung Spezialisierung, aber auch Standardi-
sierung von hochwertigen Leistungen. Dies hat Konsequen-

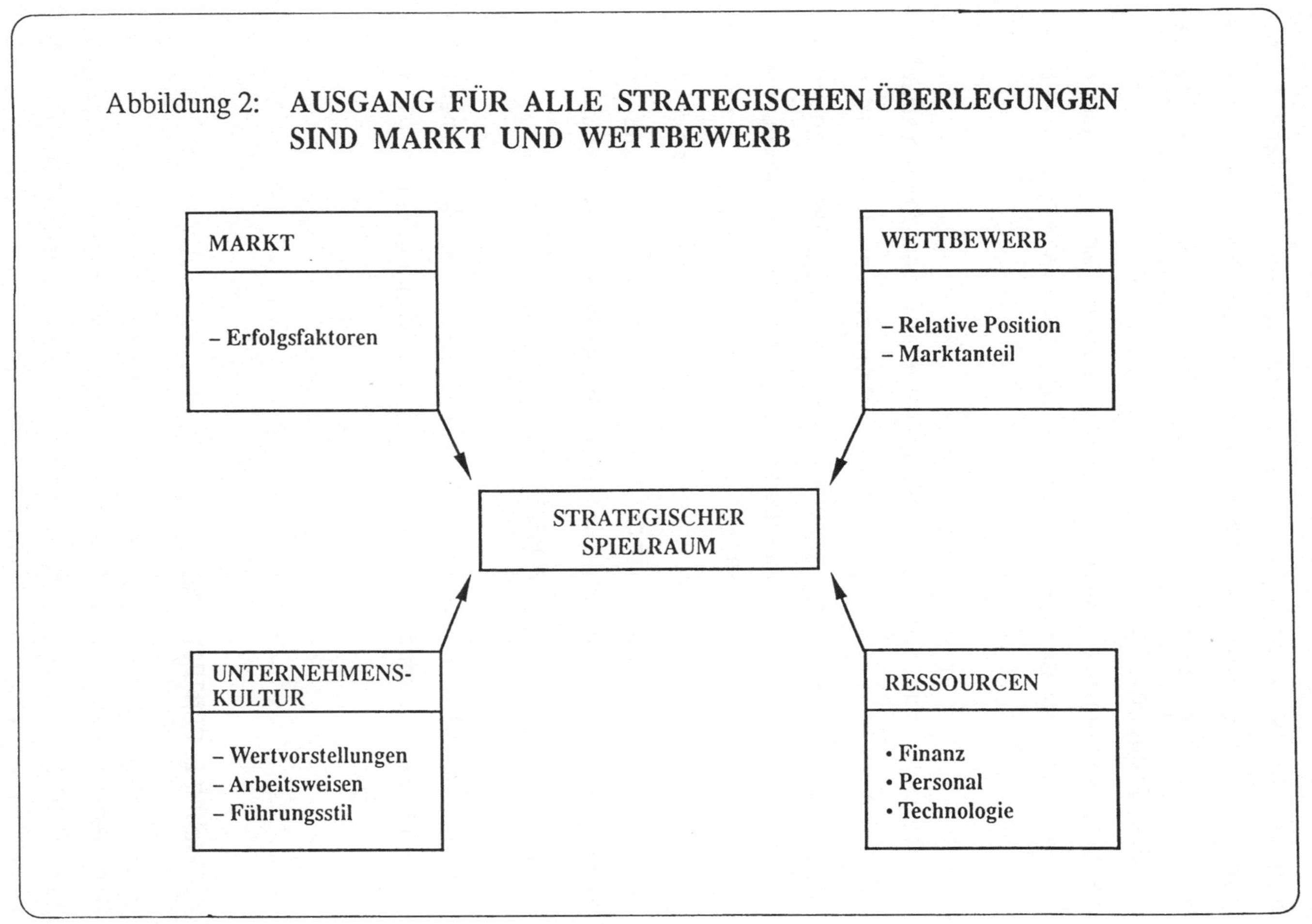

Abbildung 2: AUSGANG FÜR ALLE STRATEGISCHEN ÜBERLEGUNGEN SIND MARKT UND WETTBEWERB

zen, nicht nur für Vertrieb und Abwicklung, sondern auch
für das erforderliche Mitarbeiterprofil. Gute Leasingver-
käufer werden eher Branchenspezialisten (für die zu bedie-
nenden Branchen) als Leasing-Spezialisten. Diese sind
selbstverständlich auch notwendig, aber nur in Zusammenarbeit mit dem Branchenspezialisten tragen sie zum erhöh-
ten Geschäftserfolg bei.

Wettbewerb bedeutet auch Wettbewerb auf dem Arbeitsmarkt.
Welche Vorteile hat das eigene Unternehmen in dieser Hinsicht? Welche können aufgebaut werden? Die Bedeutung dieser Überlegung wird unterstrichen, wenn man bedenkt, wie
oft behauptet wird, daß gute Mitarbeiter schwer zu finden
sind. Dann ist erst recht Kreativität hinsichtlich eines
entsprechenden Personalmarketings gefragt. Denn das Problem gilt für alle, nur, einige Unternehmen verstehen es
besser, das Mitarbeiterpotential zu fördern.

Darum: Das strategische Denken im Sinne vom Management der
eigenen Wettbewerbsvorteile muß auch von Personalleitern
beherrscht werden.

4. PERSONAL-CONTROLLING

Die Bereitstellung und Sicherung des Mitarbeiterpotentials
ist eine Kernaufgabe der strategischen Personalarbeit. Dem
Personal-Controlling fällt in diesem Zusammenhang die
wichtige Funktion des frühzeitigen Aufzeigens möglicher
personeller Engpässe sowie deren Auswirkungen für die Rea-

lisierung der einzelnen strategischen Bereichspläne zu.

Auch hier sei nochmals bemerkt, daß Personal-Controlling
sehr wenig mit "Kontrolle", aber sehr viel mit "Steuerung"
zu tun hat.

Ein Schwerpunkt bei der Entwicklung von Personal-Controlling muß in der Verbesserung der Aussagekraft der personalwirtschaftlichen Kennzahlen und Indikatoren liegen. Die
im Personalbereich dominierenden "weichen" Kenn- und Ziel-
größen sind in ihrer Aussagekraft anderen "harten" ökonomischen Kennziffern unterlegen.

Bei der Realisierung einer Personal-Controlling-Konzeption
sind insbesondere solche Instrumente zu entwickeln, die
die betriebswirtschaftliche Bedeutung des Personalwesens
erfassen. Ansatzpunkte sind unter anderem in folgenden
personalwirtschaftlichen Instrumenten erkennbar:

- Budgetierung und Kostenrechung der Personalarbeit
  (Personalabteilung als Kostenstelle)
- Personalstatistik
- personalwirtschaftliche Kenngrößen und Indikatoren
  (z.B. Fluktuations- und Absenzrate)
- Mitarbeiterbeurteilung
  (Potentialanalysen, Personal-Portfolio)
- Wertschöpfungskette der Personalarbeit.

Mit Hilfe eines solchen strategieorientierten Personal-
Controllings ist Personalplanung nicht mehr nur eine aus

der Unternehmensstrategie abgeleitete Detailplanung, sondern selbst eine ihrer wichtigsten Bestandteile.

Aufgaben des Personal-Controllings

Der Begriff Personal-Controlling ist noch nicht eindeutig
definiert worden. Im Zusammenhang des strategischen Personal-Managements werden in der Hauptsache folgende Aufgaben
verstanden:

- Die Einbindung des Personal-Managements in die strategische Unternehmensführung

- Eine systematische Betrachtung, Analyse und Bewertung
  von Ereignissen und Trends auf Arbeitsmärkten

- Die Erfolgskontrolle von Personalmarketingmaßnahmen

- Das Aufdecken der Stärken und Schwächen des vorhandenen
  Mitarbeiterpotentials

- Die Bewertung vorhandener sowie die Planung und Einführung neuer Personalstrategien

- Die Reorganisation der Personalfunktion als Service-
  Zentrum

- Die Überprüfung der strategischen Ausrichtung von
  personalwirtschaftlichen Teilfunktionen

- Eine Zusammenarbeit mit dem Finanz-Controlling (z.B.
  Kennzahlenentwicklung)

- Der Einsatz der Kosten-Nutzen-Analyse zur Bewertung und
  Auswahl alternativer Personalsysteme.

Die Notwendigkeit des Personal-Controllings

Eine Untersuchung der Forschungsstelle für Personalmanagement in der Hochschule St. Gallen[1] zeigte unter anderem
(Abbildung 3), daß eine Beurteilung des Erfolgs von gängi-
gen personalwirtschaftlichen Instrumenten in den befragten
Unternehmen überwiegend als nicht möglich gesehen wurde.
Grund genug, um die Disziplin des Personal-Controllings
weiterzuentwickeln, denn ohne eine Erfolgsbeurteilung kann
die Notwendigkeit von vielen Personalmaßnahmen in Frage
gestellt werden.

Gleichzeitig werden die Unternehmen von Problemen konfrontiert, deren Lösung schließlich bessere Instrumente erfordert. Personal-Controlling kann
- steigende Personalkosten verhindern und vermutete
  Leistungsreserven heben
- eine Gefährdung des Mitarbeiterpotentials durch unkoor-
  dinierte und unkontrollierte Sparmaßnahmen vermeiden

---

1) "Personalwirtschaft" 4/88, Seiten 177 - 182

Abbildung 3: Entwicklungstand ausgewählter personalwirtschaftlicher Instrumente

	Nicht vorhanden	Wird diskutiert	Wird eingeführt	Systematisch eingesetzt	Erfolgsbeurteilung möglich
o Mitarbeiterbesprechungen	4 %	6 %	15 %	68 %	7 %
o Leistungsbeurteilung	10 %	5 %	11 %	50 %	24 %
o Assessment-Methoden	53 %	10 %	15 %	18 %	4 %
o Individuelle Entwicklungsplanung	14 %	25 %	27 %	29 %	5 %
o Personalbedarfsplanung	6 %	14 %	16 %	40 %	24 %
o Potentialbeurteilung	17 %	26 %	26 %	25 %	6 %
o Personal-Portfolio	55 %	19 %	13 %	10 %	3 %

Quelle: FPM Hochschule St. Gallen

- die steigende Bedeutung des strategischen Controllings
  dem Personalbereich zugute kommen lassen
- das unternehmerische Denken in der Personalarbeit stär-
  . ken
- das strategische Denken im Personalbereich insgesamt
  entwickeln.

Es mag sein, daß Personal-Controlling zwar als Fach
relatives Neuland ist, aber die Instrumente brauchen nicht
neu erfunden zu werden. Es gibt herkömmliche Instrumente
(z.B. zur Leistungsbeurteilung), die ausbaufähig sind, und
bekannte Instrumente (z.B. Personal-Portfolio), die opti-
miert werden können. Einige neue Instrumente (z.B. Wert-
schöpfungsanalysen in der Personalarbeit) runden den Werk-
zeugbestand ab, aber sie sind eher zusätzliche Hilfsmittel. Wesentlich für das strategische Personalmanagement
ist die Erkenntnis, daß der Versuch einer Quantifizierung
genausowenig unumgänglich ist wie in der Entwicklung von
Unternehmensstrategien.

5. INSTRUMENTE DES STRATEGISCHEN PERSONALMANAGEMENTS

Ohne einen strategischen Bezug sind die Instrumente des
Personalwesens nichts anderes als dumme Werkzeuge. Leider
wird häufig an Schrauben gedreht, ohne daß man weiß, welche Funktion diese haben sollen. Denn die Arbeit mit dem
Schraubenzieher ist an sich eine schöne. Noch schöner ist
die Arbeit am Schraubenzieher selbst. Das einfache Werk-

zeug wird weiterentwickelt, ohne dessen Anwendungsmöglichkeiten zu überprüfen oder zu erweitern. Im Personalwesen
wird diese Entwicklungstätigkeit als Aufgabe für Intellek-
tuelle gesehen, vor allem für diejenigen, die auch mit
Computern umgehen können. Ergebnis ist der EDV-unterstütz-
te Schraubenzieher, aber zu welchem Zweck?

Abbildung 4 erinnert daran, daß die Instrumente des Personalwesens Hilfsmittel in der personalbezogenen Aufgabe
der Unternehmensstrategie sind. Lassen wir uns auch nicht
vergessen, daß Strategie mit angestrebten Vorteilen im
Markt und Wettbewerb zu tun hat. Diese Vorteile müssen dem
Personalleiter klar sein, denn sie beeinflussen seine
Ziele. Um diese Ziele zu erreichen, hat er eine Vielzahl
von Werkzeugen zur Verfügung.

Herkömmliche Instrumente

Vier Beispiele (Abbildung 5) zeigen, wie herkömmliche
Instrumente im strategischen Zusammenhang eingesetzt werden können.

Das Personalportfolio besteht meistens aus Daten wie
Altersgruppen, akademischen Qualifikationen, bisheriger
Erfahrung. Es beschreibt einen Aspekt der Gegenwart, aber
reicht für strategische Überlegungen nicht aus. Wichtiger
ist zu wissen, welche Art von Geschäft in welchen Märkten
(Wachstumsgeschäfte, reife Geschäfte?) betrieben werden.
Worauf wird es zukünftig in diesen Geschäften ankommen

Abbildung 4: **INSTRUMENTE DES PERSONALWESENS WERDEN STRATEGISCH EINGESETZT**

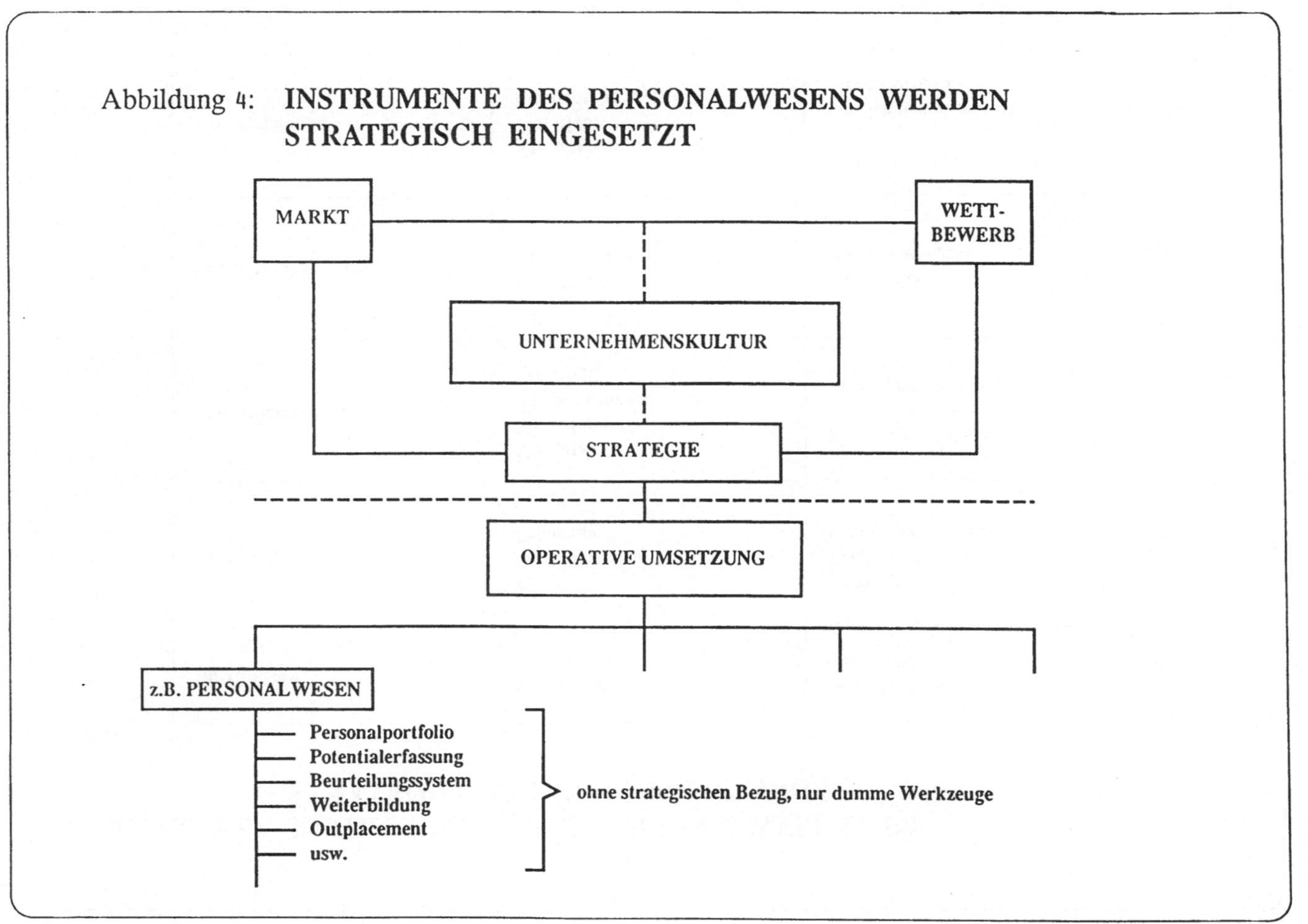

Abbildung 5: **INSTRUMENTE DES PERSONALWESENS IM STRATEGISCHEN ZUSAMMENHANG**

Instrumente	Übliche Kriterien – Beispiele –	Strategische Kriterien – Beispiele –
• Personalportfolio	Alter Qualifikationen Erfahrung	Geschäftstyp Erfolgsfaktoren (heute und zukünftig)
• Potentialerfassung	Verhalten Einstellung Vergangenheitsbezogene Leistung	Stellenbeschreibung bezogen auf zukünftige Marktanforderungen
• Beurteilungssystem	einheitlich hierarchie-bezogen	differenziert strategiebezogen
• Weiterbildung	Kennzahlen Tradition Inhaltsbezogen	abzuleiten von Unternehmens- zielen jährlich neu überprüft prozeßbezogen

(Erfolgsfaktoren)? Haben wir die notwendigen Mitarbeiter-
fähigkeiten?

Potentialerfassungssysteme sind bereits so ausgereift, daß
sie die Genies unter dem Nachwuchs aufdecken können. In
den meisten Unternehmen sind das aber wenige. Man fragt
sich, ob dazu der Aufwand gerechtfertigt ist. Auch sind
die Meßlatten so ausgelegt, daß gute Führungskräfte
schlecht abschneiden können: Sie werden nämlich mit
idealen Führungskräften verglichen, die es per Definition
nicht gibt (zum Beispiel, nach einem Bewertungsschema
müßte man sowohl risikofreudig als auch kostenbewußt
sein). Ansonsten wird Verhalten ("Teamfähigkeit", "Koope-
rationsfähigkeit", "Durchsetzungsvermögen" etc.) pauschal,
aber mit teilweise widersprüchlichen Kriterien gemessen.
Vor allem wird auf die vergangenheitsbezogene Leistung ein
Übermaß an Wert gelegt: Die Institutionalisierung des
Peter-Prinzips?

Selbstverständlich sind die üblichen Kriterien wichtig.
Doch wichtiger sind zukunftsbezogene strategische
Kriterien. Welche Stellen sind in zwei, fünf, zehn Jahren
zu besetzen? Welche Anforderungen wird der Markt an diese
Aufgaben stellen? Was muß der Stelleninhaber gut können,
um seine Aufgaben zu erfüllen? Nach solchen Gesichtspunkten wird es sich manchmal herausstellen, daß Kooperations-
fähigkeit bzw. Unternehmergeist und dergleichen sogar negative Merkmale sein können!

Auch **Beurteilungssysteme** sind selten differenziert genug, um verschiedenen Anforderungen aus den strategischen Zielen gerecht zu werden. Einheitliche Kriterien und Leistungsmaßstäbe, unterschiedliche Kriterien nach Hierarchiestufe, nicht nach dem strategiebezogenen Beitrag sind übliche Schwachpunkte.

Die **Weiterbildung** ist ein Problem für sich. Unternehmen prahlen mit ihren Ausgaben für die Personalentwicklung. Man sieht diese Ausgaben fast als Teil der Sozialleistung. Aus- und Weiterbildung gehören doch zu unserer Tradition im Unternehmen. Oder schlimmer, die Lerninhalte werden hauptsächlich auf ihre Aktualität, aber weniger auf ihre Relevanz hin überprüft. Man muß also gewisse Kurse belegt haben, um weiterzukommen. Personalentwicklung als Lehre für ältere Azubis? So ist es leicht, Bildungsbudgets zu streichen, wenn es dem Unternehmen einmal schlechter geht, denn Bildungskosten sind doch gleich Sozialkosten, die eingespart werden können. [1]

Mit diesen und anderen herkömmlichen Instrumenten des Personalwesens könnte für die strategische Ausrichtung des Unternehmens viel mehr erreicht werden. Die Grundeinstellung zum Personalmanagement muß aber einem strategisch-unternehmerischen Selbstverständnis dienen. Personalverwaltung ist ein Nebenthema dazu, nicht die Hauptüberschrift.

---

1) Für einen quantitativen Ansatz zur Wirtschaftlichkeitsberechnung von Bildungsmaßnahmen siehe Hirzel "Beurteilung des Lerntransfers betrieblicher Bildungsmaßnahmen" in "Personalwirtschaft" 4/85, Seiten 136 -141

**Beispiele für den strategischen Einsatz von Personal-
instrumenten**

Ein High-Tech-Unternehmen hatte eine Flüssigmetallpumpe
für Gießereien entwickelt. Diese Pumpe sollte den Mitarbeiter mit dem Schöpflöffel ersetzen, denn sie arbeitete
genau, vierundzwanzig Stunden am Tag und ging nicht in
Urlaub. Es galt, eine Strategie für das Geschäft zu erarbeiten.

Eine Marktanalyse zeigte vier wesentliche Erfolgsfaktoren (siehe Abbildung 6):

- Wirtschaftlichkeit (das Kosten-Nutzen-Verhältnis war
  zu überlegen)

- Zuverlässigkeit (bewiesen anhand von Referenzanlagen,
  die bereits entsprechend lang im Betrieb waren)

- Beratungs- und Planungsleistungen (denn die Hardware
  allein war kein Geschäft)

- Ein Systemangebot (das mehr als nur die Pumpe beinhal-
  tete).

Eine Wettbewerbsanalyse zeigte, daß das Unternehmen über
eine nur mittelmäßige Wettbewerbsposition verfügte. Besonders schwach war es in der Fähigkeit, Wirtschaftlichkeit nachzuweisen und in einem unzureichenden Systemangebot.

Abbildung 6: **PERSONALMASSNAHMEN SIND NACH MARKT UND KONKURRENZ AUSZURICHTEN**
– Beispiel: Gießereiautomatisierung –

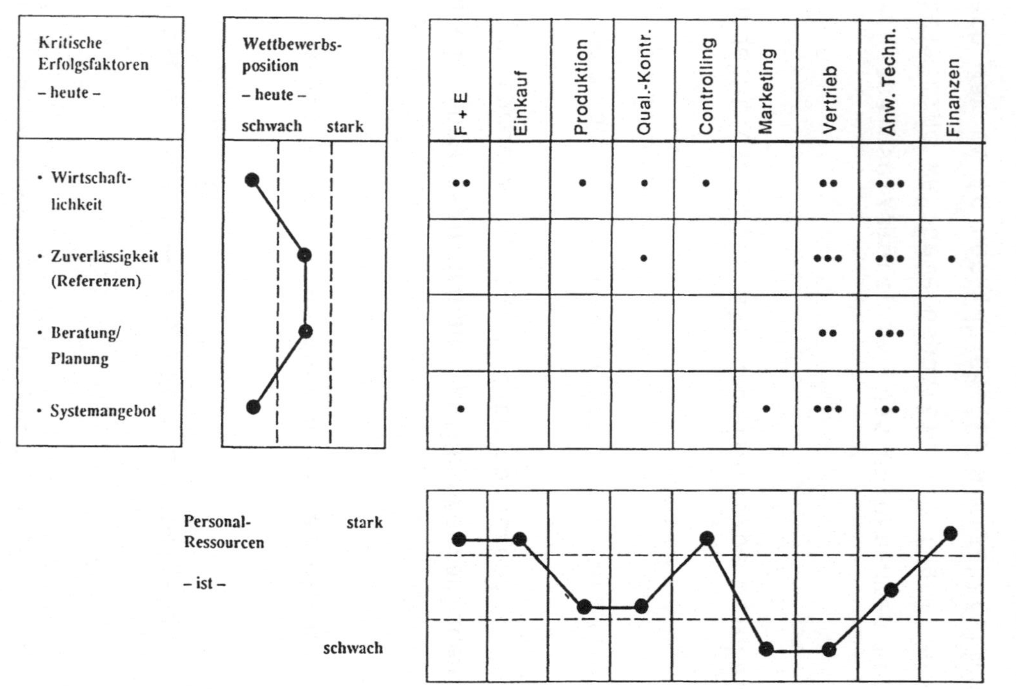

Die Fragen für die Personalabteilung waren: Welche Mitar-
beitergruppen in welchen Abteilungen haben am meisten Einfluß auf die Fähigkeiten, die notwendig sind, um die Erfolgsfaktoren zu erfüllen, und wie steht das eigene Unternehmen in bezug auf die relevanten Personalressourcen im
Vergleich zum Wettbewerb da?

Schnell wurde es deutlich, daß die Fähigkeiten im Vertrieb
und in der Anwendungstechnik verbesserungsbedürftig waren.
Dagegen waren die Stärken in der Forschung und Entwicklung, im Einkauf und im Controlling weitgehend irrelevant
(für dieses Geschäft). Im nachhinein waren die Gründe
leicht zu finden. Das High-Tech-Unternehmen sah seine
Stärken im Entwicklungsbereich: Die Entwickler waren la
crème de la crème. Durch die Einbindung in einen Großkon-
zern hatten die Funktionen Einkauf und Controlling traditionell einen hohen Stellenwert und wurden durch gute Führungskräfte besetzt.

Vertrieb und Anwendungstechnik wurden aber wiederum als
Nebentätigkeiten betrachtet. So funktionierte der Vertrieb
als verlängerte Werkbank der Entwicklung. Anwendungstechnik konzentrierte sich eher auf die eigenen Produkte als
auf deren Einsatz als Problemlösung in einer Kundensitua-
tion.

Die Aufgaben für die Personalabteilung wurden also klar.
Zum Beispiel:

- Für den Vertrieb mußten Mitarbeiter ausgebildet bzw.
  eingestellt werden, die die Sprache, Technik und Arbeitsweisen der Gießereien verstanden. Bisher waren
  Spezialisten der Flüssigmetalltechnik im Vertrieb tätig.

- Der Stellenwert von Vertrieb und Anwendungstechnik war
  durch geeignete Personalmaßnahmen zu erhöhen.

- Die überproportional guten Karrierechancen in F+E, Einkauf und Controlling waren in bezug auf die zukünftigen
  Anforderungen des Geschäftes zu überprüfen.

Hierzu sei aber erwähnt, daß das Unternehmen ein diversi-
fiziertes Geschäftsportfolio hatte. Die Anforderungen -
auch die personellen - an die Geschäfte waren unterschiedlich. So waren die Interdependenzen der strategischen
Geschäftsfeldpläne zu untersuchen, bevor man eine Personalstrategie für das Gesamtunternehmen beschließen konnte.
Aber der Fall hat schon eindeutig bewiesen, daß das strategische Personalmanagement einen wichtigen Beitrag zu der
Erreichung von Geschäftszielen leisten konnte.

Ein weiteres Beispiel entstand aus einer Studie mit dem
Ziel, Weiterbildungsmaßnahmen effizient zu gestalten. Denn
deren Kosten waren ständig gestiegen zu einer Zeit, als
das Unternehmen in Schwierigkeiten geraten war.

Sehr schnell ließen sich die Bildungskosten zusammenad-
dieren: externe und interne Trainer, Fehlzeiten, Reise-

und Übernachtungskosten usw. Angesichts der schlechten
wirtschaftlichen Lage des Unternehmens war stillschweigend davon ausgegangen, daß Ersparnisse unvermeidlich
waren. Die einzige Frage war in welcher Höhe. Denn bei
einer Budgetkürzung von etwa 40 % - was eine schnelle
Wirkung auf die Cash-flow gehabt hätte - blieb doch etwas
Unbehagen, daß vielleicht auch mit einem großen Schaden
für die Zukunft des Unternehmens als Folge zu rechnen war.

Hier wurde das Fehldenken klar, man hatte das Ziel von
Personalentwicklungsmaßnahmen aus den Augen verloren, nämlich das Personal für neue Aufgaben besser vorzubereiten
bzw. für bestehende Aufgaben besser auszurüsten. Die Aufgaben, um die es hier in erster Linie geht, lassen sich
aus den Geschäftszielen des Unternehmens ableiten. Und so
wurde die Frage umformuliert. Nicht "Wieviel sollen wir
ausgeben (können wir streichen)?", sondern "Wie wirksam
sind unsere Personalentwicklungsmaßnahmen und wo können
wir effizienter werden?". Denn bei Bildungsmaßnahmen geht
es ja nicht nur darum, daß die Teilnehmer etwas gelernt
haben, sondern darum, daß ihr Können auch bei der praktischen Arbeit Anwendung findet. Es kommt also schließlich auf die Transferwirksamkeit von solchen Maßnahmen an.

Diese Transferwirksamkeit wurde anhand einer Wertschöpfungskette untersucht. Es stellten sich fünf Wertschöpfungsstufen heraus (siehe Abbildung 7):

1. Die Zielsetzungsphase, in der die langfristigen Perso-
    nalentwicklungsziele in bezug auf die Unternehmensstra-

ABBILDUNG 7:

DIE PERSONALARBEIT HAT IHRE EIGENE WERTSCHÖPFUNGSKETTE

– BEISPIEL WEITERBILDUNGSMAßNAHMEN –

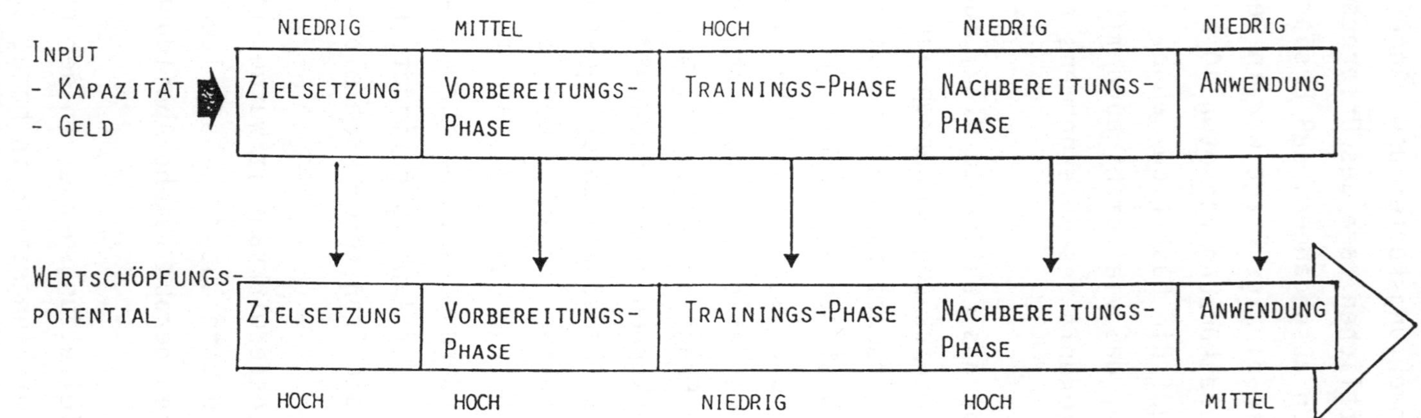

tegie abgestimmt werden. Die Ressourcen (Zeit und
Geld), die in diese Phase investiert wurden, waren
gering, das Wertschöpfungspotential (im Sinne von genau
abgestimmten relevanten Maßnahmen) war dagegen hoch.

2. **Die Vorbereitungsphase,** in der Lernkriterien und Trans-
ferziele durch Vorgesetzte, Teilnehmer und Trainer
genau festgelegt werden, so daß ein transparenter Nutz-
wertvergleich von Bildungsmaßnahmen erstellt werden
kann. Auch hier wurde bei hohem Wertschöpfungspotential
wenig investiert.

3. **Die Trainingsphase,** in der die Maßnahmen durchgeführt
werden. Eine zusätzliche Wertschöpfung ist meistens in
dieser Phase nicht mehr zu erreichen. Hierin stecken
aber die höchsten Personalentwicklungskosten.

4. **Die Nachbereitungsphase,** in der nach dem Seminar, dem
Training, der Klausur die Lern- und Transferzielbeur-
teilung durch Vorgesetzte, Teilnehmer und Personalabteilung erfolgt. Selten kommt es vor, daß alle Teilnehmer so zur Rechenschaft gezogen werden und deshalb gehen Erkenntnisse zu der Wirksamkeit von Bildungsmaßnahmen sowie Erfahrungen verloren, die in die Gestaltung
von zukünftigen Maßnahmen einfließen könnten.

5. **Die Anwendungsphase** zeigt schließlich den Nutzen von
Bildungsmaßnahmen in der alltäglichen, praktischen Arbeit. Ob die erwünschte Verbesserung erreicht wurde,
hat man in diesem Unternehmen nicht ausreichend unter-

sucht. Die Kriterien dazu fehlten, denn diese wurden
vor der Durchführung der Maßnahmen nur vage festgelegt.

Die Analyse der Wertschöpfungsstufen gab dem Unternehmen
viele Anregungen für eine verbesserte Effizienz in der
Personalentwicklung. Neben dieser höheren Effizienz konnte man auch tatsächlich sehr viele Kosten in der Trainingsphase einsparen.

Schließlich zeigt Abbildung 8, wie das Konzept der Wertschöpfung für die gesamten Tätigkeiten der Personalabteilung eingesetzt werden kann.

Bei der Entwicklung einer Personalstrategie in einer
Regionalbank wurde anhand der entsprechenden Analysen
festgestellt, daß die größten Investitionen an Kapazität
und Geld kaum mehr zu der Wertschöpfung in der Personalarbeit beitragen konnten. Dafür wurden Personalplanung,
Personalmarketing und Personalbeschaffung vernachlässigt.
Man hatte sich auf seine traditionellen Tätigkeiten (Verwaltung, Aus- und Weiterbildung, allgemeine Personalpro-
bleme) weiterhin konzentriert. Ergebnis war eine unzurei-
chende Unterstützung der Bankstrategie durch die Personalabteilung.

Um die Ressourcen für wichtige Aufgaben zu befreien,
wurden einige notwendige Maßnahmen schnell deutlich, zum
Beispiel:

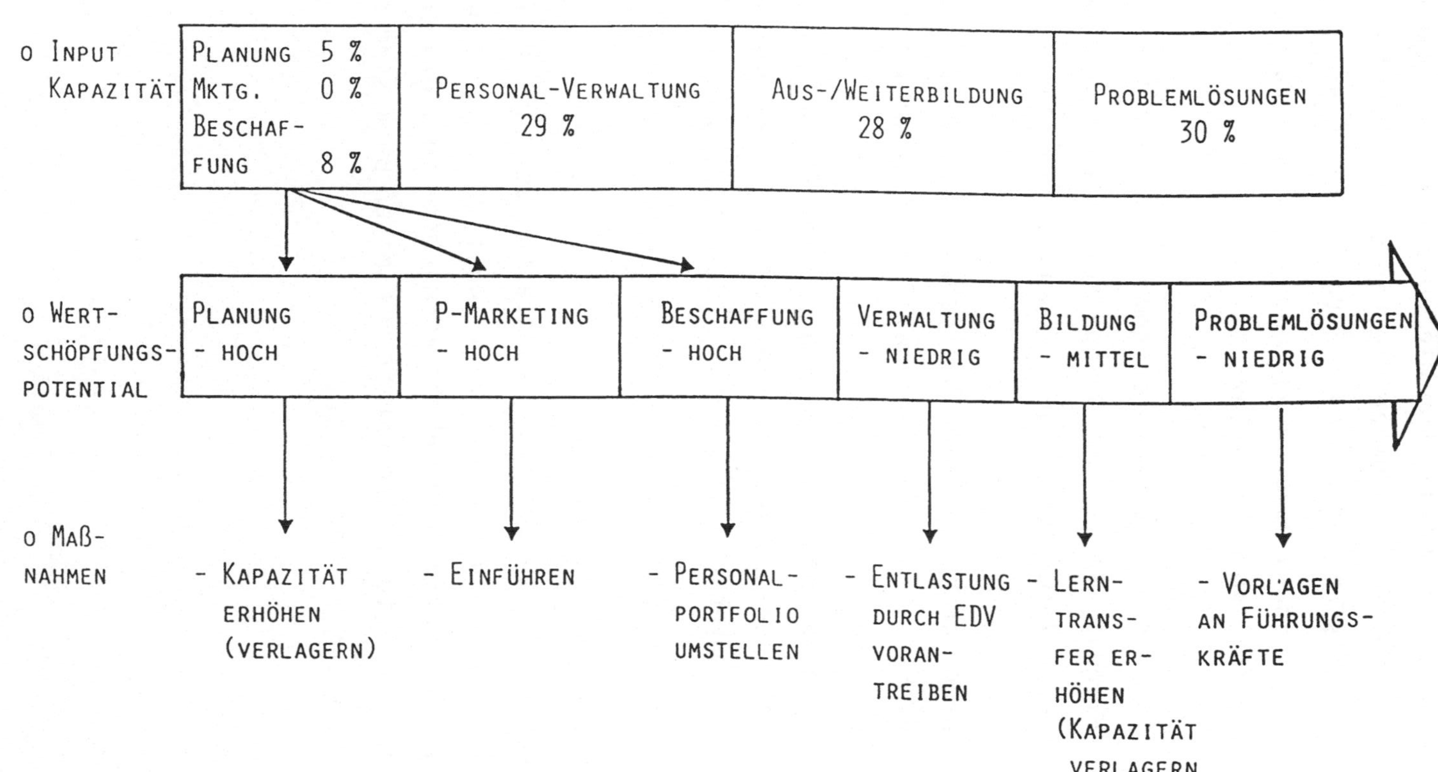

ABBILDUNG 8: DIE WERTSCHÖPFUNGSKETTE DER PERSONALABTEILUNG
- BEISPIEL REGIONALBANK -
o INPUT KAPAZITÄT
PLANUNG 5 %
MKTG. 0 %
BESCHAF- FUNG 8 %
PERSONAL-VERWALTUNG 29 %
AUS-/WEITERBILDUNG 28 %
PROBLEMLÖSUNGEN 30 %
o WERTSCHÖPFUNGSPOTENTIAL
PLANUNG - HOCH
P-MARKETING - HOCH
BESCHAFFUNG - HOCH
VERWALTUNG - NIEDRIG
BILDUNG - MITTEL
PROBLEMLÖSUNGEN - NIEDRIG
o MASSNAHMEN
- KAPAZITÄT ERHÖHEN (VERLAGERN)
- EINFÜHREN
- PERSONAL-PORTFOLIO UMSTELLEN
- ENTLASTUNG DURCH EDV VORANTREIBEN
- LERNTRANSFER ERHÖHEN (KAPAZITÄT VERLAGERN
- VORLAGEN AN FÜHRUNGSKRÄFTE

- Die Verantwortung für die Lösung von alltäglichen Perso-
  nalproblemen wurde an die Linie zurückverlagert. Die Geschäftsführung machte den Vorgesetzten die Grenzen zwischen Führungsverantwortungen und Verantwortungen der
  Personalabteilung klar.

- Der Personalleiter übernahm die wichtigsten Funktionen,
  Planung, Marketing, Beschaffung, direkt. Dafür delegier-
  te er Verwaltungs- und "Feuerwehr"-Aktivitäten.

- Dabei erarbeitete er Möglichkeiten, auf Grund der neuen
  Bankstrategie das Personal-Portfolio umzustellen. Hierbei ging es in erster Linie darum, durch Standardisie-
  rung von Bankleistungen und deren Abwicklung die bisher
  sehr hohen allgemeinen Anforderungen an alle Mitarbeiter
  zu senken.

Durch den Einsatz eines relativ einfachen Instrumentes
(Wertschöpfungsanalyse) konnte man schnell den Engpaß in
der Personalabteilung beseitigen, um die personalstrate-
gisch wichtigen Maßnahmen voranzutreiben. Und in einem
Dienstleistungsunternehmen wie einer Bank sind diese nicht
von geringer Bedeutung.

6. DIE ZUKUNFT

Das strategische Personalmanagement wird zukünftig vier
wesentliche Merkmale aufzeigen:

o Die Personalarbeit wird professioneller. Zu dieser Pro-
  fessionalität gehört auch die Fähigkeit, betriebswirtschaftliche sowie unternehmensstrategische Zusammenhänge zu verstehen. Die Funktion von Personalleitern mit
  dieser Qualifikation wird aufgewertet.

o Die Quantifizierung der Personalarbeit im Sinne eines
  Personal-Controllings wird zur Hauptaufgabe im Unternehmen.

o Personalentwicklung wie strategische Planung wird weniger Stabs- als Linienfunktion. Die Personalabteilung
  wird die übergreifenden strategischen Maßnahmen der Personalpolitik gestalten.

o Die Personalabteilung wird zu einem Servicezentrum für
  das Unternehmen. Dabei wird sich die Frage immer wieder
  stellen, welche dieser Serviceleistungen kosteneffizien-
  ter durch Externe erbracht werden können.

Seit Jahren wird über die Zusammenhänge zwischen Strategie und Personalpolitik geredet. Getan wurde bisher wenig. Dieser Zustand ändert sich langsam, und in der Zukunft wird das strategische Personalmanagement rasch an Bedeutung gewinnen. Professionell ausgelegt, wird es zu einem wichtigen Erfolgsfaktor im Wettbewerb, denn diejenigen Unternehmen, die es beherrschen, werden über einen entscheidenden Wettbewerbsvorteil verfügen. Besonders in Europa, wo das Jahr 1992 gravierende Änderungen mit sich bringen wird, darf diese Chance nicht versäumt werden.

Management von Innovationen, Ventures und Diskontinuitäten

Von Dr. Jobst-Walter Dietz
Institut für Betriebswirtschaftliche Produktions- und Investitionsforschung,
Universität Göttingen
und Dr. Reinhold Roski
Betriebswirtschaftlicher Verlag Dr. Th. Gabler GmbH, Wiesbaden

1. Einleitung

Die Zahl der Veröffentlichungen[1] zum Bereich Innovation ist inzwischen
derart gestiegen, daß schon von einem Mode- oder Schlagwort gesprochen
wird.[2] Trotzdem hat z.B. die wissenschaftliche Tagung des Verbandes
der Hochschullehrer für Betriebswirtschaft 1986 in Mannheim gezeigt,[3]
daß noch eine Vielzahl von Problemen in diesem Themenbereich genauer
untersucht werden müssen, um anwendungsorientiert gesehen die Wettbewerbsfähigkeit einzelner Unternehmen und letztlich ganzer Länder auf-
rechterhalten zu können.[4] Die heutige turbulente Umwelt wie auch die
Entwicklung von Innovationen selbst ist dabei immer mehr durch Diskontinuitäten gekennzeichnet. Das Mangement nicht nur in Großunternehmungen und nicht nur im High-Tech-Bereich muß mit diesen Diskontinuitäten umgehen, sich auf sie einstellen, sie analysieren, in ihre Planung einbeziehen und sie möglichst günstig beeinflussen.

Viele der zahlreichen Veröffentlichungen zum Schlüsselwort Innovation
geben Beschreibungen des sehr komplexen Gemisches ihrer Einflußgrößen,
ohne explizit Wirkungszusammenhänge einzelner Faktoren aufzuzeigen.
Autoren dagegen, die sich mit solchen Wirkungszusammenhängen
beschäftigen, nehmen meist eine totale Isolation eines Einflußfaktors
oder einer Einflußfaktorengruppe vor. Eine exakte Darstellung der Auswirkungen mehrerer Einflußfaktorgruppen auf den Erfolg- oder Mißerfolg
einer Erfindung, Invention, findet selten Berücksichtigung. Da aber
gerade die Kenntnis der Wirkungen des komplexen Einflußbündels von Innovationen für die rationale Praktizierung eines Technologie- und
Innovationsmanagements von großer Bedeutung ist, soll im folgenden
versucht werden, eine mögliche Erklärungs- und Darstellungshilfe zur
Wirkung von Einflußfaktorgruppen zu liefern, die als qualitative
Grundlage für Entscheidungen dienen kann.

Diskontinuitäten lassen sich mit Hilfe der mathematischen Disziplin
der Katastrophen- oder Diskontinuitätentheorie besonders gut darstellen und untersuchen. Deshalb wird im folgenden versucht, die Katastrophentheorie für die Analyse und heuristische Planung von Innovationen
zu nutzen.

Nach einer Klärung der Begriffe Diskontinuität und Innovation (2.1),
die in der Literatur und in der Wirtschaftspraxis durchaus verschieden

---

[1] Die Verfasser danken Herrn cand. math. Gerhard Brandt für seine
     wertvolle Unterstützung bei der Erstellung der Abbildungen.

[2] Vgl. Staudt, 1986, S. 11.

[3] Vgl. z.B. Bierich, 1987, S. 15; Schneider, 1987, S. 363.

[4] Vgl. Brockhoff, 1987, S. 71.

und nicht immer widerspruchsfrei gebraucht werden, folgt in 2.2 ein bewußt sehr kurz gehaltener Einstieg in das Modell der Spitzenkatastrophe der Katastrophentheorie. Im Hauptteil, dem Punkt 3, wird dann der Prozeß der Entwicklung einer Innovation genauer betrachtet. Dabei werden die Phasen Forschung und Entwicklung, Durchsetzung im Unternehmen und Durchsetzung auf dem Markt unterschieden. Außerdem werden Spin-offs und Buy-outs von Unternehmen betrachtet, die häufig mit Innovationen zu tun haben oder bei denen Diskontinuitäten eine große Rolle spielen. Schließlich wird auch noch das Problem des Venture Capitals - Venture Managements behandelt, das ebenfalls mit einem katastrophentheoretischen Modell bzw. einem Venture-Portfolio angegangen wird.

Wie am Beispiel der Venture-Portfolios gezeigt wird, können die katastrophentheoretischen Modelle vereinfachend auch zweidimensional als eine Art von Portfolio-Matrizen dargestellt werden. In einem Portfolio aus mehreren Projekten (Punktwolke auf der Katastrophenfläche bzw. in der Portfolio-Matrix) wird die gemeinsame Planung eines Gesamtunternehmens für alle seine Projekte deutlich. Die vorgestellten Innovations- bzw. Venture-Portfolios sollen zur Planung und Entwicklung eines Innovations- bzw. Venture Controlling beitragen.

2. Begriffliche und inhaltliche Abgrenzung

2.1 Diskontinuitäten und Innovationen

Der Begriff "Diskontinuität" kann aus der Negation der lateinischen Wörter "continuare" (anschließen, verbinden, fortsetzen) oder "continuatio" (ununterbrochene Reihe) mit der Bedeutung nicht zusammenhängend, Unterbrechung abgeleitet werden.[1] Verändert sich eine Größe oder Eigenschaft bei gleichmäßiger Weiterentwicklung ihrer Einflußfaktoren sprunghaft, unstetig oder relativ plötzlich, wie z.B. der Übergang eines Stoffes vom festen in den flüssigen oder gasförmigen Zustand bei Temperatursteigerung, so wird von einer Diskontinuität oder einer Unstetigkeit gesprochen.[2] Die Diskontinuität bewirkt einen Trendbruch in der bisherigen Entwicklung, so daß die Beharrungsstrukturen der Systemvariablen bzw. die Gesetzmäßigkeiten der Vergangenheit in der Regel nicht mehr zutreffen.[3] Eine derartige sprunghafte Veränderung kann in manchen praktischen Fällen aus der Sicht von Betroffenen zu einer Katastrophe, einer entscheidenden Wendung zum Schlimmen, zum Verhängnis,[4] führen.

Auf die große Bedeutung von Diskontinuitäten für die volkswirtschaftliche Entwicklung wies schon Schumpeter hin, für den die Volkswirtschaft durch "erstens spontan der Wirtschaft entspringende und zweitens diskontinuierliche"[5] Veränderungen oder Verschiebungen getragen wird. Im Jahre 1968 prophezeite Drucker für die zweite Hälfte

---

[1] Vgl. Stowasser, 1967, S. 137.

[2] Vgl. Brockhaus Enzyklopädie, 1968, S. 775, wobei besonders auf Diskontinuitäten physikalischer Größen abgestellt wird.

[3] Vgl. Macharzina, 1984, S. 4.

[4] Vgl. Duden, 1963, S. 314.

[5] Schumpeter, 1934, S. 98 ff, der sich damit den unternehmensinternen Diskontinuitäten zur Erklärung der Konjunktur zuwandte. Für ihn treten diese im industriellen und kommerziellen Bereich auf. Den Bereich der Konsumentenbedürfnisse hingegen klammert er ebenso wie die Veränderung natürlicher Daten, also Veränderungen der sonstigen Umwelt, aus. Die letzteren beiden Veränderungen seien für die Entwicklung einer Volkswirtschaft letztendlich kein wirtschaftlich zu erklärendes Phänomen, da die an sich entwicklungslose Wirtschaft von ihnen mitgezogen werde; vgl. ebenda, S. 95 f. - Im Rahmen der Diffusionsforschung zählt die Auffassung Schumpeters nach den vier gebräuchlichen Perspektiven Browns, Entwicklungs-, Adoptions-, Markt- und Adaptionsperspektive, zur Entwicklungsperspektive. Vgl. Brown, 1981, S. 3 ff sowie Kleinholz, 1986, S, 7 ff.

diese Jahrhunderts ein Zeitalter der Diskontinuität in der Weltwirtschaft und der Technik.[6]

Auf der Arbeitstagung der Kommission "Internationales Management" im Verband der Hochschullehrer im Jahre 1983 stellte Macharzina einen Diskontinuitätenkatalog auf, der in aktualisierter Fassung wie Abbildung 1 aussehen könnte.[7]

Wie aus dem Diskontinuitätenkatalog unschwer zu folgern ist, werden auch an Unternehmen als gegenüber ihrer Umwelt offene und dynamische Systeme sowohl durch externe als auch interne Diskontinuitäten[8] mit ihren möglichen Interdependenzen und Konsequenzen höchste Anforderungen gestellt, wenn ihre weitere Existenz gesichert werden soll.

Zwei Typen von Diskontinuitäten unterscheidet Wildemann. Typ A ist durch die Anwendung inkrementaler Verbesserungen mit relativ geringem finanziellen und technologischen Risiko charakterisiert und scheint besonders bei technischen Neuerungen von Produkt- und Fertigungstechniken vorzuliegen.[9] Große Investitionsprogramme und ein weitreichendes strategisches Unternehmensrisiko verursacht der Diskontinuitätstyp B, nämlich der Übergang zu einer neuen Technologie, deren Leistungsniveau gegenüber der alten möglicherweise zwar noch geringer ist, deren Leistungspotential und Entwicklungschancen aber als dieser überlegen eingeschätzt werden.[10] Die Bezeichnung Diskontinuität erscheint allerdings bei Typ A fragwürdig, da hier eine im großen kontinuierliche Entwicklung vorliegt.

---

[6] Vgl. Drucker, 1969, S. 23, für den die erste Hälfte dieses Jahrhunderts aufgrund der durch die beiden Weltkriege verursachten wirtschaftlichen Rückschläge ein Zeitalter der Diskontinuität darstellt. Vgl. ebenda, S. 15.

[7] Vgl. Macharzina, 1984, S. 5. - Die hier genannten Beispiele von Diskontinuitäten sind sehr global, für eine wissenschaftliche Untersuchung müßten diese Beispiele sehr viel genauer und differenzierter gesehen und untersucht werden.

[8] Hier liegt eine Betrachtung aus Unternehmenssicht vor. Vgl. Zahn, 1979, S. 119.

[9] Vgl. Wildemann, 1987, S. 457 f. Wettbewerbsvorteile können hier durch die meist eigenentwickelten und somit einer langsameren Informations-Diffusssion unterliegenden Verbesserungen bei Kosten und Leistungen erzielt werden.

[10] Vgl. Wildemann, 1987, S. 458 f.

Abb. 1: Diskontinuitätenkatalog

Bereiche	Diskontinuitäten
Politik	- Gorbatschows Reformkurs, Glasnost und Perestroika - Zusammenbruch alter Allianzen/Bündnisse, z.B. Ägäis-Konflikt Griechenland/Türkei - Attentate von Terroristen - Gesellschaftliche Revolutionen, z.B. Phillipinen - Rücktritt und Tod Uwe Barschels
Energie	- Tschernobyl-Unfall - Bleifreies Benzin - Zusammenbruch des Opec-Kartells mit Oelpreis-Verfall - Abschaltung der KKWs ab 1993 in Schweden
Wirtschaft	- Amerikanischer Protektionismus z.B. gegenüber der EG und Japan - Finanzkrisen der Schwellen- und Entwicklungsländer, z.B. Brasilien - Währungssprünge, z.B. US-Dollar - Sprünge an den Aktienmärkten ('schwarzer Montag') - Joint-Ventures mit der Sowjetunion und China - Chinas Marktöffnung - Weinskandal - Neuer Coca Cola-Geschmack - Preisverfall bei Computern und Chips - VW-Devisenskandal - Neue Heimat - Insolvenzen von Unternehmen - Konsequenzen von Aids für Versicherungen/Pharmaindustrie
Technologie	- Konstruktion von 4 und mehr Mega Byte Chips - Biotechnologie - Keramikinnovationen - Challenger-Absturz
Sozial	- Wertewandel - Tennissport durch Boris Becker und Steffi Graf - Aids-Problematik
Medizin	- Aids, Entwicklung von Tests und Impfstoffen
Ökologie	- Tschernobyl-Unfall - Erdbeben - Erdrutsche und Überschwemmungen in den Alpen - Tanklastzugunfälle - Waldsterben - Chemieunfall im Rhein (Sandoz)

Mit dem Blick auf Diskontinuitäten weist Drucker u.a. auf Anforderungen an neue, wandlungsfähige Organisationsformen für Unternehmen

hin, die besonders geeignet sein müssen, Neuerungen einzuführen.[11]
Eben diese Neuerungen, Innovationen, gilt es für das weitere Vorgehen
kurz zu beschreiben und abzugrenzen.

Schumpeter beschreibt den Innovationsbegriff als "doing of new things
or doing of things that are already being done in a new way".[12] In der
betriebswirtschaftlichen Literatur besteht dabei überwiegend
Einigkeit, die Qualifizierung "neu" aus der subjektiven Sicht der
betrachteten Unternehmung zu sehen,[13] man spricht vom subjektiven
Innovationsbegriff. Ein objektiver Innovationsbegriff zielt auf die
Weltneuheit.[14] Eine einfache Identifikation von Innovationen mit
Verbesserungen ist oft fragwürdig. Man denke etwa an
Leistungssteigerungen aufgrund von Subventionen, denen kein echter
Bedarf entspricht (z.B. Steigerung der Milchleistung von Kühen durch
Hormongaben im Bereich der Europäischen Gemeinschaft).

Weiterhin ist der objektbezogene vom prozessualen Innovationsbegriff
zu unterscheiden.[15] Bei ersterem wird nur das Ergebnis eines
Neuerungsprozesses, die Durchsetzung am Markt, als Innovation
verstanden, beim prozessualen Begriff dagegen der gesamte Prozeß von
der Invention, der gedanklichen Konzeption von Neuerungen, bis zu
ihrer Durchsetzung.

In den weiteren Ausführungen wird der Begriff Innovation objektbezogen
und für die prozessuale Sicht das Wort Innovationsprozeß verwendet.
Die Aufmerksamkeit gilt im weiteren auch diesem Prozeß, für dessen
verschiedene Phasen Modelle entwickelt werden. Findet in einer Phase
ein Abbruch des Durchsetzungsprozesses einer Invention zur Innovation
statt, so können die gewonnenen Erkenntnisse sehr wohl in andere
Innovationen Eingang finden; die Teilergebnisse selbst stellen jedoch
in der Regel noch keine Innovationen dar.

Als Innovationsarten lassen sich grob technische, Sozial- und
Marktinnovationen gegenüberstellen.[16] Die Erschließung neuer Märkte
wird als Markt-, Neuerungen im Sozialsystem der Unternehmung werden
als Sozialinnovationen bezeichnet. Die in diesem Beitrag vor allem zur
Argumentation benutzten technischen Innovationen können in Produkt-,

---

[11] Vgl. Drucker, 1969, S. 246.

[12] Schumpeter, 1947, S. 151.

[13] Vgl. u.a. Kern, 1976, S. 276 f; Staudt/Schmeisser (1987), Sp. 1139.

[14] Vgl. Corsten, 1982, S. 113.

[15] Vgl. Marr, 1980, Sp. 948.

[16] Vgl. Marr, 1980, Sp. 949 ff.

Verfahrens- und Anwendungsinnovationen untergliedert werden.[17] Die
Durchsetzung eines neuen oder verbesserten Produktes stellt nach dem
hier angewandten subjektiven Innovationsbegriff für das betrachtete
Unternehmen eine Produktinnovation dar. Ähnliches gilt für die
Bezeichnung von neuen Herstellungsverfahren als Verfah-
rensinnovationen. Unter Anwendungs-innovation ist die Anwendung be-
kannter Produkte oder Verfahren in einem anderen als dem bisherigen
Bereich zu verstehen.

Der Prozeß, den eine Neuerung über die Zeit durchläuft, sei hier
idealtypisch in drei Phasen unterteilt:[18] 1. Erfindung, Invention, 2.
Anerkennung der Invention im Unternehmen als potentielle Innovation
und Umsetzung zu einem marktfähigen Produkt, 3. Durchsetzung am Markt.
Es ist einleuchtend, daß nicht jede Innovation jede einzelne Phase in
der am Markt als Innovator auftretenden Unternehmung selbst
durchlaufen muß. Durch Vergabe von Forschungs- und Entwicklungsauf-
trägen an Externe können ebenso wie durch Know-how-Transfer und
eventuell auch durch Spin-offs dem Unternehmen Phasen abgenommen
werden.[19]

Für die weitere Begriffsklärung wird der Blick besonders auf die durch
eine Innovation herbeigeführten Änderungen gerichtet. Vom Auswirkungs-
bzw. Bedeutungsspektrum her erwähnt Barnett major und minor
innovations.[20] Mensch unterscheidet Basis-, Verbesserungs- und
Scheininnovationen.[21] Major- und Basisinnovationen eröffnen neue
Betätigungsfelder, die als technologische Grundlage zu neuen Gewerbe-
und Industriezweigen führen, oder sie bewirken im nicht-technischen,
z.B. im Sozialbereich, Richtungsänderungen, Diskontinuitäten, der

---

[17] Vgl. Lücke, 1986, S. 4.

[18] Aufgrund der zum Teil recht großen Interdependenzen und daraus
resultierender Parallelität der einzelnen Phasen kann nur von einer
idealtypischen Einteilung die Rede sein. Zu anderen Einteilungen
vgl. z.B. N. Thom, 1980, S. 46 ff; Allesch/Poppenheger, 1986, S. 17
ff.

[19] Bei der Nutzung externer Leistung dürfte der Innovationsprozeß des
Unternehmens um Such- und Anerkennungsphasen zu ergänzen sein, die
sonst als Teil der jeweiligen Phase angesehen werden. - Bei dem
Transfer von externen Leistungen ist häufig mit dem sog. "Not-
Invented-Here-Syndrom", d.h. mit Widerständen gegen die Übernahme
von Fremdleistungen, zu rechnen. Vgl. Evans, 1976, S. 28. - Auch
beim Technologie-Transfer treten häufig Diskontinuitäten auf, die
sich ebenfalls katastrophentheoretisch untersuchen ließen.

[20] Vgl. Barnett, 1953, S. 9, der jedoch die Meinung vertritt, daß
diese Unterteilungen nicht sinnvoll seien.

[21] Vgl. Mensch, 1975, S. 55 f, wobei er auf S. 37 besonders noch Zwi-
schenformen im Übergang von Basis- zu Verbesserungsinnovationen
aufführt.

gesellschaftlichen Entwicklung.[22] Weiterentwicklungen, die auf früheren Basisinnovationen aufbauen, sind Verbesserungsinnovationen, wobei hierunter auch Rationalisierungsmaßnahmen fallen. Schein- oder Pseudoinnovationen[23] beinhalten nur minimale Änderungen, so daß die Bezeichnung Innovation hier fragwürdig erscheint.

Neben den Basisinnovationen, dem Typ A, nennt Grosche auch Folgeinnovationen, die als Typ B auf A aufbauen, diese eventuell variieren, aber doch eine deutliche eigene Neuerung darstellen, und Periphere Innovationen, als Typ C, die technisch-wirtschaftliche Verbesserungen darstellen.[24] Besonders deutlich wird hier die Parallelität zu den Diskontinuitätstypen nach Wildemann, wobei Grosches Typen A und C Wildemanns B und A entsprechen.

Routine und Non-Routine Innovation unterscheidet Knight.[25] Kern spricht von Radikalinnovationen, z.B. Nutzung der Halbleitertechnik und Adoptivinnovationen, z.B. Erhöhung der Tonnage von Schiffen.[26] Eine Extraordinary Innovation verursacht für Rosenbloom im Gegensatz zur Ordinary "special demands on the capacities of the firms and has consequences that alter the character of both firms and markets".[27]

Tushman und Nadler trennen Incremental-, Synthetic- und Discontinuous Product Innovations, wobei es sich bei ersteren um "incremental changes" in Form von "added features, new versions or extensions to an otherwise standard product line"[28] handelt. Synthetic Innovations sind eine kreative Kombination existierender Ideen oder Technologien in "significantly new products"[29] und Discontinuous Product Innovations stellen die Entwicklung oder Anwendung signifikant neuer Technologien oder Ideen dar, wie z.B. der Übergang von Dampf- zu Diesellokomotiven. Zusätzlich stellen Tushman und Nadler fest, daß von den Incremental zu den Discontinuous Innovations das Risiko eines Mißerfolgs ebenso steige, wie deren Chancen und Bedeutung für die Unternehmung.[30]

---

[22] Vgl. Mensch, 1975, S. 54 f.

[23] Vgl. Zahn, 1986, S. 29.

[24] Vgl. Grosche, 1985, S. 37.

[25] Vgl. Knight, 1967, S. 484 ff.

[26] Vgl. Kern, 1976, S. 278.

[27] Rosenbloom, 1985, S. 299.

[28] Tushman/Nadler, 1986, S. 76.

[29] Tushman/Nadler, 1986, S. 76.

[30] Vgl. Tushman/Nadler, 1986, die die gleiche Trennung auch für Process Innovations vornehmen. - Ähnlich Mensch bezüglich der Basisinnovationen; vgl. Mensch, 1975, S. 55.

294

Nach dem Grad der Neuartigkeit stuft Robertson Discontinuous Innovations, Dynamically Continuous Innovations und Continuous Innovations ab.[31] Dieselbe Unterteilung verwendet Brose für seinen Radikalitätsgrad.[32]

In Abbildung 2 sind die genannten Innovations-Ausprägungen nach dem Neuigkeitsgrad (Robertson)[33], der Komplexität (Thom)[34] oder dem Radikalitätsgrad (Brose[35]) geordnet.[36]

Abb. 2: Innovations-Ausprägungen

BARNETT	Major-		Minor-
MENSCH	Basis-	Verbesserungs-	Schein-
KNIGHT	Non-Routine		Routine-
TUSHMAN/ NADLER	Discontinuous-	Synthetic-	Incremental-
KERN	Radikal-		Adoptiv-
ROSENBLOOM	Extraordinary		Ordinary
GROSCHE	Basis-	Folge-	Periphere-
ROBERTSON BROSE	Diskontinuier- liche	Dynamisch kon- tinuierliche	Kontinuier- liche
	Innovation(en)	Innovation(en)	Innovation(en)

Es wird deutlich, daß die Innovationen der rechten Spalte der Abbildung 2 vor allem durch kontinuierliche Entwicklungen, die der linken Spalte dagegen eher durch Diskontinuitäten gekennzeichnet sind.

Die Anhänger der Diskontinuitäts-Hypothese, die auch als "Katastrophisten" bezeichnet werden, vertreten die Auffassung, daß der Erkenntnisprozeß für Innovationen grundsätzlich diskontinuierlich

---

[31] Vgl. Robertson, 1971, S. 7.

[32] Vgl. Brose, 1982, S. 29.

[33] Vgl. Robertson, 1971, S. 7.

[34] Vgl. N. Thom, 1980, S. 23 ff.

[35] Vgl. Brose, 1982, S. 29.

[36] Nicht unerwähnt sei die Uneinigkeit, die bezüglich der Zuordnung der Ausprägungen Basis-, Verbesserungs- und Schein- bzw. Routineinnovation besteht. Brose klammert sie hier aus, da er diese seinem Systematisierungskriterium "Neuheit der Innovation" zuordnet. Corsten, auf den er sich bezieht und der keine Neuheitsgrade unterscheidet, weist aber nur diese Ausprägungen, sog. Arten, dem Radikalitätgrad zu. Vgl. Brose, 1982, S. 25 ff.; Corsten, 1982, S. 521.

verlaufe.[37] Auf Gutenberg bezogen kann man hier vom mutativen
Charakter als Kriterium sprechen.[38] Demgegenüber sind die Vertreter
der Kontinuitäts-Hypothese, auch "Uniformisten" genannt, der Meinung,
daß der Erkenntnisprozeß ein Kontinuum kleiner Schritte sei.[39] Ohne
auf diese Diskussion näher einzugehen, wird in der folgenden
Untersuchung deutlich, daß diese beiden gegensätzlichen Hypothesen
lediglich verschiedene Sichtweisen eines einzigen Phänomens sind, das
sowohl durch kontinuierliche als auch durch diskontinuierliche
Entwicklungen gekennzeichnet ist. Dieser Beitrag plädiert daher für
eine dialektische Aufhebung beider Sichtweisen (Thesen) in dieser
Synthese.

Die folgende Modellierung stellt in der Argumentation vor allem auf
technische Innovationen ab. Dies bedeutet jedoch weder, daß zu deren
Verwirklichung nicht eventuell auch Markt- und Sozialinnovationen
nötig sind, noch daß die vorgestellten Modellierungsversuche in
modifizierter Form nicht auch auf die nichttechnischen Innovationsarten angewandt werden können.

Unter Innovationsmanagement wird hier die aktive Analyse, Planung,
Bewertung und Gestaltung von Forschung und Entwicklung über
Inventionen bis zur Markteinführung von Produkten verstanden, die als
mögliche Innovationen eingeordnet werden und deren Konformität mit der
derzeitigen Unternehmensphilosophie, -politik und -kultur[40] besonders
zu beachten ist.[41] Nicht in Vergessenheit geraten darf, daß
Innovationen kein Selbstzweck, sondern nur insoweit wichtig sind, als
sie den Erfolg der Unternehmung sichern oder verbessern helfen.[42]

---

[37] Vgl. Mensch, 1975, S. 144 ff, der diese Hypothese auch selber vertritt.

[38] Vgl. hierzu auch Geschka, 1970, S. 25. - Bei der Einführung
technisch-wirtschaftlich verbesserter Aggregate wird von mutativer
Anpassung, im Gegensatz zur multiplen Anpassung bei identischen
Aggregaten gesprochen. Vgl. Lücke, 1976, S. 127 ff.; Gutenberg,
1979, S. 379 ff.

[39] Vgl. Kaufer, 1980, S. 605.

[40] Vgl. die Ausführungen zu Innovationen blockierenden Kulturen bei
Kieser, 1986, S. 45 f.

[41] Hierbei kann es durchaus überlebenswichtig sein, auch diese drei
Bereiche der Suche nach und der Offenheit gegenüber Neuerungen
anzupassen, um nicht jede Neuerung nach dem Grundsatz "Das haben
wir noch nie so gemacht." zu verwerfen. Staudt weist hier besonders
auf die - nicht an Externe abtretbare - integrative Funktion des
Innovationsmanagements hin, d.h. die Abstimmung von Innovationen
mit der Organisations- und Qualifikationsentwicklung des Unternehmens. Vgl. Staudt, 1986, S. 16 f.

[42] Vgl. Albach, 1984, S. 36.

Da von der Begriffsfolge "Management von Ventures" gesprochen wird, soll auf eine differenzierte Sicht des Begriffspaares "Venture Management" aufmerksam gemacht werden. Es gilt Venture Management i.w.S. und i.e.S. zu unterscheiden. Das erstere kann mit Innovationsmanagement gleichgesetzt werden, sofern es sich um als Venture abgrenzbare Projekte handelt. Venture Management i.e.S. ist, wie unter Punkt 3.4 noch etwas näher erläutert, als ein Instrument gereifter Unternehmen (Branchenlebenszyklusphase Sättigung) zur Realisierung einer Wachstums- und Diversifikationsstrategie zu verstehen[43].

Die katastrophentheoretischen Modelle und Venture-Portfolios sollen als Instrumente des Innovationsmanagements und -controllings zur Beschreibung, Analyse, Planung und Kontrolle der Phasen des Innovationsprozesses verstanden werden. Da die katastrophentheoretischen Modelle als (verfeinerte) Portfolios aufzufassen sind, können alle im folgenden vorgestellten Modelle auch "Innovations- oder Venture-Portfolios" genannt werden.

2.2 Die Spitzenkatastrophe

Die Katastrophentheorie beschäftigt sich mathematisch mit plötzlichen, sprunghaften Änderungen im Verhalten von Systemen, den Diskontinuitäten oder Katastrophen, die durch geringfügige Änderungen der das Systemverhalten beeinflussenden Faktoren hervorgerufen werden können.

Die elementare Katastrophentheorie wurde Anfang der siebziger Jahre von R. Thom begründet.[44] In der Folge gab es eine Reihe von Anwendungen dieser mathematischen Theorie auf Systeme aus sehr unterschiedlichen Fachgebieten, u.a. auch auf ökonomische Systeme.[45] Nach einer zunächst starken Überschätzung und einer heftigen Auseinandersetzung gegen Ende der siebziger Jahre über die Nützlichkeit ihres Erklärungsansatzes nimmt die Katastrophentheorie heute eine gefestigte Position in der Anwendung von Mathematik ein.[46]

---

[43] Vgl. Roberts, 1980, S. 134; Nathusius, 1979, S. 158.

[44] Vgl. R. Thom, 1975. - Eine allgemeine Katastrophentheorie muß "als noch weitgehend unerforschtes Gebiet" bezeichnet werden. Ursprung, 1982, S. 110. Vgl. auch E.O. Fischer, 1985 S. 6.

[45] Vgl. für einen Überblick z.B. Zeeman, 1977; Poston/Stewart, 1978; Ursprung, 1982; Zahn, 1984, E.O. Fischer, 1985.

[46] Vgl. E.O. Fischer, 1985, S. 3; Gabisch/Lorenz, 1987, S. 188.

Die Katastrophentheorie beschäftigt sich mit Systemen, die durch Zustandsvariablen beschrieben und von gewissen Parametern beeinflußt werden.[47] Im Hauptergebnis seiner Arbeit, dem Klassifikationstheorem, stellt R. Thom u.a. fest, daß für Systeme mit einer Zustandsvariablen und zwei Einflußparametern die Fläche, auf der sich die Zustandsvariable bewegt,[48] in der Nähe auftretender Diskontinuitäten qualitativ der Grundform der Spitzenkatastrophe (eine sog. Elementarkatastrophe) entspricht. Die exakte Form der Gleichgewichtsfläche wird bei dieser qualitativen Betrachtung außer Acht gelassen, um die Aufmerksamkeit auf die wesentliche Art der Dynamik mit ihren Einflußfaktoren und auf mögliche Diskontinuitäten zu lenken.

Eine Elementarkatastrophe kann durch eine einfache mathematische Darstellung, ihre kanonische Form, beschrieben werden. Die Spitzenkatastrophe hat die kanonische Form: $y^3-by-a=0$. a und b sind dabei die Parameter oder Einflußfaktoren, y ist die Zustandsvariable. Die Menge der Katastrophenpunkte (Katastrophen- oder Bifurkationsmenge) der Spitzenkatastrophe, an denen es zu Diskontinuitäten kommt, kann bestimmt werden als: $\{(a,b)\in\mathbb{R}\times\mathbb{R}\mid y^3-by-a=0$ und $3y^2-b=0\} = \{(a,b)\in\mathbb{R}\times\mathbb{R}\mid 27a^2=4b^3\}$. Die Spitzenkatastrophe läßt sich graphisch folgendermaßen darstellen[49] (Abb. 3).

Der Parameter a wird in dieser Darstellung Normalfaktor, b wird Spaltfaktor genannt, beide werden auch unter dem Begriff Konfliktfaktoren zusammengefaßt. Die Darstellung macht die charakteristischen Eigenschaften der Spitzenkatastrophe deutlich, nämlich Bimodalität, Evolution und Diskontinuität, Hysterese und Divergenz.

Die Bimodalität charakterisiert die Eigenschaft, daß das System zwischen den beiden Ästen der Katastrophenmenge zwei Werte annehmen kann. Der mittlere Wert der Gleichgewichtsfläche kann in der Interpretation vernachlässigt werden.[50] Außerhalb dieses Bereiches hat das System nur einen Wert.

---

[47] Die elementare Katastrophentheorie untersucht nur Gradientensysteme. Vgl. z.B. E.O. Fischer, 1985, S. 6.

[48] Die Zustandsvariable bewegt sich außerhalb dieser Flächen senkrecht "nach der schnellen Dynamik" auf sie zu. Auf der Fläche selbst bewegt sie sich entsprechend einer "langsamen Dynamik". Nur diese ist von Interesse. Vgl. E.O. Fischer, 1985, S. 7.

[49] Im folgenden wird lediglich anhand dieser Darstellung argumentiert, ohne daß Systemgleichungen der Variablen untersucht werden. Solche katastrophentheoretischen Modelle werden als rudimentär bezeichnet. Vgl. Zahn, 1984, S. 32 f.; E. O. Fischer, 1985, S. 14.

[50] Vgl. den Begriff "Unzugänglichkeit" (dort wohl als Druckfehler "Unzulänglichkeit") bei Zahn, 1984, S. 31.

298

Abb. 3: Spitzenkatastrophe

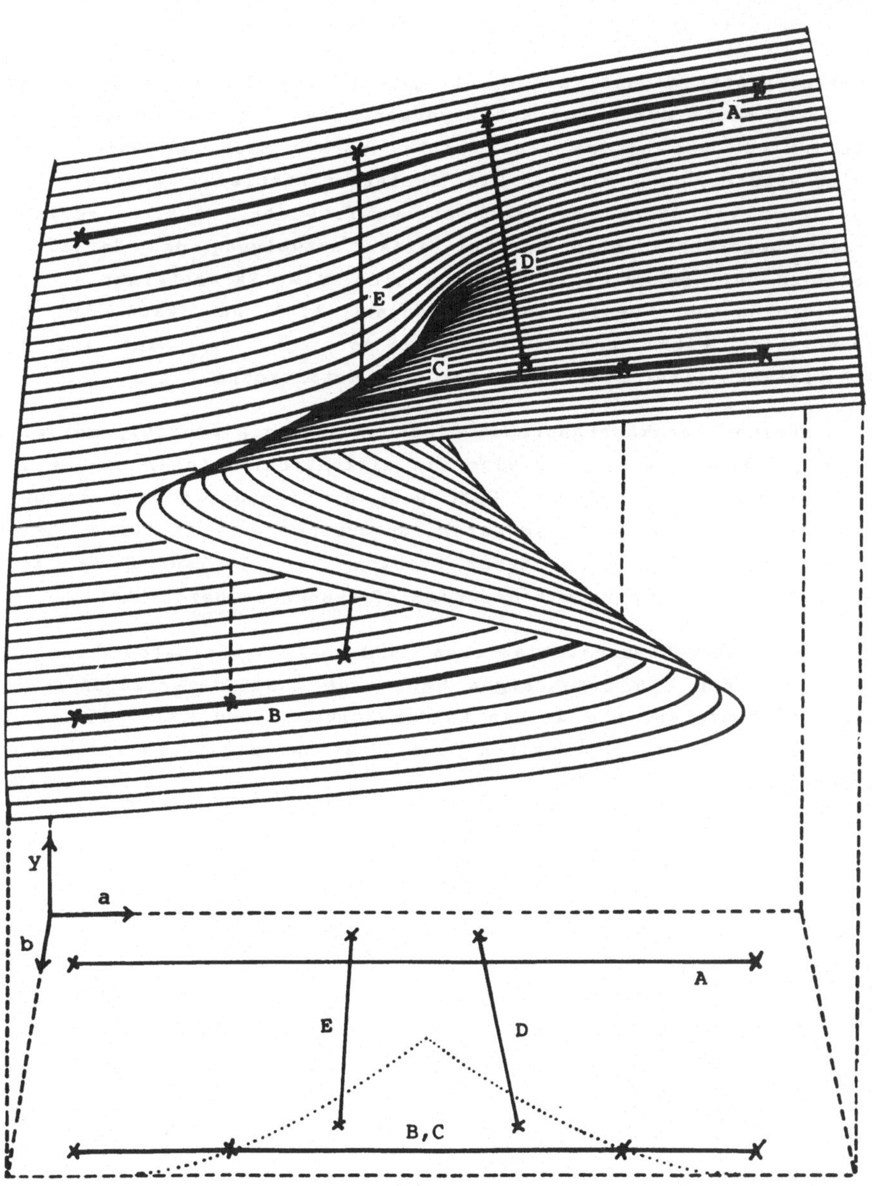

A
D
E
C
B
y
a
b
A
E
D
B,C

Bei einer Entwicklung gemäß dem Verlauf A der Abbildung entspricht stetigen Veränderungen der Einflußfaktoren eine stetige Veränderung der Zustandsvariablen. Bei einem solchen Verlauf treten keine abrupten Änderungen der Zustandsvariablen auf. Eine solche Entwicklung läßt sich als evolutionär oder Evolution bezeichnen.

Die Diskontinuitäten oder Katastrophenpunkte liegen auf der Kurve, die in der (a,b)-Ebene durch die Katastrophen- oder Bifurkationsmenge beschrieben wird, und bilden eine Spitze, woraus sich der Name dieser Elementarkatastrophe erklärt. Die Zustandsvariable y wechselt auf diesen Linien vom oberen auf den unteren Teil der Katastrophenfläche über oder umgekehrt. Hier erfolgt eine Verzweigung des Verhaltens (bifurcation of behaviour). Obwohl sich die Parameterwerte oder Einflußfaktoren nur wenig ändern, ändert sich der Wert der Zustandsvariablen hier stark (Verlauf B der Abb. 3). Dies ist das Charakteristikum einer Diskontinuität oder Katastrophe.

Wird die geringe Parameteränderung wieder rückgängig gemacht, so folgt in der Regel zunächst nicht wieder ein diskontinuierlicher Sprung vom einen Flächenteil zum anderen. Erst wenn die Parameter sich so weit ändern, daß der andere Ast der Katastrophenmenge erreicht wird, tritt eine Diskontinuität in umgekehrter Richtung auf (Verlauf C der Abb. 3). Diese Erscheinung wird mit dem Begriff Hysterese bezeichnet.

Obwohl zwei Parameterkonstellationen sehr nahe beieinander liegen, kann es sein, daß die zugehörigen Werte der Zustandsvariablen stark voneinander abweichen, wie an den beiden Kurven D und E der Abbildung deutlich wird. Dieses Verhalten des Systems wird als Divergenz charakterisiert.[51]

---

[51] Vgl. zur Charakterisierung dr Spitzenkatastrophe z.B. Poston/Stewart, 1978, S. 78 ff. und S. 174 ff.; Ursprung, 1982, S. 132 ff.; Zahn, 1984, S. 28 ff.; E.O. Fischer, 1985, S. 9 ff.

300

3. Katastrophentheoretische Modelle der technologischen Entwicklung

3.1 Forschung und Entwicklung

Die Erfolgsfaktoren der Arbeit in der Forschung und Entwicklung (F&E)
sind äußerst vielfältig und verschiedenartig. Eine grobe Einteilung in
zwei Faktorgruppen, die zumindest begrenzt unter der Kontrolle der
Unternehmung stehen, kann etwa auf die 'kumulierten Aufwendungen für
diese Abteilung',[1] z.B. Mannjahre, Geldeinheiten ("kumulierte For-
schungsaufwendungen", Faktor a) als Ausdruck für die Intensität der
Suche nach befriedigenden Lösungen der untersuchten Probleme einerseits und auf die 'Qualität (Know-how, Leistungsbereitschaft, Kreativität u.ä.) der beteiligten Personen' ("Personalqualität", Faktor b)
andererseits abstellen.[2]

Da in diesem und in den folgenden Modellen somit der Zeitfaktor nur
implizit enthalten ist, sollte immer bedacht werden, daß eine große
Steigerung der Inputfaktoren in einem kürzeren oder längeren Zeitraum
vorgenommen werden kann. Oft ist, wie z.B. bei der Markteinführung,
die Länge dieses Zeitraumes für den Erfolg mitentscheidend ("in den
Markt pushen").[3] Ein ähnlicher Effekt ist auch im F&E-Management
möglich.

Die "Leistung" oder der "Output" (y) der Forschungs- und Entwick-
lungsabteilung einer Unternehmung ist ebenfalls schwer zu messen. Als
mögliche Maßgröße kann man etwa von einer relativen Einschätzung im
Vergleich zu ähnlichen Institutionen ausgehen oder den Nutzen der
Abteilung für die Unternehmung von einer Reihe von Experten auf einer
Skala bewerten lassen. Man kann auf quantitative Werte wie die Zahl
von allgemein oder unternehmensintern veröffentlichten Artikeln und
Arbeitsberichten oder die Zahl der befriedigend abgeschlossenen
Projekte zurückgreifen. Auch die Zahl der Patent- und Gebrauchsmu-
steranmeldungen oder -genehmigungen lassen sich hier als mögliche Maß-

---

[1] Als Ausdruck für die Forschungsintensität sind kumulierte Aufwendungen geeigneter als der reine Zeitablauf. Vgl. Foster, 1986, S.
108. - Der Verlauf des Innovationsoutputs über die Zeit kann sehr
unterschiedliche Formen haben. Vgl. z.B. Mertens/Allgeyer/Däs,
1986, S. 937.

[2] Die Maßgrößen der Achsen in diesem und in den folgenden Modellen
sollten möglicherweise relativ zu Wettbewerbern oder ähnlichen Be-
zugsgrößen festgesetzt werden. - Vgl. auch das katastrophentheoretische Modell der Forschung und Entwicklung bei Bergen und Zahn,
das auf die Einflußfaktoren "Kreativität" und "logische Strenge"
sowie die Verhaltensvariable "Lösungsqualität" abstellt und sich
damit eher in einem konzeptionellen oder wissenschaftstheoretischen
Rahmen bewegt. Zur Planung kann es etwa in der Ideengenerierungs-
phase verwendet werden. Vgl. Bergen, 1982; Zahn, 1984, S. 42 ff.

[3] Vgl. z.B. o.V. Industriemagazin, 1987, S. 96 f.

zahlen nennen.[4] In vielen Bereichen spielen auch weiche Faktoren eines Produktes eine wesentliche Rolle, z.B. das Image und das mehr oder weniger aufwendige (Verpackungs-) Design, wie im Konsumbereich an der Entwicklung des Parfüms "Poison" von Christian Dior deutlich wird.[5]

Auf das Problem der Messung der Input- und Outputvariablen wird hier nicht näher eingegangen, da hauptsächlich ein begrifflicher Rahmen gesteckt werden soll, der dem Planer ein möglichst einfaches Denkmodell für die wesentlichen Erscheinungen der Praxis an die Hand geben soll.[6]

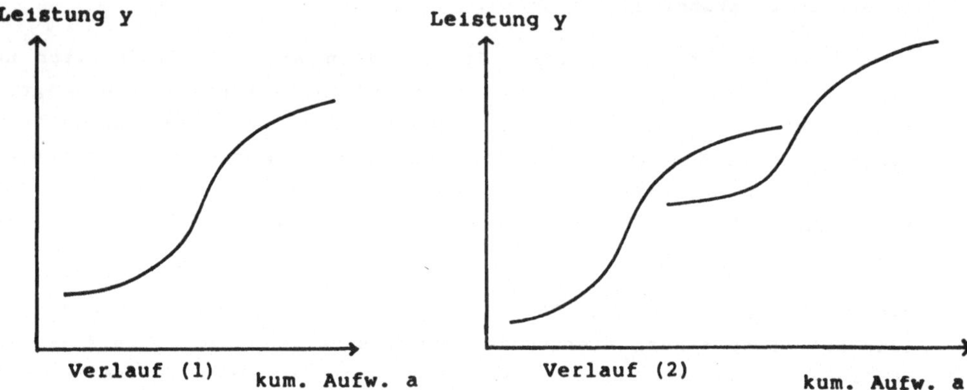
Abb. 4: Leistung der Forschung und Entwicklung

In einer empirischen Untersuchung hat Foster gezeigt, daß sich für technische Entwicklungen oft ein S-förmiger Anstieg der Leistung (y) bei steigenden kumulierten Aufwendungen für die F&E (a) ergibt, wie er in der Abbildung mit Verlauf (1) dargestellt ist.[7] In einer anderen Situation kann es jedoch auch zu Sprüngen in der Leistung (y) kommen (doppelte S-Kurve; Verlauf (2)), weil parallel zum alten mit einem neuen Verfahren gearbeitet wird, das anfangs zwar möglicherweise noch unterlegen ist oder zumindest nur langsam steigend verläuft, dann jedoch sein Potential entfaltet und einen starken Leistungsanstieg erbringt. Für die Forschung und Entwicklung ist an einem gewissen Punkt

---

[4] Vgl. z.B. die Indikatoren für den F&E-Bereich bei Krysteck, 1986, S. 291 ff.

[5] Vgl. o.V. Industriemagazin, 1987, S. 96.

[6] Zum Problem der Messung der Produktivität von Forschung und Entwicklung sei etwa auf Brockhoff, 1986, S. 525 ff.; K.-H. Fischer, 1987, S. 77 und Brockhoff, 1987a, S. 81 ff. verwiesen.

[7] Vgl. Foster, 1986, S. 95 ff. der die hier gemachte Unterscheidung hinsichtlich einzelner Phasen des Innovationsprozesses nicht vornimmt. Zu den S-Kurven vgl. auch Beckurts, 1983, S. 20 f.

der Umstieg auf das neue Verfahren angebracht. Hier liegt eine Diskontinuität.[8]

Wenn man die beiden Diagramme der Abbildung in einem dreidimensionalen Bild zusammenfaßt, so ergibt sich eine Figur, die qualitativ einer Spitzenkatastrophe entspricht.[9]

In dieser Abbildung wird die Wirkung der beiden Einflußfaktoren (a und b) auf die F&E-Leistung (y) im Zusammenhang deutlich. In der Regel werden dabei der hintere linke Teil der Katastrophenfläche höher und der hintere rechte Teil tiefer liegen als die entsprechenden vorderen Teile. Dies gilt auch in den folgenden Modellen.

Die Verläufe (1') bzw. (1'') (Evolution) bzw. (2') sowie (2'') (mit Diskontinuität) entsprechen dabei den oben erläuterten Möglichkeiten (Verläufe 1 und 2). Die Tatsache, daß der Anstieg der Verläufe bei konstantem b hier nicht S-förmig ist, liegt daran, daß das Spitzenkatastrophenmodell lediglich qualitativen Charakter haben soll. Eine Kombination mit jeweils S-förmig ansteigenden Kurven bzw. Flächen ist leicht möglich, jedoch wird hier aus Vereinfachungsgründen darauf verzichtet.

Ein evolutionärer Verlauf der Leistung (y) ist sowohl bei konstanter als auch bei steigender Personalqualität (b) möglich. Der Fall konstanter Personalqualität (1') hat jedoch eher theoretische Bedeutung, da zum einen durch die Beschäftigung mit den Projekten sowie interne und externe Weiterentwicklung wissenschaftlich-technischer Erkenntnisse Lerneffekte der Forscher entstehen, die zu einer Qualitätsverbesserung des Personals führen. Zum anderen werden in der Regel durch F&E-Aufwendungen (a) bessere Personalkapazitäten "eingekauft". Deswegen erscheint der Verlauf (1'') realistischer. Analoges gilt für die Verläufe (2') und (2''). In allen weiteren Modellen wird zugunsten der Übersichtlichkeit der Darstellung auf eine derartige '-''-Unterscheidung verzichtet.

Evolution und diskontinuierlicher Wandel sind also beide in diesem Modell zu erfassen. Sie stellen keine grundsätzlich unterschiedlichen Möglichkeiten, sondern Grade von Innovationen dar und können beide in

---

[8] Vgl. Foster, 1986, S. 110 f; siehe auch Beckurts, 1983, S. 20 f.

[9] Oft werden nicht nur zwei, sondern mehr Innovationsmöglichkeiten (S-Kurven) zur Auswahl stehen. Dann können sich im Modell mehrere Spitzenkatastrophen überlagern. Davon wird hier aus Gründen der Einfachheit abgesehen.

Abb. 5: Spitzenkatastrophenmodell der Forschung und Entwicklung

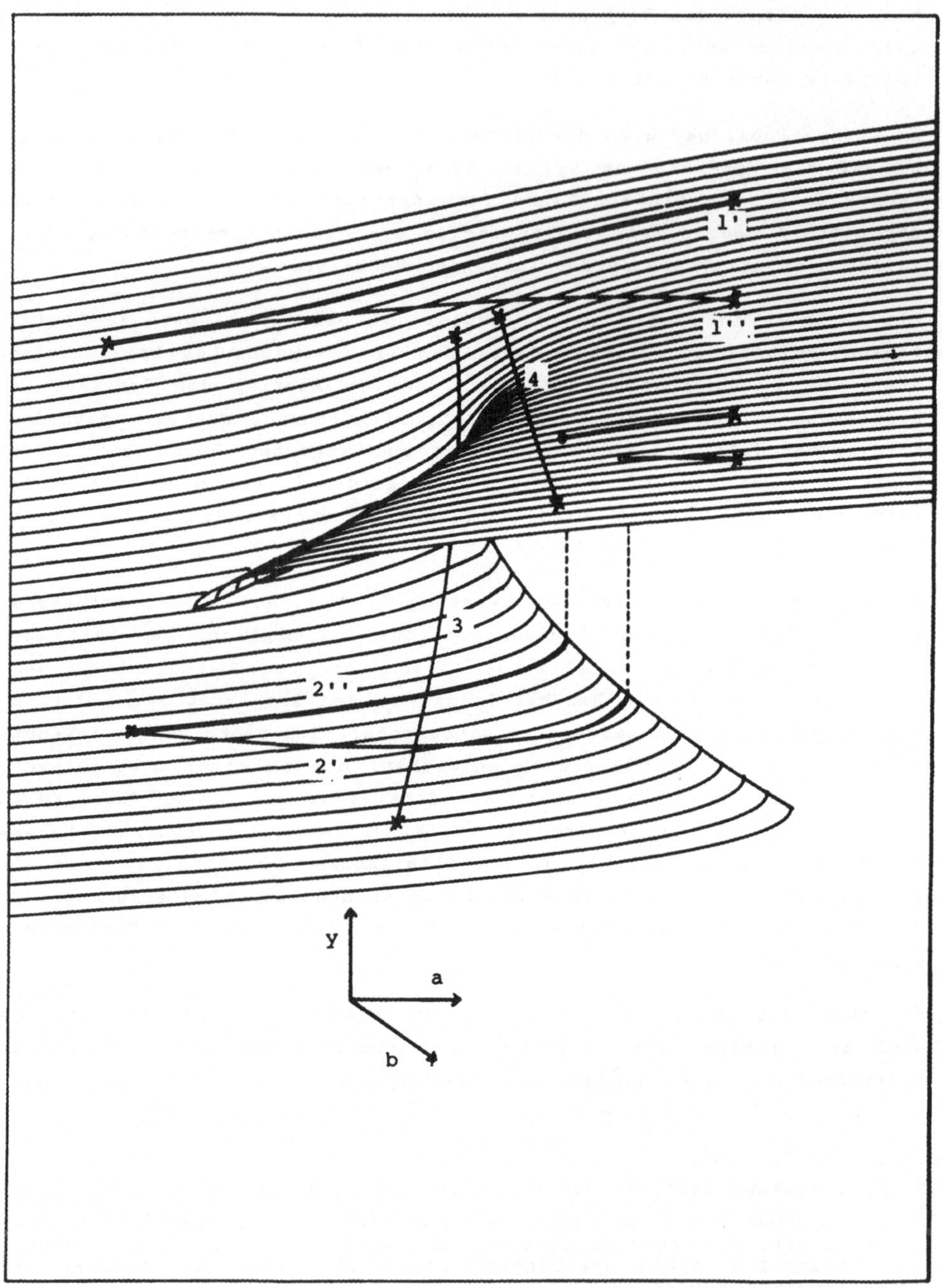

einer Entwicklung vorkommen. Die Positionen der "Katastrophisten" und
der "Uniformisten" sind also Thesen im dialektischen Sinne, die im katastrophentheoretischen Ansatz zur Synthese verbunden und darin
aufgehoben und enthalten sind.

Darüber hinaus wird in diesem katastrophentheoretischen Modell deutlich, wie sich zwei ursprünglich fast gleichstarke Forschungs- und
Entwicklungsabteilungen bei nur kleinen Unterschieden in der Entwicklung der Einflußfaktoren a und b in ihrer Leistung sehr stark
auseinanderentwickeln können. Eine mögliche Erklärung für diese Divergenz kann darin liegen, daß die eine Abteilung (Verlauf 3) an einer
alten Technologie festhält. Die Verbesserung der Personalqualität
(Weiterbildung, Einstellung besonders qualifizierter Forscher; b
steigt) ist als Inputsteigerung im späteren Teil der S-Kurve
verschwendet, da diese gereifte Technik auch bei den Mitbewerbern
allgemein verbreitet ist (sie ist zur Basistechnologie geworden) und
somit keinen wesentlichen Wettbewerbsvorteil mehr bietet. Die zweite
Forschungsabteilung (Verlauf 4) investiert ihre Personalqualität und
-steigerung dagegen in eine Technologie, die sich noch in einem frühen
Stadium ihres Lebenszyklus befindet und durch zahlreiche
Anwendungsmöglichkeiten große Wettbewerbsvorteile ermöglicht. Hier
wird rechtzeitig auf eine Schrittmachertechnologie übergegangen, die
sich als Basisinnovation erweist und sich mit der Zeit zur
Schlüsseltechnologie entwickeln kann.[10]

Dieses Modell verdeutlicht auch, daß der kritische Bereich, in dem die
Katastrophe droht, bei steigender Personalqualität breiter wird, so
daß ein nachträglicher Umschwung auf die neue Technologie, nachdem
einmal der Anschluß verpaßt ist (Diskontinuität eingetreten), bei
hochentwickelten Produkten nur noch sehr schwer (mit einer großen
Steigerung der Aufwendungen, Faktor a) möglich ist.

Viele Innovationsentwicklungen der Praxis lassen sich mit dem vorgestellten Modell klar analysieren.[11] Die Entwicklung der tragbaren Ste

---

[10] Zu den Begriffen Schrittmacher-, Schlüssel- und Basistechnologie
vgl. Sommerlatte/Deschamps, 1986, S. 50 ff. Eine eventuell möglich
erscheinende Rücknahme der Parameterveränderungen zum
"Ungeschehenmachen" der Katastrophe dürfte hier wegen der Definition der Parameter als kumulierte Einflüsse kaum sinnvoll sein.

[11] z.B. auch die Entwicklung von Tagamet gegen den Widerstand der Unternehmensführung von Smith Kline. Vgl. Peters/Austin, 1986, S. 160
f.

Abb. 6: Fallbeispiel zur Forschung und Entwicklung

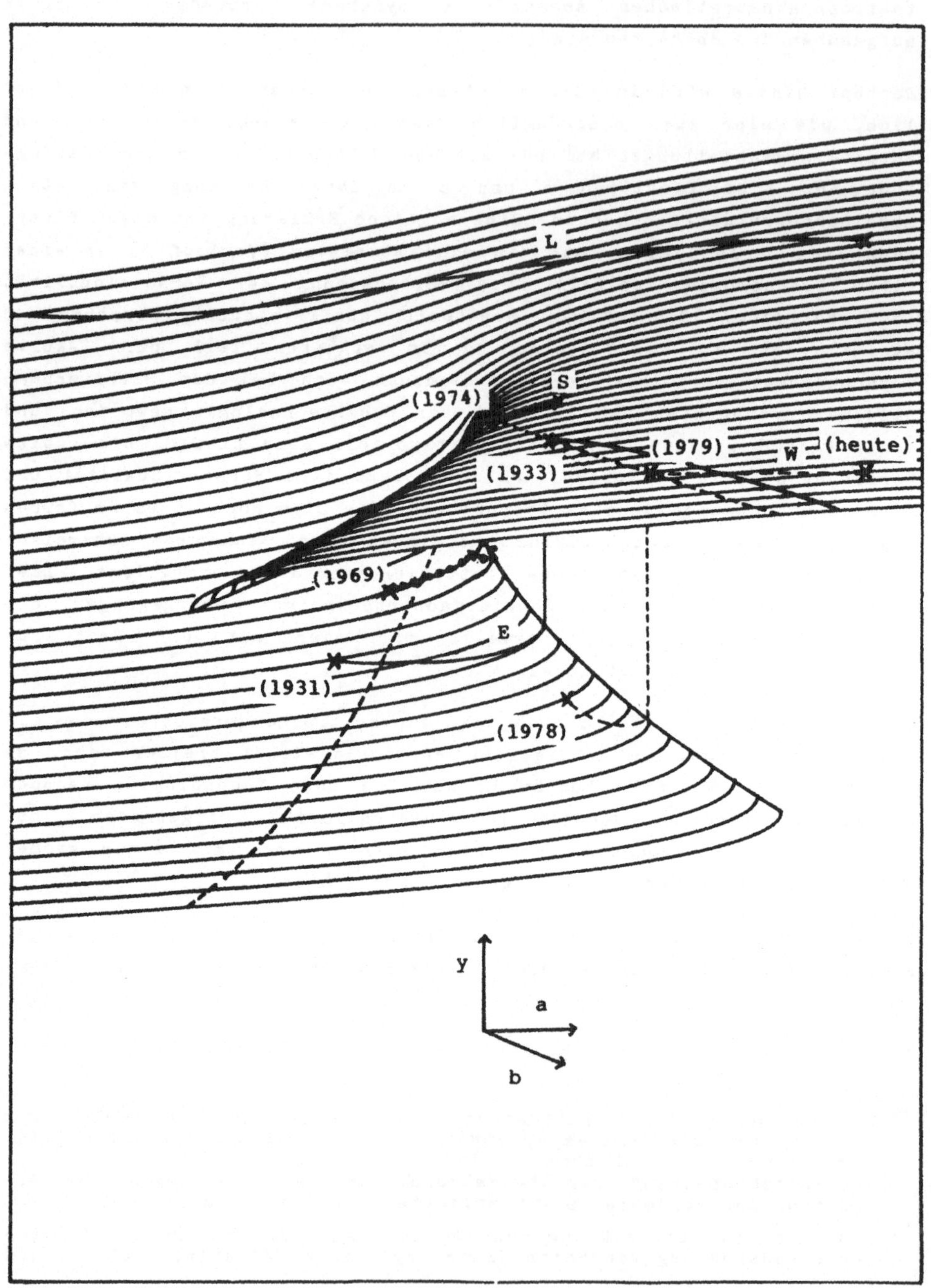

L
S
(1974)
(1979)
W
(heute)
(1933)
(1969)
E
(1931)
(1978)
y
a
b

reo-Cassettenabspielgeräte ("walkman") im Hause Sony z.B. richtete sich zunächst auf einen kleinen tragbaren Stereo-Cassettenrecorder inclusive Aufnahmemöglichkeit. Mit steigenden kumulierten Aufwendungen (a) stieg die Eignung der Geräte (y). Die Entwicklung dieser Recorder wurde jedoch zunächst (1978) als "rubbish" (unbrauchbar) eingeschätzt, da der Aufnahmemechanismus und die Lautsprecher nicht mehr in dem kleinen Chassis unterzubringen waren. Erst die Idee ("Aha-Erlebnis", kreative Katastrophe), auf jegliche Aufnahmemöglichkeit zu verzichten und statt Lautsprechern kleine, qualitativ hochwertige Kopfhörer zu verwenden, ließ 1979 den "walkman" entstehen, dessen Erfolg auch für Sony überraschend war (Verlauf W in Abb. 6), handelte es sich doch wegen der fehlenden Aufnahmefunktion um einen Rückschritt aus der Sicht der F&E-Mitarbeiter.[12]

Die Erfindung des Elektronenmikroskops durch E. Ruska verlief nach einem ähnlichen Muster. Die Entwicklung der Lichtmikroskope ließ trotz hoher Aufwendungen keine großen Leistungssteigerungen (über 10.000 fache Vergrößerung) mehr zu (alte S-Kurve; Verlauf L in Abb. 6). Zwar war die Entwicklung der Braun'schen Röhre bereits weit fortgeschritten, jedoch war deren Abbildungsverhalten mit elektrostatischen und magnetischen Linsen nur wenig erforscht. Als sich die Abbildungen und Vergrößerungen (17-fach) mit magnetischen Linsen 1931 als scharf und ähnlich gut wie die von Lichtmikroskopen erwiesen, kam Ruska die Idee, ein Elektronenmikroskop zu entwickeln, da dessen theoretische Vergrößerungsmöglichkeiten bedeutend größer waren (obere Grenze der S-Kurve). Bereits 1933 gelang ihm eine 12.000-fache Vergrößerung, und der Erfolg der Elektronenmikroskope hält bis heute an (Verlauf E in Abb. 6).[13]

Die Idee der Haft-Notizen (3M, Scotch-Post-it), deren Kleber sich leicht und rückstandslos wieder entfernen läßt, entstand durch einen zunächst (1969) als nutzlos angesehenen, schwachen Klebstoff, weil sein Erfinder, Frey, diesen zum kurzfristigen Befestigen von Lesezeichen im Gesangbuch benutzte (1974). Erst wegen dieser zufälligen Verwendungsidee wurde ein Prototyp entwickelt (Verlauf S in Abb. 6).[14]

---

[12] Vgl. Nayak/Ketteringham, 1986, S. 135.

[13] Vgl. Ruska, 1987, S. 36 ff. Der Endpunkt des Verlaufs E läßt sich in dem in der Abbildung 6 dargestellten Ausschnitt wegen der großen Leistungsteigerung nicht mehr aufzeigen. - Die dargestellten Verläufe W, L, E bzw. S weisen übrigens verschiedene Maßstäbe auf.

[14] Vgl. Peters/Austin, 1986, S.151; Nayak/Ketteringham, 1986, S. 63.

3.2 Die Durchsetzung im Unternehmen und auf dem Markt

3.2.1 Akzeptanz im Unternehmen

Die Durchsetzung einer in der Forschungs- und Entwicklungsabteilung
realisierten Invention im gesamten Unternehmen, d.h. die Reifung eines
theoretisch oder als Prototyp entwickelten Produktes oder Verfahrens
zum marktfähigen Produkt des Hauses, ist aufgrund von Meinungsbildun-
gen und -umschwüngen bei den für die Unternehmensentscheidungen relevanten Experten und Expertengremien oft ebenfalls durch Diskontinuitäten gekennzeichnet. In der Regel hat eine neue Produktentwicklung
mit Anfangswiderständen im eigenen Hause zu kämpfen, bevor sie, häufig
nach einem relativ plötzlichen Meinungswandel, von der Mehrheit ak-
zeptiert wird.

Im Grunde beruhen sämtliche Entscheidungen während des gesamten
Innovationsprozesses auf der Durchsetzung eines Projektes gegen andere
und lassen sich somit in analogen Modellen darstellen und
analysieren.[15] Im folgenden soll dieser Prozeß jedoch beispielhaft nur
für den Weg vom Prototyp zum Produkt dargestellt werden.

Dieser Durchsetzungsprozeß kann katastrophentheoretisch folgendermaßen
modelliert werden.[16] Wenn die Leistungen der technischen Entwicklungen
(z.B. Erfolgspotential) analog zur Verhaltensvariablen y im vorigen
Modell auf einer Achse abgetragen werden, so läßt sich die Unterstützung für die jeweilige Technologie darüber als eine Funktion
$U(y)$ angeben.[17]
Zur Zeit t_1 ist die Unterstützung der verschiedenen Technolo-
giemöglichkeiten durch eine große Mehrheit für die bestehende technische Problemlösung y_1 gekennzeichnet. Im Zeitablauf verschiebt sich

---

[15] Ein analoges Modell ließe sich auch für die Bildung und Verwerfung
von Hypothesen bei den Experten der Forschungs- und Entwicklungsabteilung aufstellen. Auch bei einem einzelnen Denker wird der Prozeß
der rationalen Überlegung wohl grundsätzlich ähnlich verlaufen. So
stellt z.B. auch die Budgetzuteilung für F&E-Projekte das Ergebnis
von Durchsetzungsprozessen dar. - Ähnliche Überlegungen lassen sich
für alle Meinungsbildungsprozesse in der Unternehmensplanung
anstellen.

[16] Vgl. das Modell des organisatorischen Wandels von Zahn, 1984, S. 47
ff.

[17] Vgl. Isnard/Zeeman, 1976, S. 44 ff.

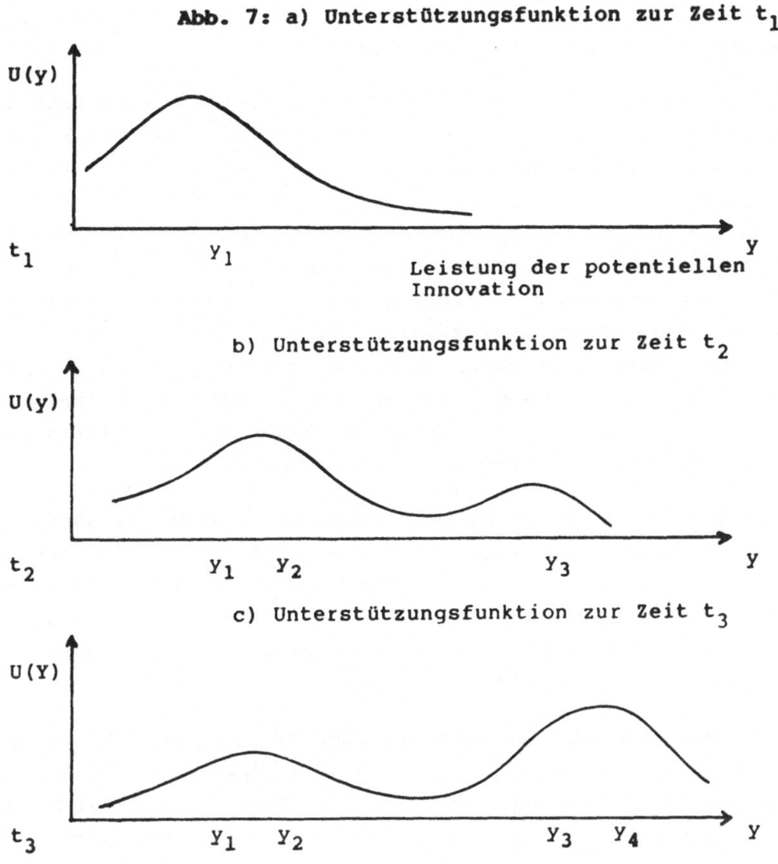

die Unterstützung z.B. durch das Erkennen von Unwirtschaftlichkeiten und/oder Grenzen der Leistungsfähigkeit[18] der alten Technologie sowie durch das Erkennen neuer technisch-wirtschaftlicher Möglichkeiten von dieser Lösung weg, und eine neue Technologie gewinnt an Anhängerschaft. Solange zur Zeit t_2 diese Entwicklung noch nicht so weit gediehen ist, daß eine Mehrheit für die neue Technologie eintritt, wird die Strategie des Unternehmens darauf hinauslaufen, durch relativ geringe Änderungen und Fortentwicklungen im wesentlichen bei der alten

---

[18] Vgl. Foster, 1986, S. 272 ff.

Technologie y_1 zu bleiben. Als evolutionäre Weiterentwicklung wird etwa die teilweise Verbesserung y_2 realisiert.

Der Grund dafür ist darin zu sehen, daß Strategiewechsel viel Zeit und Geld kosten und in der Regel mit erheblichen Risiken verbunden sind. Außerdem besteht meist eine große Unsicherheit (unvollständige Information) über die genaue Ausprägung der Unterstützungsfunktion, die die Meinungen der relevanten Experten repräsentieren soll, so daß es im ganzen zunächst richtiger erscheint, keine abrupten und hektischen Strategiewechsel vorzunehmen, sondern möglichst kontinuierlich und langfristig vorzugehen. Außerdem ist die zukünftige Entwicklung prinzipiell unsicher, und ein mehrmaliger Kurswechsel meist nicht möglich. Auch das spricht bei dem in der Praxis typischen risikoaversen Verhalten eher für Verbesserungen an der bestehenden Technologie als für einen diskontinuierlichen Wechsel.

Dies entspricht auch den empirischen Ergebnissen der Beratungsgesellschaft Arthur D. Little, die regelmäßig hohe Anteile der untersuchten F&E-Budgets für Basistechnologien und nur geringe für die Entwicklung von Schrittmacher- und Schlüsseltechnologien feststellte. In Zeiten mit raschen und diskontinuierlichen Veränderungen ist diese Strategie jedoch oft nicht mehr angebracht.[19]

Erst wenn sich die Mehrheit der Unterstützung für die neue Technologie y_3 stabilisiert hat (Zeitpunkt t_3), wird im Gesamtunternehmen der Wechsel zur neuen Technologie vollzogen. Hier ändert sich das Verhalten des Unternehmens abrupt, es kommt zum diskontinuierlichen Technologiewechsel, zur Katastrophe im Sinne der Katastrophentheorie. Die Invention hat sich im Unternehmen durchgesetzt (interne Diffusion) und ist dadurch 'unternehmensintern zur Innovation' geworden.[20]

Wodurch wird das Unterstützungsverhalten des "erwarteten Erfolgspotentials" (Absatz- und Preiserwartungen, potentielles Marktvolumen, innovatives Potential, Image) y der Technologien beeinflußt? Hier sind vor allem der "Kundennutzen" (Bedarf, Bedürfnisbefriedigung, Vorteile wegen gesetzlicher Vorschriften z.B. Subventionen oder Steuererleichterungen wegen umweltfreundlicherer Produkte oder Verfahren) a und der "Konkurrenzdruck" (Höhe der Kosten einer nachträglichen, verspäteten Anpassung an eine neue Technologie, verlorener

---

[19] Vgl. Sommerlatte/Deschamps, 1986, S. 66.

[20] Hier mag auch eine Erklärung für das häufig beobachtete Scheitern von gegen die Mehrheitsmeinung der Unternehmensmitglieder durch das Top-Management oder die Kapitaleigner verfügten Wechseln oder von außen eingebrachten Ergebnissen liegen.

310

\orsprung, Gewinne des Marktführers, Pionierrente, Setzen eines Standards) b zu nennen. Es lassen sich die folgenden Hypothesen formulieren:

- Sind die Kosten einer nachgeholten Anpassung gering (b klein), so ist die Unterstützungsfunktion eingipflig. Je größer der Nutzen der Kunden aus der alten Technologie a ist, desto größer ist die Stelle, an der U(y) ihr Maximum annimmt, d.h. das Erfolgspotential y der benutzten Technologie wird mit a (wohl S-förmig) wachsen (Verlauf 1 in Abb. 8).
- Bei mittlerem Konkurrenzdruck (b mittel) aber geringem Kundennutzen (a kein) ist U(y) eingipflig zugunsten der alten Technologie und das Erfolgspotential y dieser Technologie wird relativ klein sein, da das Marktfenster durch die Konkurrenz geschlossen wird (Punkt 2 in Abb. 8).
- Bei hohem Konkurrenzdruck (b groß) und mittlerem Kundennutzen (a mittel) wird die Unterstützungsfunktion zweigipflig. Es herrscht Uneinigkeit über die zu wählende Technologie und das anzustrebende Erfolgspotentialniveau. Der Gipfel für die alte Technik ist jedoch noch höher als der für die neue. Die Unternehmung bleibt deshalb aus Vorsicht zunächst bei der alten Technologie (untere S-Kurve) (Punkt 3 in Abb. 8).
- Bei hohem Konkurrenzdruck (b groß) und großem Kundennutzen (a groß) wird der Unterstützungsgipfel der innovativen Technik schließlich höher als der der alten. Hier wird abrupt der Wechsel zur neuen Technologie mit höherem Erfolgspotential vollzogen (Diskontinuität). Danach geht gewöhnlich die Unterstützung der alten Technik zurück, so daß die Unterstützungsfunktion wieder eingipflig wird (Punkt 4 in Abb. 8).
- Wenn der Konkurrenzdruck als mittel eingeschätzt wird (b mittel), so ist die Chance groß, gegenüber den wenigen Wettbewerbern einen Vorsprung zu erreichen. Deswegen dürfte die Technologie mit steigendem Kundennutzen a früher gewechselt werden als es bei sehr starker Konkurrenz der Fall wäre. Der Uneinigkeitsbereich, welche Technologie zu wählen ist, wird mit steigendem b größer.[21]

---

[21] Es besteht auch die Möglichkeit, bei mittlerem Konkurrenzdruck aufgrund einer risikoaversen Einstellung der Entscheidungsträger länger, d.h. mit steigendem Kundennutzen, bei der alten Technologie zu bleiben, um (mit steigendem b) die Unsicherheit über die Akzeptanz der neuen Technologie zu verringern. Dadurch wird der Unsicherheitsbereich (Doppelgipfligkeit) größer. Auf die eigene Markteinführung einer Schrittmachertechnologie und auf das damit verbundene höhere Erfolgspotential könnte somit zugunsten einer Risikovermeidung bewußt verzichtet werden.

Abb. 8: Durchsetzung von Entwicklungen im Unternehmen
und auf dem Markt

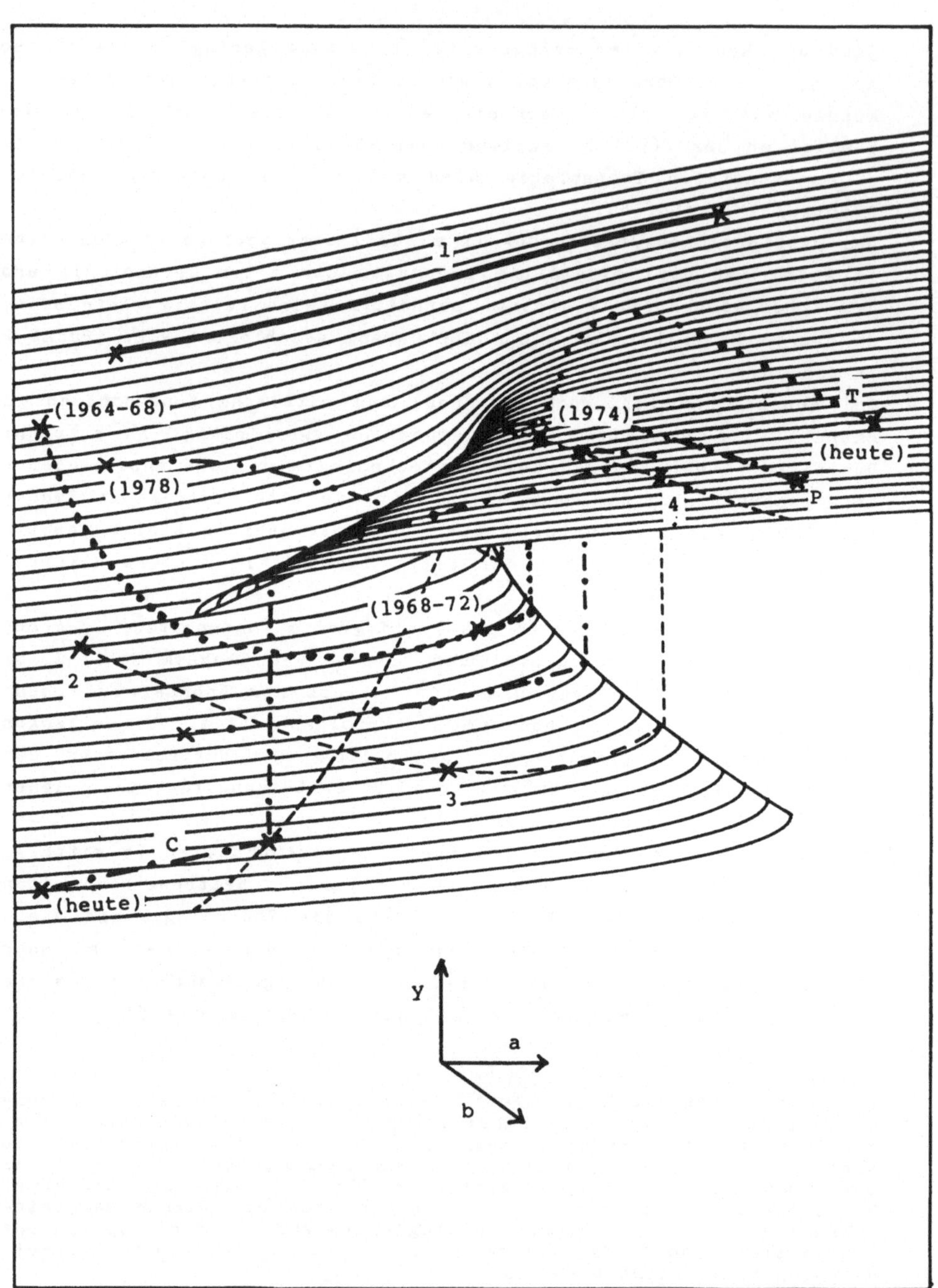

1
(1964-68)
(1974)
T
(heute)
(1978)
4
P
2
(1968-72)
3
C
(heute)
y
a
b

Auch zu diesem Modell sei ein Fallbeispiel genannt. Die Forscher für das später sehr erfolgreiche Medikament Tagamet des Unternehmens Smith Kline gegen Magengeschwüre hatten sehr lange mit großen Entwicklungschwierigkeiten (Fehlversuchen) zu kämpfen (1964-68). Ursprünglich hatte der berühmte von ICI abgeworbene Forscher Black, einer der Entwickler der Beta-Blocker, optimistisch für Ende 1964 eine erfolgreiche Beendigung des betreffenden Forschungsprojekts H_2 angekündigt. Nach weiteren zwei erfolglosen Jahren wurde der Etat stetig verringert. Der zu erwartende Kundennutzen a wurde wegen dieser Schwierigkeiten für klein gehalten. Außerdem war auch die Existenz des Unternehmens zu dieser Zeit noch durch andere patentgeschützte Produkte gesichert (b klein). Aus diesen Gründen wurde auch das Erfolgspotential y eines Mittels wie Tagamet klein eingeschätzt (möglicher Umsatz lediglich 25-50 Millionen Dollar).[22] Bei Smith Kline hielt man es deshalb für angebracht, bei den alten Produkten zu bleiben. Weil deren Patente jedoch auszulaufen begannen und andere Forschungsprojekte ebenfalls wenig Erfolg gebracht hatten, wurde die Forschung für das Projekt H_2 fortgesetzt.[23]

Nach der Entdeckung eines Test-Fehlers durch den Forscher Parsons zeigten sich endlich Erfolge in der Entwicklung (1968-72 fand ein großer Durchbruch statt); im Laufe der Zeit kamen nun auch Zweifel an den relativ geringen Markteinschätzungen auf, a stieg. Da das Potential der bisherigen Produkte und Patente inzwischen nur noch sehr gering war und Smith Kline daher gezwungenermaßen eine risikofreudige Einstellung gegenüber innovativen Produkten hatte, stieg auch der Faktor b. Bei mittlerem a und mittlerem b wurde 1974 entschieden, Tagamet zu produzieren und ab 1976 international einzuführen.[24] Danach entwickelte sich das neue Produkt bei steigendem a, zunächst sinkendem und dann langsam steigendem b zum Marktführer und zur Cash-Cow des Hauses. Die Entwicklung von Tagamet ist in Abbildung 8 durch den Verlauf T mit den entsprechenden Jahresangaben gekennzeichnet.

---

[22] Vgl. Peters/Austin, 1986, S. 161.

[23] Vgl. Nayak/Ketteringham, 1986, S. 119.

[24] Vgl. Nayak/Ketteringham, 1986, S. 120, die die Meinung des Vorstandsvorsitzenden berichten, daß man sich in der totalen Krise befand und deshalb bereit war, jede rettende Idee aufzugreifen, um den Niedergang des Unternehmens zu vermeiden. Da die Übersetzung auch als Sonderdruck von Smith Kline Dauelsberg erschienen ist, dürften an den Aussagen keine Zweifel bestehen. Vgl. dieselben, 1987, S. 1 ff.

3.2.2 Durchsetzung auf dem Markt

Über die Durchsetzung neuer Technologien am Markt, den endgültigen
Schritt zur Innovation, gibt es eine Reihe von theoretischen und empirischen Arbeiten.[25] Diese Arbeiten weisen in die Richtung, daß sich
auch Marktdiskontinuitäten für die Analyse und Planung katastrophentheoretisch beschreiben und analysieren lassen.[26]

Der Unterschied zum obigen Modell der Akzeptanz einer Innovation im
Unternehmen liegt hier vor allem in der Sichtweise aus der Richtung
der Abnehmer und Nutzer einer Innovation, ansonsten verlaufen die
Überlegungen weitgehend analog.

Als Einflußfaktoren der Entscheidung eines Kunden für den Übergang auf
eine neue Technologie ("Neigung zum Akzeptieren der Innovation" y)
lassen sich die vom Anwender in der Innovation gesehenen Vorteile oder
Nutzen (z.B. Leistungsfähigkeit, Kapazitätssteigerung, Betriebskosten-
senkung, Qualitätsverbesserung der Produkte, geringe Anfälligkeit für
Störungen, geringe Stillstandszeiten o.ä.) ("Kundennutzen", Faktor a)
sowie der Druck der am Absatzmarkt für die Produkte der Anwender tätigen Wettbewerber und deren Einstellung zu "Das machen jetzt alle",
"Wir geraten ins Hintertreffen" und Verwendung von neuen Technologien
("Konkurrenzdruck", Faktor b) identifizieren. Mit diesen Faktoren läßt
sich das Marktmodell einer Spitzenkatastrophe analog zu Abbildung 8
darstellen.

Es wird deutlich, wie bei geringem Einfluß der Konkurrenz[27] die Akzeptanz der Innovation eine stetig steigende Funktion der von der Innovation erwarteten Vorteile darstellt. Sobald der Konkurrenzdruck jedoch
spürbar wird, weil die Wettbewerber die Vorteile der innovativen Technologie nutzen, sehen die übrigen potentiellen Anwender deren Vorteile
nicht mehr 'wertfrei' und 'objektiv', sondern es bilden sich
Entscheidungsschwellen. Bei deren auch nur geringfügigem Überschreiten
wird abrupt eine Übernahmeentscheidung getroffen. Umgekehrt nimmt ein
Anwender meist eine einmal getroffene Kaufentscheidung auch dann nicht
zurück, wenn sich seine Einschätzung der Vorteile einer Technologie a
geringfügig zum Schlechteren ändert. Erst bei Unterschreiten eines

---

[25] Vgl. zur Diffusionsforschung z.B. Baumberger/Gmür/Käser, 1973, S.
126 ff; Schünemann/Bruns, 1986, S. 957 ff; Böcker/ Gierl, 1987, S.
684 ff. Zur Evaluation von Technologien im Gesundheitswesen vgl.
Williams, 1984, S. 47 ff. Zum Diffusions-Management siehe auch
Lücke, 1987, S. 31.

[26] Vgl. Chidley/Lewis/Walker, 1978, S. 351 ff.

[27] Der geringe Konkurrenzeinfluß mag auch schlicht von einer Vernach-
lässigung dieses Faktors durch den Entscheidungsträger herrühren.

314

unteren Schwellenwertes wird die getroffene Entscheidung revidiert.
Mit steigendem Konkurrenzdruck b wird der Unterschied zwischen der
Positiv- und der Negativ-Schwelle immer größer, weil der Übernahmeentscheidung eine immer größere Wichtigkeit beigemessen wird und man
sie somit nur noch aufgrund 'gewichtiger Argumente', aber nicht wegen
'kleinkrämerischer Erbsenzählerei' ändert.

Bei den schon erwähnten Post-it-Haftnotizen von 3M hielten die bedeu-
tenden Büroartikelhändler das Produkt zunächst für "albern"; Markt-
erhebungen 1978 zeigten ebenfalls nur einen geringen Bedarf für ein
solches Produkt an. Der Faktor Kundennutzen a schien also klein zu
sein (1978). Nachdem Manager und Sekretärinnen von 3M das Produkt jedoch selbst kennengelernt und benutzt hatten, beharrten sie auf einer
Markteinführung. Durch das eigene Testergebnis stieg nämlich die
Einschätzung des Kundennutzens a. Durch Bekanntwerden der Neuentwicklung stieg auch der Konkurrenzdruck b auf den Bereich mittel.
Der endgültige 'breakthrough' gelang (bei mittlerem bis hohem a und
mittlerem b) schließlich mit der Demonstration und Verteilung an viele
potentielle Nutzer und speziell dem Versand von Proben der Innovation
an die Sekretärinnen der Vorstände der 500 Unternehmen der Fortune-
Liste.[28] Heute gibt es viele Imitationen dieses Produktes (b hoch),
und a ist wegen der inzwischen sehr bekannten Vorteile ebenfalls als
hoch einzuschätzen. Die Entwicklung für Post-it ist in Abbildung 8
durch den Verlauf P gekennzeichnet.

Als Beispiel für eine Innovation, die sich zwar im Unternehmen, aber
nicht am Markt durchsetzen konnte, kann der in den USA eingeführte
'neue Coca-Cola-Geschmack' genannt werden. Hier war der Kundennutzen
falsch eingeschätzt worden. Die Korrektur des Geschmackswechsels durch
das Unternehmen mittels paralleler Produktion von "Coca-Cola-Classic"
(alter Geschmack) und "New Coke" erfolgte erst, als die Kundenproteste
ein erhebliches Ausmaß annahmen.[29] Erst mußte der Weg durch die Falte
in umgekehrter Richtung zurückgelegt werden (Verlauf C der Abb. 8).
Dies ist ein praktisches Beispiel für den Fall der Hysterese. Ganz
ähnlich verhielt es sich in der Bundesrepublik Deutschland mit der
Einführung der 400-Gramm-Packungen für Kaffee, die aufgrund starken
Kundenwiderstandes zurückgezogen wurden.

Das bisher dargestellte Modell gibt die Überlegungen der Anwender bei
einer Entscheidung zur Übernahme einer neuen Technologie wieder. Die-

---

[28] Vgl. Nayak/Ketteringham, 1986, S. 50 ff; Austin/Peters, 1986, S.
151.
[29] Vgl. Isdell, 1987, S. 49.

ses kann als heuristische Hilfe für das Innovationsmanagement bei der Erforschung der Motive von möglichen Innovationsanwendern in der Diffusionsphase dienen. Es läßt sich aber auch ein weiteres Modell für die Marketingüberlegungen des Innovationsanbieters entwickeln. Dabei kann als Variable y die "Entscheidung für die alte Technologie I bzw. die neue II" verwendet werden. Einflußfaktoren darauf sind der "Preis der jeweiligen Technologie in Relation zum Durchschnittspreis ähnlicher Problemlösungen" als Faktor a und "der vom Kunden von der jeweiligen Technologie erwartete Nutzen in Relation zur Leistung ähnlicher Problemlösungen" als Faktor b.[30]

Mit Hilfe von analytischen Marketinginstrumenten können die Kunden der alten Technologie I bezüglich ihrer Nutzenerwartungen und ihrer Preisvorstellungen durch die Fläche I gekennzeichnet werden. Im in der Abbildung 9 dargestellten Beispiel zeichnet sich die Kundengesamtheit für die Technologie I dadurch aus, daß viel Wert auf den Nutzen gelegt wird, so daß bei hoher Leistungsfähigkeit der Technologie auch ein hoher Preis in Kauf genommen wird (Preisunsensibilität); der Teil der Kunden, der der neuen Technologie gegenüber dem Durchschnitt keinen großen Nutzenvorteil zuschreibt, reagiert eher preissensibel. Das zeigt sich in der Form der Menge I in Abbildung 9.

Die möglichen Kunden der Innovation (Technologie II) sind hier durch die Menge II gekennzeichnet. Die Technologie II weist in diesem Beispiel einen höheren Maximalnutzen als die alte Technologie I auf. Die Kunden der Innovation sind bei dem von ihnen hier typischerweise gesehenen höheren Nutzen auch bereit, einen höheren Preis zu zahlen, da sie sich damit einen Vorsprung vor ihren Mitbewerbern erhoffen. Beide Kundengesamtheiten überschneiden sich hinsichtlich ihrer Attribute, obwohl sie daraus verschiedene Kaufentscheidungen ableiten.

Die Entscheidung für die Innovation liegt in dieser Abbildung also auf der unteren Fläche. Da damit aber keine Bewertung der Leistungsfähigkeit der Innovation verbunden ist, ergeben sich daraus keine Widersprüche.

Sowohl für den Anbieter der Innovation als auch für den der alten Technologie läßt sich nun die Frage prüfen, wie das Angebot für die jeweilge Kundengesamtheit gestaltet werden sollte. So kann im vorlie-

---

[30] Vgl. Chidley/Lewis/Walker, 1978, S.351 ff.; Zahn, 1984, S. 53 ff.

Abb. 9: Absatzmodell zu innovativen Technologien

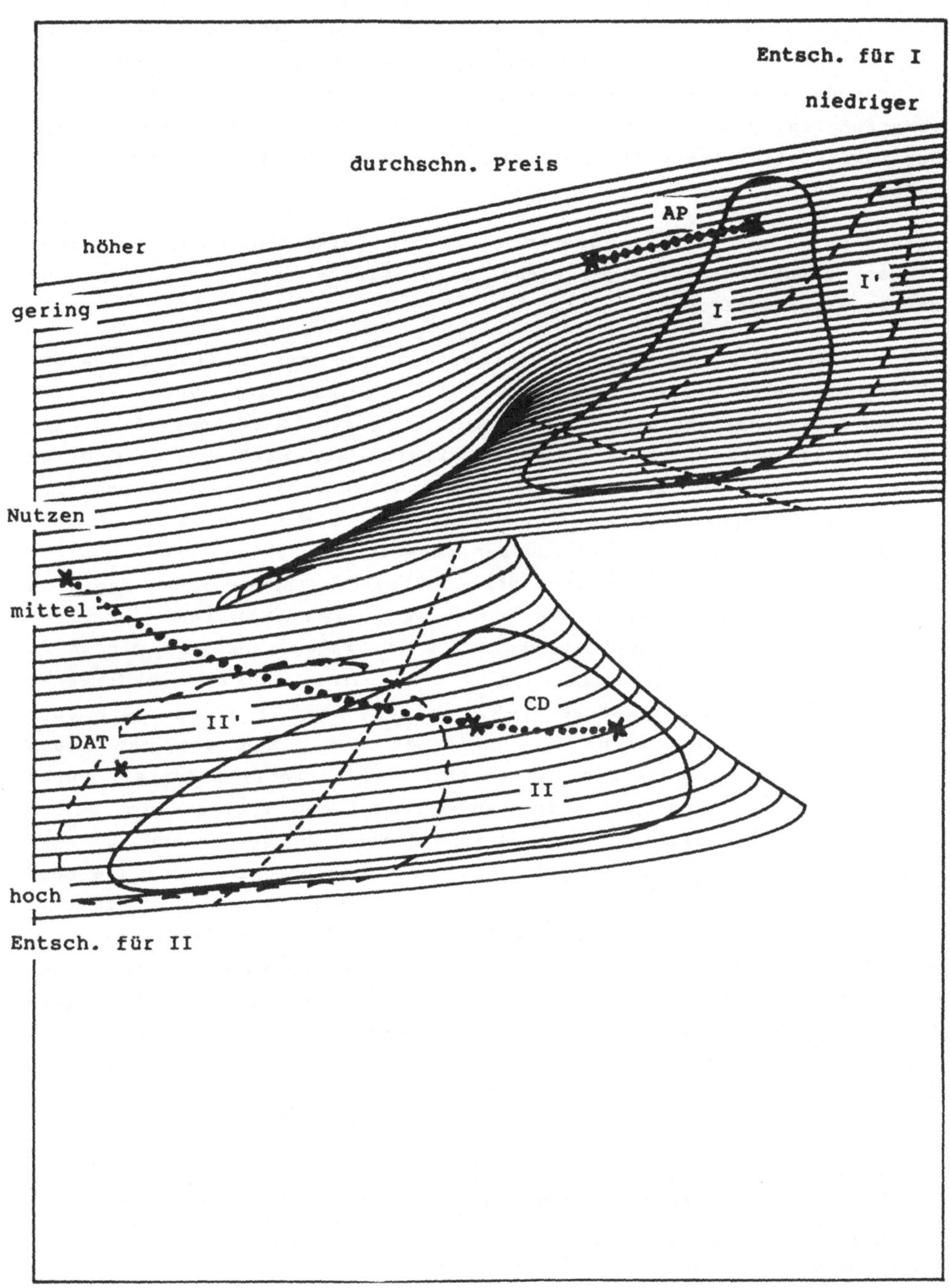

genden Fall z.B. das Angebot der alten Technologie stärker auf
billigere Ausführungen abgestellt werden, um auch besonders
preissensible Kunden zu bedienen, da die Innovation leistungsmäßig
überlegen zu sein scheint. Dies ist in der Abbildung durch die Menge
I' angedeutet. Das innovierende Unternehmen kann umgekehrt z.B.
besonders auf den Hochpreissektor abstellen, um Monopolgewinne
abzuschöpfen, bevor die Innovation zu sehr diffundiert. Diese
Strategiemöglichkeit ist in der Abbildung durch die Menge II'
gekennzeichnet.

Insgesamt lassen sich an dieser einfachen Darstellung der sehr komplexen Verhältnisse verschiedene strategische Absatzmaßnahmen in-
struktiv verdeutlichen.

Als Fallbeispiel sei hier der Übergang von herkömmlichen Analog-
plattenspielern (alte Technologie I; Verlauf AP) auf digitale
Compactdisk-Abspielgeräte (CD-Player; neue Technologie II)
dargestellt. Bei Markteinführung (b klein) der CD-Player lag deren
Preisniveau deutlich über dem der damals üblichen Analogplattenspieler
(a links: relativ teuer). Nur wenige Verbraucher waren in diesem
Stadium bereit, für den Zusatznutzen (bessere Klangwiedergabe, weniger
Beeinträchtigung durch Kratzer) der CD-Player einen so hohen Preis zu
zahlen; sie blieben der alten Technologie treu. Mit Ausnutzung der
economies of scale konnte der Preis für CD-Player reduziert werden (a
verschob sich nach rechts: der Preis wurde relativ niedriger).
Außerdem wurden immer bessere CD-Player angeboten (b stieg stark an).
Heute ist der Preisunterschied zwischen der alten und der neuen
Technologie nur noch gering (a rechts: Preis relativ niedrig). Durch
das zusätzlich stark gestiegene Angebot von Compactdisks (a weiter
nach rechts: noch billiger) wenden sich immer mehr Verbraucher den CD-
Playern zu (Verlauf CD); sie lösen die alte Technologie gegen die neue
ab bzw. steigen von vorneherein in die neue ein. Für digitale
Tonbandcasetten (DAT: Digital Audio Tape) und deren Aufnahme- und
Abspielgeräte bahnt sich gerade eine ähnliche Entwicklung an (Punkt
DAT). Dabei könnten einige potentielle Anwender bei geringem Preisverfall für CDs gleich auf die noch neuere Technologie des DAT
springen.[31]

---

[31] Bei einem größerem Preisverfall der CDs wäre jedoch auch ein Scheitern der DATs denkbar, besonders, wenn die CD-Player auch mit einer
Aufnahmemöglichkeit ausgestattet würden. Eine direkte Substitution
dürfte besonders zwischen den DATs und den bisherigen Cassetten und
-Recordern in Abhängigkeit vom Preisniveau zu erwarten sein.

318

3.3 Wege zum Spin-off

Eine technische Entwicklung wird sehr häufig durch einen einzelnen
Meinungsführer oder Entwickler (Inventor), einen Champion,
vorangetrieben und entscheidend beeinflußt, auch wenn sie innerhalb
eines größeren Unternehmens abläuft. Dabei ergeben sich sehr oft
Spannungen zwischen diesem Inventor und der Leitung des Unternehmens,
weil dieser wesentlich seine Invention, jene jedoch das gesamte
Unternehmen im Blick haben.[32] Dieser Konflikt führt in der Praxis oft
zu einer Abspaltung mit Technologietransfer (Spin-off) der neuen
Enwicklung vom Mutterunternehmen. Diese Trennung kann durchaus im bei-
derseitigen Interesse liegen, da das Unternehmen eventuell mit lediglich einer Kapitalbeteiligung eine Risikobegrenzung und der Inventor durch diesen geförderten Spin-off mit Beteiligung eine
ungestörte Entwicklung seiner Erfindung zur Innovation anstrebt.[33] Die
folgende Modellierung ist sowohl für Streitfälle als auch für gütliche
Einigungen geeignet.

Ein Spin-off ist in der Regel mit Konflikten verbunden, die häufig
durch abrupte Brüche gekennzeichnet sind. Eine katastrophentheoretische Darstellung kann dies verdeutlichen. Als Verhaltensvariable y
wird hier die "Unzufriedenheit des Inventors" benutzt. Die beiden Konfliktfaktoren sind dabei erstens der "Druck auf den Inventor durch das
Verhalten der Unternehmensleitung bezüglich der Invention" a, z.B.
Frustation und Enttäuschung über nicht genügende Förderung der Invention, unerwünschte Beschäftigung mit anderen Aufgaben und zweitens
die "Entfremdung vom Unternehmen" b, die sich z.B. in einem grundsätzlichen Gefühl der Uneinigkeit oder Zwietracht mit der Unternehmensleitung, Arbeitsklima, Abnahme der Identifikation mit dem Unternehmen,
Mangel an Kommunikation und zunehmender Polarisierung ausdrückt.[34]

Bei geringem "Entfremdungsempfinden" b wird die "Unzufriedenheit" y
mit dem "Druck" a kontinuierlich (möglicherweise S-förmig) steigen.
Bei großer "Entfremdung" b dagegen ergibt sich ein Punkt, an dem eine
nur geringe Zunahme des Frustationsdruckes a zu einem sehr starken An-
wachsen der "Unzufriedenheit" y führt ("Der Tropfen, der das Faß zum

---

[32] Die problematische Beziehung zwischen Inventor, Venture Capitalist
und Venture Management verläuft ganz analog. Vgl. hierzu das Konzept der Innovationstriade bei Lücke, 1986, S. 16 f.

[33] Zu den Spin-Off-Erscheinungsformen vgl. Szyperski/Klandt, 1981, S.
18.

[34] Vgl. auch Sheridan/Abelson, 1983, S. 418 ff, die die Fluktuation
von Arbeitnehmern im Gesundheitswesen katastrophentheoretisch
untersuchen.

Überlaufen bringt."), so daß eine weitere Zusammenarbeit vielleicht
nicht mehr möglich erscheint. Hier bleibt dann häufig nur noch die Re-
alisation eines Spin-off, dessen rationale Gestaltung dann eine der
Aufgaben des Innovationsmanagements darstellt. Insgesamt ergibt sich
wieder das Bild einer Spitzenkatastrophe.

Einer der bekanntesten nicht geförderten Spin-offs, Split-offs
genannt,[35] ist der von Steve Jobbs und Steven Wozniak gegenüber Atari
und Hewlett-Packard (HP). Jobbs versuchte seinen damaligen Vorgesetzten bei Atari, den Atari-Gründer Bushnell, 1973 vom Zukunftspotential
von Mikrocomputern zu überzeugen. Er wurde nicht ernstgenommen (a
hoch), als er von möglichen 10 Millionen Dollar Umsatz schwärmte.
Jobbs Freund Wozniak versuchte dasselbe bei seinem Hewlett-Packard-
Vorgesetzten, dem er die Fertigung des späteren Apple-Computers
vorschlug (a hoch). Das Management kritisierte an Wozniak seinen
fehlenden Hochschulabschluß und die fehlende Ausbildung als
Computerentwickler (b hoch). Der Entwicklungsleiter von HP überlegte
den Vorschlag zwar genauer, kam jedoch zu dem Schluß, daß das Produkt
nicht zum Programm des Hauses passe, aber zu einer Unternehmens-
gründung geeignet sei (Vorbereitung des Spin-off). 1976 war der Bruch
bei Jobbs und Wozniak vollzogen, sie gründeten die Apple Computer Inc.
und begannen mit der Produktion des Apple II.[36]

Auch eine Reihe von Buy-out-Fällen, einer weiteren Spin-off Erschei-
nungsform, lassen sich durch ein analoges Modell beschreiben. Als Verhaltensvariable y wird dabei die "Übernahmenentscheidung" verwendet.
Die Konfliktfaktoren bilden erstens die "Erfolgsüberzeugung seitens
der Käufer-Manager" a und zweitens die "Unzufriedenheit oder Entfremdung der alten Besitzer mit der Geschäftseinheit oder Tochterunterneh-
mung" b, z.B. wegen aus ihrer Sicht nicht ausreichender Erfolgspotentiale, fehlender Synergiepotentiale, Nichtpassen ins Gesamtportfolio
(Ausreißer).

Im Falle des Unternehmens Loewe Opta GmbH, das von der Philips AG an
ein Konsortium aus drei Investorengruppen (Manager, Technologie Inve-

---

[35] Vgl. Dietz, 1984a, S. 19.

[36] Vgl. Rogers/Larsen, 1986, S. 18 ff. - Ähnlich verlief 1957 die
Gründung von Fairchild Semiconductor durch das Ausscheiden von B.
Noyse und sieben Kollegen beim Shockley Semiconductor Laboratory
und 1968 von Intel. Vgl. Rogers/Larsen, 1986, S. 114 ff. - Auch die
späteren Tagamet-Forscher gingen von Imperial Chemical Industries
(ICI) zu Smith Kline, nachdem sie von ihrem alten Arbeitgeber nicht
die gewünschte Unterstützung ihrer neuen Forschungsideen erhielten,
obwohl sie für diesen zuvor erfolgreich den Betablocker erfunden
hatten. Vgl. Ketteringham/Nayak, 1986, S. 103 f.

320

storen GmbH & Co. KG und Dresdner Bank AG) verkauft wurde, lag der
Grund der Entfremdung seitens des alten Eigners in einer Auflage des
Kartellamtes. Wegen der Übernahme der Grundig AG durch Philips ver-
langte das Kartellamt nämlich den Verkauf von Loewe oder Grundig. Die
Manager von Loewe waren zunächst keineswegs sicher, daß eine Übernahme
erfolgreich sein würde. Durch die Inititative des Vorsitzenden der Ge-
schäftsführung von Loewe, H. Ricke, wurden die anderen Manager sowie
Investoren jedoch vom möglichen Erfolg der Weiterführung von Loewe
überzeugt. Dadurch kam es 1985 dann zum Verkauf von Loewe, wobei die
Manager 51% übernahmen.[37] Im weiteren wurde der Anteil der Dresdner
Bank von BMW übernommen, womit auch eine neue Ausrichtung auf die Au-
toelektronik erfolgte.[38] Solche Richtungsänderungen der Geschäftspoli-
tik bzw. Auswertungen der vorhandenen (Synergie-) Potentiale sowie die
Konsequenzen einer Abtrennung spielen bei der unterschiedlichen
Erfolgseinschätzung der Käufer und Verkäufer meist eine große Rolle.[39]

Im Rahmen der Trennung der BAT-Holding Batig von ihrem Bereich "Heim-
ausstattung" wurde die Jalousiefabrik Hüppe GmbH 1987 an zwei Manager
sogar verschenkt und der Neuanfang noch zusätzlich durch weitere finanzielle Zuwendungen unterstützt. Die Unzufriedenheit b des alten
Eigners mit dem Jalousiegeschäftsbereich war offenbar sehr groß. Durch
die Unterstützungsmaßnahmen der Batig wurde eine Sanierung des
Unternehmens durch die neuen Eigentümer möglich. Deren Einschätzung a
des Erfolges eines auf diese Weise getrennten und sanierten Unternehmens war hoch. Dadurch kam es dann 1987 zu einer Übernahmenentscheidung (y hoch) der Manager. Durch die Einführung besserer Produkte und
ein neues Markenzeichen soll der Erfolg in der Zukunft weiter verbessert und das Unternehmen endgültig aus der Gefahrenzone gebracht
werden.[40]

3.4 Venture Capital - Venture Management

In neuerer Zeit wird es für Großunternehmen, verstanden als gereifte
und teilweise unflexible Unternehmen, immer interessanter, eine Wachs-
tums- und Diversifikationsstrategie zum Eintritt in neue Märkte zu
verfolgen, indem sie Minderheitsbeteiligungen an oft noch jüngeren, in

---

[37] Vgl. o.V., Industriemagazin, 1985, S. 142 ff.

[38] Vgl. Kunisch-Holtz, 1987, S. 81.

[39] Z.B. die Beteiligung von BMW an der Softlab GmbH, München, vgl.
o.V. FAZ, 1987, S. 18.

[40] Vgl. Koch, 1987, S. 257 ff.

jedem Fall aber innovativen Unternehmen[41] erwerben. Diese Strategie der Unternehmensentwicklung in den innovativen Bereich wird als Venture Management, genauer externes Venture Management, bezeichnet.[42] Zum Teil werden auch Kapitalfonds gebildet, die sich an jungen, meist risikoreichen Unternehmen auf Zeit beteiligen (Corporate Venture Capital).[43]

Auch Venture Capital Unternehmungen, die neben der Zurverfügungstellung von Managementkapazität eine Teilfinanzierung von Innovationen übernehmen,[44] können ihre Strategieplanung mit Hilfe katastrophentheoretischer Modelle unterstützen. Dabei läßt sich die "Wettbewerbsfähigkeit des Ventures" als Zustandsvariable y ansehen. Diese wird vom "wahrscheinlichen Risiko" als Faktor a und von den "Chancen, möglichen Belohnungen oder Erträgen" als Faktor b beeinflußt.[45] Für das Venture Management ist es sicherlich angebracht, nicht nur einseitig auf finanzielle Belohnungen abzustellen, da mit einer Beteiligung häufig auch nicht-finanzielle Zielsetzungen (Aufträge, Produktionsverflechtungen, Window on Technology) verfolgt werden. Lediglich im Falle von Venture Capital Gesellschaften kann man sich in der Regel auf das rein finanzielle Ziel, Capital Gain Realisierung, beschränken.[46]

Insgesamt ergibt sich das Spitzenkatastrophenmodell der Abbildung 10. In dieser Abbildung 10 symbolisiert der obere Teil der Fläche den

---

[41] Zu der Beurteilung von New Ventures vgl. Gotoh, 1986, S. 84 ff.

[42] Vgl. Nathusius, 1979, S. 158; Roberts, 1980, 134; Dietz, 1984a, S. 4 f.

[43] Vgl. Dietz, 1984a, S. 8.

[44] Vgl. Silver, 1985, S. 2 f; Albach/Hunsdiek/Kokalj, 1986, S. 166 ff.; Dietz, 1984b, S. 2 f.

[45] Diese Größen sollten wohlmöglich in Analogie zu den bekannten Portfolio-Ansätzen relativ zu anderen Wettbewerbern eingeschätzt werden.

[46] Halal/Lasken treffen eine solche Unterscheidung bei ihrem Venture Management Modell nicht. Sie stellen eher auf Venture Capital Management ab. Vgl. Halal/Lasken, 1980, S. 37. - Einer der bedeutendsten deutschen Venture Capitalisten ist die Techno Venture Management, TVM, ein von der Matuschka-Gruppe verwalteter Fonds. Seit 1979 ist dessen Investitionssumme auf 166 Mio. DM angewachsen, die von zahlreichen in- und ausländischen Großunternehmen und Pensionsfonds aufgebracht wurde. Von ihren derzeitigen 45 Beteiligungen ging die TVM unter anderem eine Minderheitsbeteiligung an der DIAGEN GmbH, Düsseldorf, der Ionen Mikrofabrikations Systeme GmbH (IMS), Wien, und der Speech-Design ein. Vgl. u.a. Willer, 1987, S. 118. Inwieweit hier von einem indirektem Corporate Venture Capitalisten zu sprechen wäre, soll hier nicht untersucht werden.

Erfolg, der untere den Mißerfolg der Venture Capital Beteiligung.[47] Dabei besteht die Venture Capital Unternehmung aus der Gesamtheit der einzelnen Teilunternehmungen, Beteiligungen oder Geschäftseinheiten (Punkte auf der Katastrophenfläche) und bildet somit ein Portfolio, das durch das Venture Capital Management entsprechend den Anlagezielen, in der Regel möglichst ausgewogen, gestaltet werden soll. Damit erhält man neuartige Visualisierungsmöglichkeiten für das Portfolio-Management,[48] die sich zum einen katastrophentheoretisch dreidimensional und zum anderen in Art einer Portfolio-Matrix zweidimensional darstellen lassen. Da in diesen Darstellungen besonders auf Risiken und Chancen abgestellt wird, könnte man von Venture-Portfolios sprechen.

Die Größe "Wettbewerbsfähigkeit" y wird in vielen Portfolio-Darstellungen lediglich als ein Einflußfaktor für die Positionierung der Strategischen Geschäftseinheiten (hier Ventures) verwendet. Im hier vorgestellten Venture-Portfolio ergibt sie sich als Zustandsvariable aus den Faktoren "Chancen bzw. Belohnungen" und "Risiken". Ergänzend zu den bekannten Portfolios kann dieses Venture-Portfolio für den Umgang mit Diskontinuitäten in der strategischen Planung eine heuristische Hilfe sein.

Die hier verwendete Bezeichnungsweise der Faktoren und der Verhaltensvariablen soll vor allem grundsätzlich die Bildung eines solchen katastrophentheoretischen Venture-Portfolios erläutern. In verschiedenen praktischen Fällen mögen unterschiedliche Faktoren und Ergebnisvariablen die Verhältnisse besser widerspiegeln.

Eine vierte Größe wie z.B. das Investitionsvolumen der einzelnen Ventures ließe sich in diesem Portfolio durch die Größe der Markierungen für die Venture-Unternehmen kennzeichnen, so daß die Darstellung analog zu bekannten Portfolios aussagereicher wird. In der Abbildung 10 ist darauf aus Vereinfachungsgründen verzichtet worden.

---

[47] Vgl. Halal/Lasken, 1980, S. 37 ff.; Zahn, 1984, S. 39 ff.

[48] Zu den verschiedenen Portfolio-Ansätzen in der strategischen Planung vgl. Dunst, 1983, S. 90 ff. - Speziell zu Technologie-Portfolios siehe z.B. Pfeiffer u.a., 1982; S. 92 ff. - Zum Ansatz von Arthur D. Little vgl. Servatius, 1985, S. 112 ff., insbesondere S. 124; Sommerlatte/Deschamps, 1986, S. 60 ff.

Dreidimensionales Venture-Portfolio

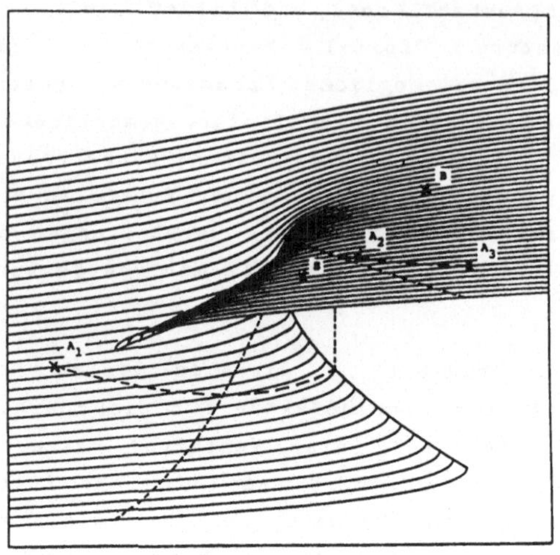

Chancen

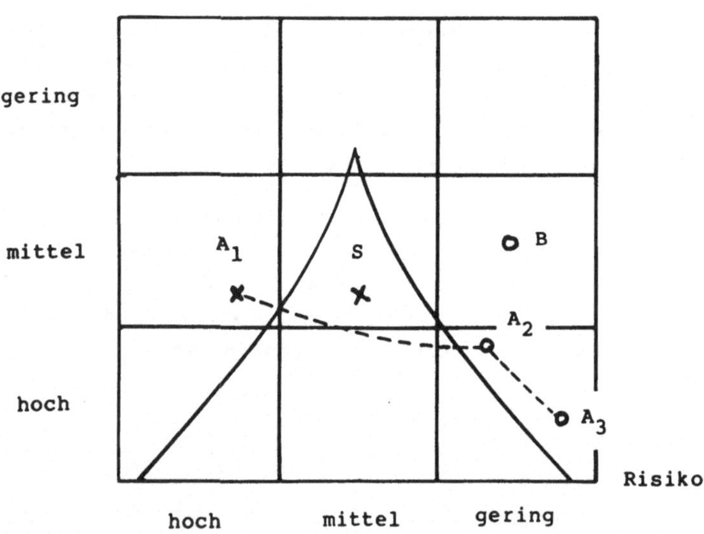

---

[49] Bei einer Veränderung der Position einer Venture Unternehmung aus dem Mißerfolgsbereich in den Ungewißheitsbereich bzw. aus dem Erfolgsbereich in den Ungewißheitsbereich wird zunächst die alte Form der Markierung beibehalten, um die unterschiedliche Sprungchance/-gefahr zu kennzeichnen. Erst beim Sprung ändert sich die Form der Kennzeichnung.

Unter den wenigen deutschen Großunternehmen, die bisher aktiv eine
Venture Management Strategie verfolgen, sei hier auf die BMW AG
eingegangen. BMW hält Minderheitsbeteiligungen z.B. an der American
Cimflex Corporation, der Schweizer Belland AG und der Softlab GmbH.
Die folgende Einschätzung stellt wegen der lediglich externen Informationsquellen, die den Verfassern zur Verfügung standen,[50] nur
einen groben Versuch der Einordnung dieser Ventures dar, der
hauptsächlich die Vorgehensweise der katastrophentheoretischen
Positionierung erläutern soll.

An der American Cimflex Corporation, damals noch American Robot Corporation, erwarb BMW sehr frühzeitig eine Beteiligung. Damals war das
Risiko a recht hoch, die möglichen Erträge b einer Beteiligung und damit auch die Wettbewerbsfähigkeit y erschienen mittel (Punkt A_1 in
Abb. 10). 1984 gelang eine Lizenzvergabe an einen japanischen
Automationsspezialisten. Damit war ein entscheidender Durchbruch ge-
schafft. Die Aussicht auf Belohnungen b stieg stark an, das Risiko
verminderte sich, so daß das Unternehmen aus der Ungewißheitszone (Bi-
furkationsgebiet) herauswanderte und am Rand den Sprung auf die Er-
folgsfläche vollzog (Punkt A_2 in Abb. 10). Danach erlebte das Unternehmen ein stürmisches Wachstum von 8 Millionen US-Dollar ($) im
Jahr 1984 auf über 30 Millionen $ im Jahr 1986 und eine Reihe weiterer
Beteiligungen von Großunternehmen, u.a. Ford. Derzeit gilt die
American Cimflex Corporation als Marktführer der amerikanischen
Automationsspezialisten (Punkt A_3 in Abb. 10).

Die Belland AG entwickelt Chemie-Patente (Schwerpunkt Kunststoffe).
Ein Produkt ist ein Kunststofflackschutz, der vom Autolack
rückstandsfrei abgewaschen werden kann und der darum für
Autoproduzenten sehr interessant ist. Der Chancen einer Beteiligung an
Belland für BMW scheint neben den finanziellen Vorteilen vor allem in
der Sicherheit des Lizenzbezugs für chemische Forschungsergebnisse und
im Einblick in die Entwicklung der Chemie-Patente (Window on
Technology) zu liegen (b hoch). Die Risiken liegen in den weiteren
Forschungs- und Entwicklungsvorhaben. Durch die Förderung von BMW
konnten diese einerseits vermindert werden, da Belland nun in eine
andere Größenordnung wachsen konnte. Andererseits mag durch die neue
Größe auch der Risikobetrag zunehmen (a mittel). Die Wettbewerbsfähigkeit y von Belland ist somit als recht hoch einzuordnen (Punkt B in
Abb. 10).

---

[50] Vgl. Kunisch-Holtz, 1987, S. 76 ff.; o.V. FAZ, 1987, S. 18.

Die Softlab GmbH ist eines der führenden Softwarehäuser in der Bundesrepublik Deutschland. Hieran beteiligte sich BMW 1987 zum einen mit
der Absicht, die BMW-Software-Entwicklung zu verstärken. Zum anderen
soll Softlab gestärkt werden, indem von BMW an Softlab ein
Auftragsvolumen in Höhe von 36 Millionen DM in den nächsten fünf
Jahren vergeben wurde. Die finanziellen Mittel aus der Beteiligung
werden vor allem zur Bearbeitung von Auslandsmärkten (USA,
Großbritannien) verwendet.[51] Durch diese Maßnahmen wurde das Risiko
für Softlab verringert (a gering bis mittel), die erwarteten
Belohnungen, Chancen, stiegen (b mittel bis hoch). Insgesamt ist auch
die Wettbewerbsfähigkeit y als recht hoch einzuschätzen (Punkt S in
Abb. 10).

Das derzeitige Portfolio aus diesen drei Beteiligungen (Punkte A_3, B
und S) erscheint recht vorteilhaft und vielversprechend. Es ist stark
zukunftsorientiert, da sowohl in den Chancen bzw. Belohnungen als auch
in den Risiken sehr stark Zukunftserwartungen enthalten sind. Die
Entwicklung einer Beteiligung über die Zeit wird beispielhaft an der
Wanderung der American Cimflex Corporation von A_1 bis A_3 deutlich.
Eine solche Entwicklung ließe sich auch für ein gesamtes Portfolio
aufzeigen.

Für das Innovations- bzw. Venture Management bietet es sich zur
besseren strategischen Planung an, zusätzlich zur Aufstellung solcher
Ist-Portfolios ein bzw. mehrere auf verschiedenen Zukunftserwartungen
aufbauende Plan-Portfolios zu entwerfen, um so schon frühzeitig
Zielvorstellungen entwickeln, überprüfen und/oder revidieren zu
können. Somit kann das hier vorgestellte Venture-Portfolio als ein
Instrument eines Venture-Controlling Verwendung finden.

---

[51] Vgl. o.V. FAZ, 1987, S. 18.

4. Ausblick

Wie in diesem Beitrag gezeigt wurde, kann die Katastrophentheorie vielfältige Anregungen zur Analyse und Planung für das Innovationsmanagement und -controlling mit Diskontinuitäten liefern. Die hier vorgestellten einzelnen Modelle sind dabei als eine Art grundsätzlicher Prototypen zu verstehen, deren einzelne Bestandteile einem jeweils zu untersuchenden Problem angepaßt werden sollten. Der Anwender kann zur spezifischen Ausgestaltung etwa nach dem Schema von Foster zur Aufstellung von S-Kurven und deren Konsequenzen vorgehen.[1] Im ganzen können diese Modelle einen wichtigen Beitrag zur heuristischen Durchdringung und Planung von Innovationsproblemen leisten.

Die hier entwickelten katastrophentheoretischen Modelle lassen sich auch in zweidimensionaler Form als eine Art von Portfolio-Matrizen darstellen, wie am Beispiel des Venture-Portfolios gezeigt wurde. Diese einfachere Matrixdarstellung mag eine erste Scheu bei der Verwendung katastrophentheoretischer Modellierungen überwinden helfen.

Eine weitere Fortführung der hier angestellten Überlegungen könnte z.B. auch das katastrophentheoretische Modell der Schmetterlingskatastrophe verwenden, in dem vier Einflußfaktoren berücksichtigt werden können. Dabei ergeben sich auch sog. Kompromißtaschen, z.B. in denen stabile Zwischenpositionen zwischen Erfolg und Mißerfolg angenommen werden können. Solche Kompromißpositionen könnte man beispielsweise mit der erfolgreichen Besetzung von Marktnischen identifizieren.

---

[1] Vgl. Foster, 1986, S. 301 ff.

Literatur

Albach, H. (1984): Die Innovationsdynamik der mittelständischen Industrie, in: Albach/ Held (Hrsg.): Betriebswirtschaftslehre mittelständischer Unternehmen, Wissenschaftliche Tagung des Verbandes der Hochschullehrer für Betriebswirtschaftslehre e.V. 1984, Stuttgart 1984, S. 35-50.

Albach, H./ Hunsdiek, D./ Kokalj, L. (1986): Finanzierung mit Risikokapital, Schriften zur Mittelstandsforschung, Nr. 15 NF, Stuttgart 1986.

Allesch, J./ Poppenheger, B. (1986): Betriebliches Innovations-Management in dynamischen Umwelten, in: Allesch/ Brodde (Hrsg.), Praxis des Innovationsmanagements, Technological Economics Bd. 17, Berlin 1986, S. 11-26.

Barnett, H.G. (1953): Innovation: The basis of culturale change, New York-Toronto-London 1953.

Baumberger, J./ Gmür, U./ Käser, H. (1973): Ausbreitung und Übernahme von Neuerungen - Ein Beitrag zur Diffusionsforschung, Bd.1 und 2, Bern, Stuttgart 1973.

Beckurts, K.H. (1983): Forschungs- und Entwicklungsmanagement - Mittel zur Gestaltung der Innovation, in: Blohm/ Danert (Hrsg.), Forschungs-und Entwicklungsmanagement, Berichte aus der Arbeit der Schmalenbach-Gesellschaft- Deutsche Gesellschaft für Betriebswirtschaft e.V., Stuttgart 1983, S. 15-41.

Bergen, S.A. (1982): The Creative Catastrophe, in: R & D Management, Vol. 12, S. 141-146.

Bierich, M. (1987): Innovation und Wettbewerbsfähigkeit: zwei Fallbeispiele aus dem Hause Bosch, in: Dichtl/ Gerke/ Kieser (Hrsg.): Innovation und Wettbewerbsfähigkeit, Wissenschaftliche Tagung des Verbandes der Hochschullehrer für Betriebswirtschaft e.V. an der Universität Mannheim 1986, Wiesbaden 1987, S. 1-15.

Böcker, F./ Gierl, H. (1987): Determinaten der Diffusion neuer industrieller Produkte, in: Zeitschrift für Betriebswirtschaft, 57. Jg., S. 684-689.

Brockhaus Enzyklopädie (1968): 17. völlig neubearb. Aufl. des Grossen Brockhaus, Wiesbaden 1968.

Brockhoff, K. (1986): Die Produktivität der Forschung und Entwicklung eines Industrieunternehmens, in: Zeitschrift für Betriebswirtschaft, 56. Jg., S.525-537.

Brockhoff, K. (1987a): Die Produktivität der Forschung und Entwicklung eines Industrieunternehmens: Eine Erwiderung, in: Zeitschrift für Betriebswirtschaft, 57. Jg., S. 81-85.

Brockhoff, K. (1987b): Wettbewerbsfähigkeit und Innovation, in: Dichtl/ Gerke/ Kieser (Hrsg.): Innovation und Wettbewerbs-fähigkeit, Wissenschaftliche Tagung des Verbandes der Hochschullehrer für Betriebswirtschaft e.V. an der Universität Mannheim 1986, Wiesbaden 1987, S. 53-84.

Brose, J. (1982): Planung, Bewertung und Kontrolle technologischer Innovationen, Technological Economics, Bd.9, Berlin 1982.

Brown, L.A. (1981): Innovation Diffusion: A New Perspective, London, New York 1981.

Chidley, J./ Lewis, P./ Walker,P. (1978): The Cusp Catastrophe as a Market Planning Aid, in: Behavioral Science, Vol. 23, S. 351-354.

Corsten, H. (1982): Der nationale Technologietransfer, Formen - Elemente - Gestaltungsmöglichkeiten - Probleme, Berlin 1982.

Dietz, J.-W. (1984a): Venture Management, Arbeitsbericht 1/84 des Instituts für Betriebswirtschaftliche Produktions- und Investitionsforschung der Universität Göttingen, Göttingen 1984.

Dietz, J.-W. (1984b): Venture Capital in den USA und der Bundesrepublik Deutschland, unveröffentlichtes Manuskript, Göttingen 1984.

Drucker, P.F. (1969): Die Zukunft bewältigen, Aufgaben und Chancen im Zeitalter der Ungewißheit, Düsseldorf, Wien 1969.

Duden (1963): Etymologie - Herkunftswörterbuch der deutschen Sprache, bearb. unter der Leitung v. Grebe, Der Große Duden, Bd.7, Mannheim 1963.

Dunst, K.H. (1983): Portfolio-Management, Konzeption für die strategische Unternehmensplanung, 2. verb. Aufl., Berlin, New York 1983.

Evans, Th.P. (1976): Triggering Technology Transfer, in: Management Review, 1976, Nr. 2, S. 26-33.

Fischer, E.O. (1985): Katastrophentheorie und ihre Anwendung in der Wirtschaftswissenschaft, in: Jahrbücher für Nationalökonomie und Statistik, Bd. 200/1, Stuttgart 1985, S. 3-26.

Fischer, K.-H. (1987): Die Produktivität der Forschung und Entwicklung eines Industrieunternehmens; Ein Kommentar, in: Zeitschrift für Betriebswirtschaft, 57. Jg., S. 77-80.

Foster, R.N. (1986): Innovation - Die technologische Offensive, Wiesbaden 1986.

Gabisch, G./ Lorenz, H.-W. (1987): Business Cycle Theory - A Survey of Methods and Concepts, Lecture Notes in Economics and Mathematical Systems, Vol. 283, Berlin u.a. 1987.

Geschka, H. (1970): Forschung und Entwicklung als Gegenstand betrieblicher Entscheidungen, Schriften zur wirtschafts-wissenschaftlichen Forschung, Bd. 34, Meisenheim a. Glan 1970.

Gotoh, Y. (1986): New Venture Analysis in japanischen Unternehmen, in: Bloech (Hrsg.): Industrielles Management, Festgabe zum 60. Geburtstag von W. Lücke, Göttingen 1986, S. 83-99.

Grosche, C. (1985): Prinzipien erfolgreicher Innovation, in: Grosche/ Bothe (Hrsg.): Von der Idee zum Markterfolg, absatzwirtschaft Schriften zum Marketing, Bd. 8, Stuttgart 1985, S. 29-48.

Gutenberg, E. (1979): Grundlagen der Betriebswirtschaftslehre, Erster Band, Die Produktion, 23. Aufl., Berlin, Heidelberg, New York 1979.

Halal, W.E./ Lasken, R.A. (1980): Management Applications of Catastrophe Theorie, in: Business Horizons, Dezember 1980, S.35-42.

Isdell, E.N. (1987): Ziele setzen und sie erreichen, Interview, in: Lebensmittelzeitung, Sondernr. v. 29.09.87, S. 49.

Isnard, C.A./ Zeemann, E.C. (1976): Some Models from Catastrophe Theory in the Social Sciences, in: Collins (ed.): The Use of Models in the Social Sciences, London 1976, S. 44-100, auch veröffentlicht in: Zeemann, Catastrophe Theorie: Selected Papers, 1972-1977, Massachusetts 1977, S. 303-359.

Kaufer, E. (1980): Industrieökonomik, München 1980.

Kern, W. (1976): Innovation und Investition, in: Albach/Simon (Hrsg.): Investitionstheorie und Investitionspolitik privater und öffentlicher Unternehmen, Bericht von der wissenschaftlichen Tagung des Verbandes der Hochschullehrer für Betriebswirtschaft vom 20.-24.Mai 1975 in Bonn, Wiesbaden 1976, S. 275-301.

Kieser, A. (1985): Werte und Mythen in der strategischen Planung, in: Das Wirtschaftsstudium, 14. Jg., Nr. 8/9, S. 427-432.

Knight, K.E. (1967): A Descriptive Model of the Intra-Firm Innovation Process, in: Journal of Business, Vol.40, S.478-496.

Kleinholz, R. (1986): Strategische Preissetzung bei technologischen Innovationen, in: Albach/ Krümmel/ Sabel (Hrsg.): Bonner Betriebswirtschaftliche Schriften, Bd. 20, Bonn 1986.

Koch, H. (1987): Ein Konzern entläßt seine Töchter, in: manager magazin, 17. Jg., Nr. 4, S. 257 u. 259.

Krysteck, U. (1986): FuE und Frühwarnsysteme, in: Hahn/ Taylor (Hrsg.): Strategische Unternehmensplanung - Stand und Entwicklungstendenzen, 4., veränd. u. erw. Aufl., Heidelberg, Wien 1986, S. 281-305.

Kunisch-Holtz, H. (1987): Auf der Jagd nach Patenten, in: manager magazin, 17.Jg., Nr. 7, S. 76- 81.

Lücke, W. (1976): Produktions- und Kostentheorie, 3. unveränd. Aufl., Würzburg, Wien 1976.

Lücke, W. (1986): Technological Innovations in Small and Medium Industry - Production and Financial Aspects, Korean-German Seminar, The Role of Small and Medium Industry in Technological Development and Structural Change, Seoul 1986.

Lücke, W. (1987): Forschungs- und Entwicklungsmanagement - Innovation in der strategischen Planung, II. Betriebswirtschaftliches Kolloquium der Robert Bosch GmbH, Schwieberdingen 1987, S. 17-33.

Macharzina, K. (1984): Bedeutung und Notwendigkeit des Diskontinuitätenmanagements bei internationaler Unternehmenstätigkeit, in: Macharzina (Hrsg): Diskontinuitätenmanagement: Kommission Internationales Management im Verband der Hochschullehrer für Betriebswirtschaft e.V., Berlin 1984, S.1-19.

Marr, R. (1980): Art. Innovation, in: Grochla (Hrsg.): Handwörterbuch der Organisation, 2., völlig neu gestal. Aufl., Stuttgart 1980, S.947-959.

Mensch, G. (1975): Das Technologische Patt - Innovationen überwinden die Depression, Frankfurt 1975.

Mertens, P./ Allgeyer, K./ Däs, H. (1986): Betriebliche Expertensysteme in deutschsprachigen Ländern, in: Zeitschrift für Betriebswirtschaft, 56. Jg., S. 905-941.

Nathusius, K. (1979): Venture Management - Ein Instrument zur innovativen Unternehmensentwicklung, Berlin 1979.

Nayak, P.R./ Ketteringham, J.M. (1986): Breakthroughs! How the vision and drive of innovators in sixteen companies created commercial breakthroughs that swept the world, New York 1986.

Nayak, P.R./ Ketteringham, J.M. (1987): Die Tagamet-Story, Der Weg eines erfolgreichen Medikaments, Sonderdruck aus: dieselben: Senkrechtstarter, Düsseldorf 1987; hrsg. von Smith Kline Dauelsberg (SKD), Göttingen 1987.

o.V., FAZ (1987), BMW beteiligt sich an Softlab, S. 18

o.V., Industriemagazin (1985), Kronacher Roulett - Loewe Opta, in: Industriemagazin, Nr. 5, S. 142-146.

o.V., Industriemagazin (1987): Duftgeist aus der Flasche, in: Industriemagazin, Nr. 5, S. 92-98.

Peters, Th.J./ Austin, N. (1986): Leistung aus Leidenschaft, Hamburg 1986.

Pfeiffer, W., u.a. (1982): Technologie-Portfolio zum Management strategischer Zukunftsgeschäftsfelder, Göttingen 1982.

Poston, T./ Stewart, I. (1978): Catastrophe Theory and its Applications, London, San Francisco, Melbourne 1978.

Roberts, E.B. (1980): New Ventures for Corporate Growth, in: Harvard Business Review, July-August, S. 134-142.

Robertson, T.S. (1971): Innovative Behavior and Communication, New York u.a. 1971.

Rogers, E.M./ Larsen, J.K. (1986): Silicon Valley Fieber, An der Schwelle zur High-Tech-Zivilisation, Berlin 1986.

Rosenbloom, R.S. (1985): Managing Technology for the Longer Term: A Managerial Perspective, in: Clark/ Hayes/ Lorenz (Hrsg.): The Uneasy Alliance - Managing the Productivity-Technology Dilemma, Boston, Massachusetts 1985, S.297-327.

Ruska, E. (1987): Interview mit dem Nobelpreisträger, in: Fusion, 8. Jg., Nr. 1, S. 36-49.

Schneider, D. (1987): Wettbewerbsfähigkeit, staatliche Regulierung und Innovationen in Marktstrukturen, in: Dichtl/ Gerke/ Kieser (Hrsg.): Innovation und Wettbewerbsfähigkeit, Wissenschaftliche Tagung des Verbandes der Hochschullehrer für Betriebswirtschaft e.V. an der Universität Mannheim 1986, Wiesbaden 1987, S. 345-366.

Schumpeter, J. (1934): Theorie der Wirtschaftlichen Entwicklung, Eine Untersuchung über Unternehmergewinn, Kapital, Kredit, Zins und den Konjunkturzyklus, 4. Aufl., Berlin 1934.

Schünemann; Th. M./ Bruns, Th., (1986): Modellierung und Prognose der Diffusion von Industrierobotern in der Bundesrepublik Deutschland, in: Zeitschrift für Betriebswirtschaft, 56. Jg., H. 10, S. 953-988.

Servatius, H.-G. (1985): Methodik des strategischen Technologie-Managements - Grundlage für erfolgreiche Innovationen, Technological Economics Bd. 13, Berlin 1985.

Sheridan, J.E./ Abelson, M.A. (1983): Cusp Catastrophe Model of Employee Turnover, in: Academy of Management Journal, Vol. 26, Nr. 3, S. 418-436.

Silver, D. (1985): Venture Capital - The Complete Guide for Investors, New York u.a. 1985.

Sommerlatte, T./ Deschamps, J.-Ph. (1986): Der strategische Einsatz von Technologien, in: Arthur D. Little International (Hrsg.): Management im Zeitalter der Strategischen Führung, 2. Aufl., Wiesbaden 1986, S. 39-76.

Staudt, E. (1986): Das Management von Nichtroutineprozessen, in: Staudt (Hrsg.): Das Management von Innovationen, Frankfurt 1986, S. 11-20.

Staudt, E./ Schmeisser, W. (1987): Art. Innovation und Kreativität als Führungsaufgabe, in: Kieser u.a. (Hrsg.): Handwörterbuch der Führung, Stuttgart 1987, Sp. 1138-1149.

Stowasser (1967): Der kleine Stowasser, Lateinisch-deutsches Schulwörterbuch, bearb. v. M. Petschenig, München 1967.

Szyperski, N./ Klandt, H. (1981): Wissenschaftlich-technische Mitarbeiter von Forschungs- und Entwicklungseinrichtungen als potentielle Spin-Off-Gründer: eine empirische Studie zu den Entstehungsfaktoren von innovativen Unternehmensgründungen im Lande Nordrhein-Westfalen, Opladen 1981.

Thom, N. (1980): Grundlagen des betrieblichen Innovationsmanagements, 2., völlig neubearbeitete Auflage, Königstein 1980.

Thom, R. (1975): Structual Stability and Morphogenesis, New York 1975.

Tushman, M./ Nadler, D. (1986): Organizing for Innovation, in: California Management Review, Vol. XXVIII, Nr.3, S.74-92.

Ursprung, H.W. (1982): Die elementare Katastrophentheorie: Eine Darstellung aus der Sicht der Ökonomie, Lecture Notes in Economics and Mathematical Systems, Vol. 195, Berlin, Heidelberg, New York 1982.

Wieth, B.-D. (1979): Katastrophentheoretische Ansätze in den Wirtschaftswissenschaften: Darstellung und Kritik, Dissertation, Mainz 1979.

Wildemann, J. (1987): Strategische Investitionsplanung bei diskontinuierlichen Entwicklungen in der Fertigungstechnik, in: Dichtl/ Gerke/ Kieser (Hrsg.): Innovation und Wettbewerbsfähigkeit, Wissenschaftliche Tagung des Verbandes der Hochschullehrer für Betriebswirtschaft e.V. an der Universität Mannheim 1986, Wiesbaden 1987, S. 449-474.

Willer, K. (1987): Wagniskapital - Auf der Suche nach der großen Erfolgsstory, in: Wirtschafts Woche, 41. Jg., Nr. 46, S. 118-123.

Williams, A. (1984): Die Rolle der Ökonomie in der Evaluation von Technologien für die Gesundheitsversorgung, in: Culyer/ Horisberger (Hrsg.): Technologie im Gesundheitswesen, Symposium 1982, Berlin u.a. 1984, S. 47-80.

Zahn, E. (1979): Diskontinuitäten im Verhalten sozio-technischer Systeme, in: Die Betriebswirtschaft, 39. Jg., S. 119-141.

Zahn, E. (1984): Diskontinuitätentheorie - Stand der Entwicklung und betriebswirtschaftliche Anwendungen, in: Macharzina (Hrsg.): Diskontinuitätenmanagement: Kommission Internationales Management der Hochschullehrer für Betriebswirtschaft e.V., Berlin 1984, S.19-77.

Zahn, E. (1986): Innovations- und Technologiemanagement - Eine strategische Schlüsselaufgabe der Unternehmen, in: Zahn (Hrsg.): Technologie- und Innovationsmanagement, Festgabe für G.v. Kortzfleisch zum 65. Geburtstag, Abhandlungen aus dem Industrieseminar der Universität Mannheim, H. 33., Berlin 1986, S. 9-48.

Zeemann, E.C. (1977): Catastrophe Theory: Selected Papers, 1972-1977, Massachusetts 1977.

Internationalisierung von Marketing und Forschung und Entwicklung bei kleinen und mittleren Unternehmen durch Venture Capital-Gesellschaften

Von Dr. Gert Köhler
Technologieholding VC GmbH, München

Einleitung

Probleme von Hochtechnologie-Unternehmen

Notwendige Lösungsansätze

Hilfe bei der Internationalisierung durch eine VC-Gesellschaft

Schlußfolgerungen: Verstärkung der deutsch-französischen Zusammenarbeit

Modifizierter Wiederabdruck aus: Deutsch-Französische Gesellschaft für Wissenschaft und Technologie (DFGWT) / Association Franco-Allemande pour la Science et la Technologie (AFAST) / U. Kalbhen/ J. Vergnaud (Hrsg): Die technologische Zusammenarbeit der französischen und deutschen kleinen und mittleren Unternehmen, Forum IV, Paris 1988, S. 61-74.

Einleitung

Wir haben bisher über Mittlerfunktionen gesprochen, die mehr einen gemeinnützigen Charakter haben. Es wurde schon angemerkt, daß die Gemeinnützigkeit solcher Vermittlerfunktionen teilweise auch ein Nachteil sein kann. Unsere Gesellschaft ist ein Beispiel dafür, wie man auch in einem gewinnorientierten Unternehmen Mittlerfunktionen im Rahmen der notwendigen Internationalisierung von Hochtechnologie-Unternehmen ausüben kann.

Die "Technologieholding" ist eine "Venture-Capital"-Gesellschaft, die sich auf junge, wachstumsstarke Hochtechnologie-Unternehmen im Bereich der Industrie-Elektronik spezialisiert. Ein großer Teil unserer Aktivitäten ist auf Frankreich ausgerichtet bzw. auf die Zusammenarbeit Frankreich/Deutschland.

Die Gesellschaft "Technologieholding" ist eine gemeinsame Gründung von Venture-Capital-Managern und High-Tech-Unternehmen mit langjähriger industrieller Erfahrung im Aufbau von Hochtechnologie-Unternehmen, die ganz bewußt eine unabhängige "Venture-Capital"-Gesellschaft gegründet haben.

Probleme von Hochtechnologie-Unternehmen

Ich möchte zunächst vereinfacht und schematisch auf die Probleme hinweisen, mit denen Hochtechnologie-Unternehmen konfrontiert werden, und darauf, welche Anforderungen speziell eine kleinere Firma im Hochtechnologiemarkt hat und welche Lösungsansätze eine Venture-Capital-Gesellschaft hier bieten kann.

Erstens: Die Entwicklung in einem Technologiemarkt – z. B. in der Entwicklung der Chip-Produktion oder von elektronischen Komponenten – zeigt, daß es bei Technologien gewissermaßen bestimmte Wellen gibt, bestimmte Generationen und Produktzyklen, bei denen jeweils die Kosten oder der Preis pro Leistungseinheit mit der Zeit sinken. Dann folgt eine neue Generation, und die Kosten bzw. der Preis pro Leistungseinheit sinken wieder auf tieferes Niveau. Das wäre – zumindest in der Theorie – sehr positiv, wenn das Preisniveau gleich bleiben würde, da damit das Unternehmen ein hohes Ertragspotential zur Verfügung hätte. **(Abbildung 1)**

In der Praxis sieht es jedoch leider ganz anders aus: der Preis folgt der Kostenkurve. Nur ein Unternehmen, das diese Kostenreduktionen realisieren kann – z. B. bei der Entwicklung von Speicherchips –, kann ein gewisses Gewinnpotential oder einen Deckungsbeitrag realisieren. **(Abbildung 2)**

Beide sind nur dann positiv, wenn sich das Unternehmen immer auf der neuesten Technologiekurve befindet; das bedeutet: für jede Technologie oder für jeden Produkt-

zyklus, der gerade bearbeitet wird, gibt es nur ein ganz bestimmtes *"Zeitfenster"*, in dem man Gewinne erzielen kann.

Abbildung/Tableau 1:
Neue Technologien bieten hohe Potentiale durch Kostensenkungspotentiale – haben
jedoch nur einen kurzen Lebenszyklus
Les nouvelles technologies présentent un potentiel important grâce à l'abaissement de
coûts engendré – mais n'ont qu'une durée de vie faible

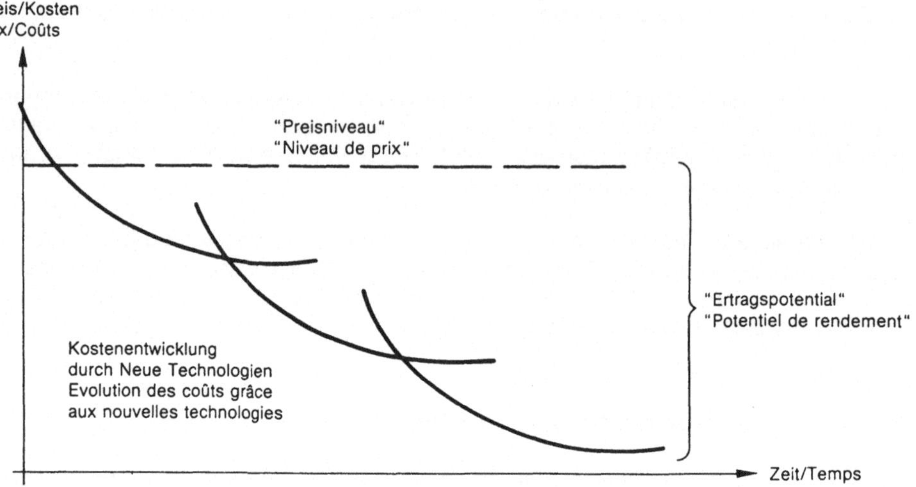

Abbildung/Tableau 2: Zeitfenster/Créneau-temps ("window of time")
Diese Potentiale sind jedoch aufgrund des sinkenden Preisniveaus nur bei rascher
Vermarktung zu realisieren
Il faut réaliser ces potentiels pour une mise sur le marché rapide du fait de l'abaissement
du niveau de prix

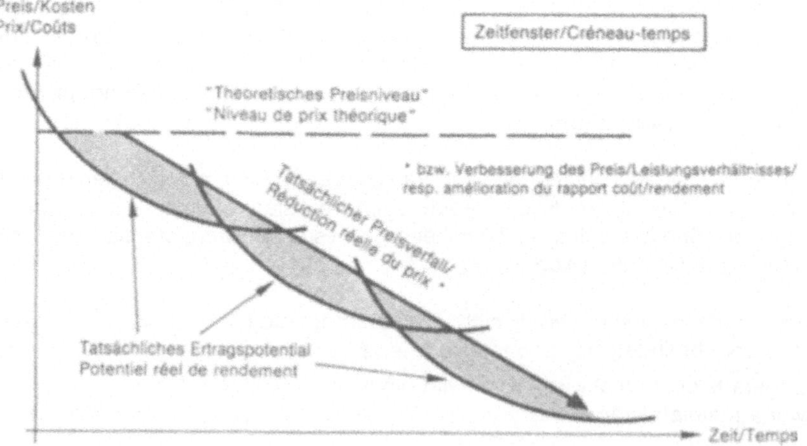

Zweitens: Ein Technologieunternehmen hat normalerweise sehr hohe Forschungs- und Entwicklungskosten und Markteinführungskosten, also sehr hohe Fixkosten. Bei Mengensteigerung sinken daher die Stückkosten sehr stark. Außerdem sind durch konstruktive Ansätze (z. B. in der Elektronik bei der Integration von bestimmten Teilen auf einer Platine und einem Chip) Möglichkeiten gegeben, von einer bestimmten Stückzahl ab weitere Kostensenkungen zu realisieren. Ein typisches High-Tech-Unternehmen erreicht eine Herstellungskosten-Reduzierung oder eine globale Kostenreduzierung in einer Größenordnung von 20 – 30 %, wenn es ihm gelingt, die doppelte Stückzahl abzusetzen. Erst über die notwendigen Absatzmengen sind wettbewerbsfähige Kosten realisierbar und Gewinne zu erzielen.

Bei den Absatzmärkten sind bei vielen neuen Technologien die USA vom Marktvolumen her dominant. Bei neuen Technologien, die in den Markt hinein drängen – z. B. bei PCs, Telekommunikation oder Glasfaser – deckt der US-Markt (teilweise gilt dies heute zusätzlich noch für Japan) 70 – 80 % des Weltmarktes ab. Erst wenn – bei vielen sich ablösenden Produktzyklen dazwischen – die Technologien reifer werden, dann kommt plötzlich der Rest, "rest of the world" einschließlich Europa, zu seiner normalen Bedeutung und deckt bis 80 % des Weltmarktvolumens ab. **(Abbildung 3)**

Abbildung/Tableau 3: Marktschwelle/Seuil de marché
Speziell bei jungen Technologien dominiert der USA-Markt
Domination du marché US pour les jeunes technologies

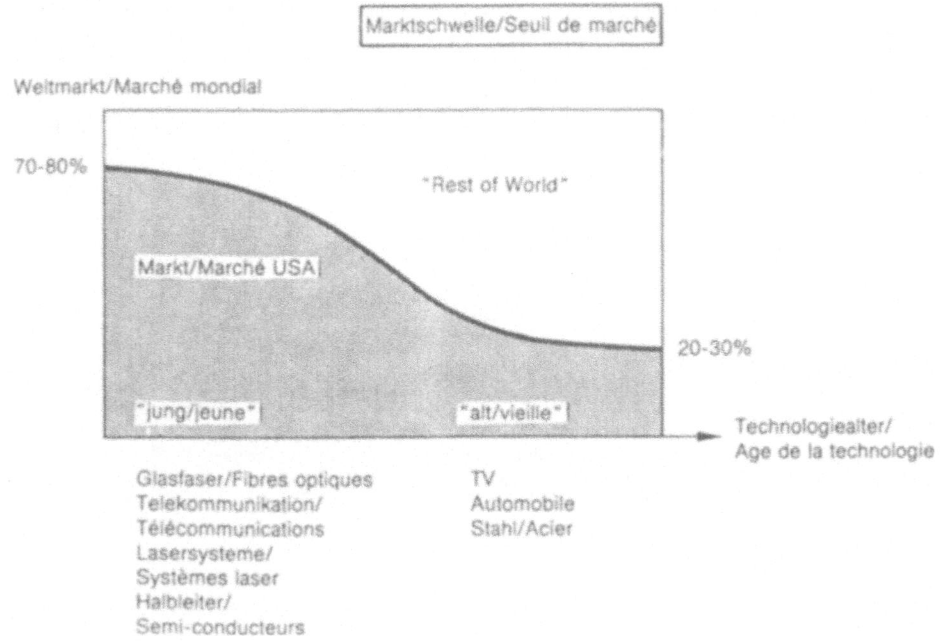

Das bedeutet, daß ein deutsches oder französisches Unternehmen im Vergleich zu einem amerikanischen Unternehmen bei Erreichen vergleichbarer Marktpositionen im jeweiligen Heimatmarkt erhebliche Kostennachteile hat. Die Kosten eines amerikanischen Anbieters können dabei bis zu 80 % unter den Kosten der europäischen Anbieter liegen. Er hat damit ganz andere Ausgangsmöglichkeiten, den europäischen Markt zu erschließen. Ein Beispiel: Standard-Software-Programme für PCs sind Produkte, die praktisch keine Produktionskosten haben, die sehr stark marketingintensiv sind, die aber auf der anderen Seite enorme Entwicklungskosten mit sich bringen. Hat man sich also erst einmal in den USA mit dem großen High-Tech-Markt festsetzen können, ist man eigentlich von der Absatzmenge und den damit verbundenen niedrigen Herstellungskosten praktisch unschlagbar für jemanden, der in Frankreich oder in Deutschland in einem ähnlichen Bereich anfangen will und der nicht etwas völlig Neues anbietet. Diese Gründe zwingen die meisten High-Tech-Unternehmen zu einer *raschen Internationalisierung,* die erst international wettbewerbsfähige Kostenstrukturen erlaubt.

Zusammengefaßt: Es gibt für die Unternehmen ein *"Erfolgsfenster"* – "window of success": Wenn ein Unternehmen ein Produkt hat, dann muß es dieses in einem bestimmten *Zeitfenster* auf den Markt bringen. **(Abbildung 4)**

Abbildung/Tableau 4: "Window of Success"
– zur richtigen Zeit an möglichst vielen Orten/au bon moment et au plus grand nombre d'endroits possible

Erfolgsfaktoren für Technologieunternehmen/Facteurs de succès pour les entreprises de technologie

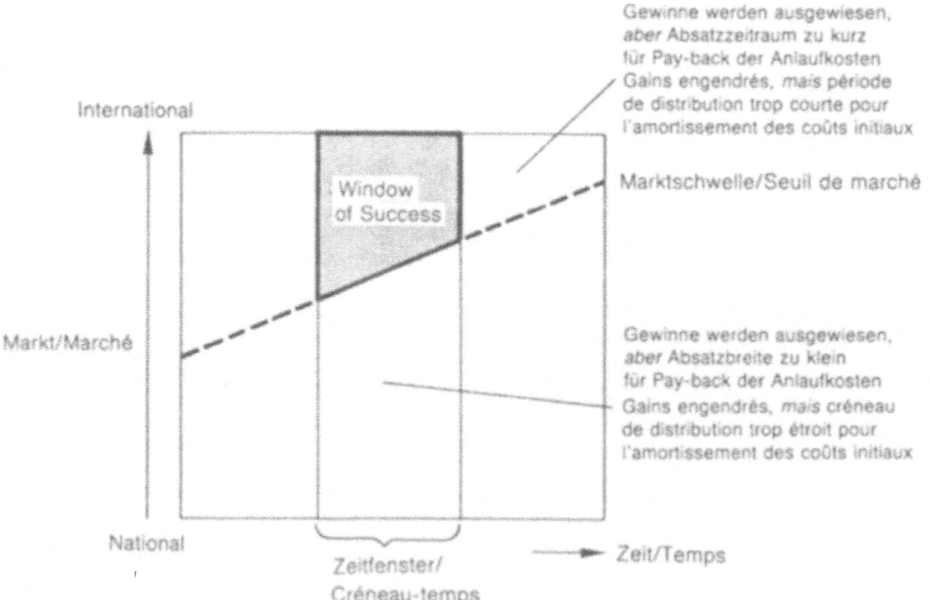

Um den potentiellen Kostennachteil gegenüber jedem anderen Wettbewerber, vor allem aus Japan oder aus den USA, aufzufangen, muß dieses Unternehmen es schaffen, eine bestimmte Marktschwelle zu überschreiten. Es muß eine Absatzmenge und einen Grad der Internationalisierung erreichen.

Wird die notwendige Internationalisierung nicht erreicht, dann erreicht das Unternehmen kein ausreichendes Absatzvolumen; es wird zwar – für einen gewissen Zeitraum – Gewinne oder Deckungsbeiträge ausweisen, wird aber aufgrund der geringen Menge nicht genügend Deckungsbeiträge oder Gewinne erwirtschaften können, um die Nachfolgegeneration zu finanzieren.

Bei *Förderungsprogrammen,* die technisch orientierte Unternehmensgründungen unterstützen (wie das Programm "Technologieorientierte Unternehmensgründungen" (TOU) in Deutschland), bei solchen Programmen also, bei denen Unternehmen zur Fertigstellung von Entwicklungen für die Markteinführung subventioniert werden, ist im allgemeinen ein großes Problem nicht oder nur teilweise gelöst: Meist fehlt das Geld (oder andere Ressourcen), um international tätig zu werden. Dies ist jedoch die Voraussetzung dafür, die Entwicklung der nächsten Generation bezahlen zu können. Andernfalls ist das Risiko sehr hoch, daß hier nicht ein Produkt-Lebenszyklus gefördert wurde, sondern ein Unternehmens-Lebenszyklus, und daß diese Hochtechnologie-Unternehmen schnell wieder aus dem Marktgeschehen verschwinden.

Wenn Unternehmen andererseits mit ihrer Entwicklung zu lange brauchen – das ist vielfach bei großen Firmen der Fall, weil sie teilweise unflexibler sind –, fehlt ihnen der Absatzzeitraum, um die Anlaufkosten zu amortisieren, trotz eines eventuell vorhandenen internationalen Vertriebsnetzes. Sie kommen mit einem veralteten Gerät wohl international in den Markt, aber dieses ist zu schnell überholt, und sie rennen der Technik (und den Kosten) hinterher.

Das Problem trifft glücklicherweise nicht alle Unternehmen gleichermaßen. Ich habe hier zwischen *vier typischen Unternehmen* unterschieden: **(Abbildung 5)**

Erstens im Bereich *Technische Konsumgüter,* etwa Laserdisk, Digitalcassetten, PCs: Das sind Unternehmen, die sehr schnell international auftreten und auch internationale Kooperationen eingehen müssen und bei denen die Zeitanforderungen an den schnellen Markteintritt ganz extrem sind.

Zweitens gibt es die *anwendungsorientierten Unternehmen,* eigentlich die typischen KMUs. Sie sind beispielsweise im Bereich der Medizintechnik tätig, in der Meß- und Regeltechnik. Die Notwendigkeit der internationalen Vermarktung ist weniger ausgeprägt als bei reinen High-Tech-Konsumgüter-Unternehmen; sie haben jedoch sehr hohe Forschungs- und Entwicklungskosten. Die Zeitanforderung bezüglich Markteintritt liegt günstiger, weil der Lebenszyklus eines Produktes meistens langfristig ist; er liegt etwa in der Meß- und Regeltechnik bei fünf bis acht Jahren. Aber diese Unternehmen haben ein ganz anderes Problem bei der Vermarktung: Wenn Sie heute ein technisches Konsumgut in einem Land verkaufen wollen, dann können Sie, richtig angepackt, kurzfristig in Monatsfrist Umsätze realisieren. Wenn Sie jedoch ein hochtechnologisches Produkt verkaufen wollen, müssen Sie erst einen qualifizierten Vertriebsapparat finden und aufbauen; dieser muß die Kunden bearbeiten, so daß meist erst nach mindestens

Abbildung/Tableau 5: Anforderung nach Industrietyp/Contraintes par type d'entreprises

Industrietyp/ Type d'entreprises	Internationale Vermarktung/ Mise sur le marché international	F&E-Kooperation/ Coopération R&D	Zeitanforderung/ Contrainte-temps
Konsumgüter/ Biens de consommation (High tech)	●	●	●
Anwendungsorientiert/ Orientées sur les applications	◕	●	◑
Basistechnologien/ Technologies de base	○	●	◕
Service	◔	◔	○

● hoch/importante   ○ niedrig/faible

einjähriger Anlaufzeit Umsätze realisiert werden können. Die Vermarktungsplanung erfordert daher einen längerfristigen Planungshorizont und hohe Anlaufkosten bzw. -verluste.

Als dritte Kategorie würde ich die *Basistechnologien* nehmen: Hier besteht meist nicht das Problem der internationalen Vermarktung. Es sind Unternehmen etwa in der Biochemie oder bei neuen Werkstoffen, die noch sehr stark grundlegende Entwicklung betreiben und auf internationale F&E-Kooperationen angewiesen sind.

Bei der vierten Gruppe, den typischen *Service-Unternehmen,* z. B. Ingenieurbüros oder auch technische Reparaturbetriebe, sind die Anforderungen am geringsten.

Fazit für solch ein mittelständisches, anwendungsorientiertes Unternehmen ist, daß es sich zur Fertigentwicklung seines Produktes international ausrichten muß.

Notwendige Lösungsansätze

Drei Ressourcen sind aus unserer Sicht für eine internationale Ausrichtung notwendig: Information, Management, Kapital.

1. Information: Sie ist nötig über das Exportland, über die Vorschriften und Gesetze, über Markt und Wettbewerber, potentielle Kooperationspartner, über den Personalmarkt – nicht nur z. B. Kosten eines Vertriebsmitarbeiters, sondern auch Qualifikation –, über solche Standardfragen wie regionale Strukturen, Standort der Kunden; Informationen auch bezüglich des Wirtschaftrechts, über Garantievorschriften im Land. Dies sind die Informationen, die für eine internationale Vermarktung notwendig sind, die aber unserer Erfahrung nach sowohl bei französischen als auch bei deutschen Firmen fehlen.

2. Management: Es fehlt meist die internationale Erfahrung, dabei insbesondere Kenntnisse über das jeweilige Nachbarland, über das teilweise wesentlich weniger Kenntnisse vorliegen als über die USA. Ebenfalls fehlen die freien Management-Kapazitäten und die Zeit. Das Management ist im Heimatmarkt damit beschäftigt, jedes Jahr den Umsatz um 30 bis 50 % zu steigern, sich gegen Wettbewerber durchzusetzen und im eigenen Land Kooperationen einzugehen. Wie sollte es ausreichend Zeit finden, sein Unternehmen international auszurichten.

Dem Management fehlen Kenntnisse darüber, wie man eine Gesellschaft in einem anderen Land gründet, falls eine eigene Gründung notwendig sein sollte.

3. Kapital: Es fehlt normalerweise das Eigenkapital für die kostenträchtige Markt- oder Kooperationserschließung. Dies alles kostet sehr viel Geld, und vielfach wird zu wenig Geld ausgegeben und dieses noch zu spät. Diese Feststellung gilt sowohl für den deutschen als auch für den französischen Venture-Capital-Markt.

a) Im Venture-Capital-Markt gibt es so etwas wie eine eine typische (Soll-)Ertragskurve: **(Abbildung 6)**

Danach stellen sich nach einer meist mehrere Jahre dauernden Verlustphase die geplanten Gewinne ein. Wenn Sie als Venture-Capitalist eine aggressive Planung unterstützt und erhebliche Mittel investiert haben, dann wird das Unternehmen – wie geplant – große Verluste über einen längeren Zeitraum ausweisen, bevor die Gewinne realisiert werden. Bei nicht fachlich versierten Kontrollorganen der VC-Gesellschaft wird es der VC-Manager schwer haben, diese geplante Verlustphase zu rechtfertigen. Es ist viel einfacher, mal ein bißchen Geld hereinzugeben, mal ein bißchen Verlust zu machen, nicht so viele Vertriebsmitarbeiter einzustellen, nicht gleichzeitig zur Produktentwicklung eine Vertriebsorganisation im Ausland zu gründen. Nur ist dann die Gefahr extrem groß, daß man nicht aggressiv genug war und mangels kritischer Masse kein zufriedenstellendes Ertragsniveau erreichen kann. Nach meiner Erfahrung ist diese Problematik in Frankreich noch ausgeprägter als in Deutschland. Es ist meines Erachtens eine totale Überheblichkeit, wenn man glaubt, im Bereich der technologischen Innovation ein High-Tech-Unternehmen – z. B. im CAD-Bereich – groß machen zu können, indem man 2 oder 3 Millionen Francs als Eigenkapital investiert, während amerikanische Unternehmen, die von ihrem Heimatmarkt her noch erhebliche Vorteile haben, den Markt mit 10 oder 20 Millionen Dollar attackieren. Auf diese Weise aufgebaute Unternehmen existieren entweder nach drei oder vier Jahren nicht mehr, oder sie werden zu dienstleistungsorientierten Ingenieurbüros.

Abbildung/Tableau 6: Kapitaleinsatz/Engagement en capital

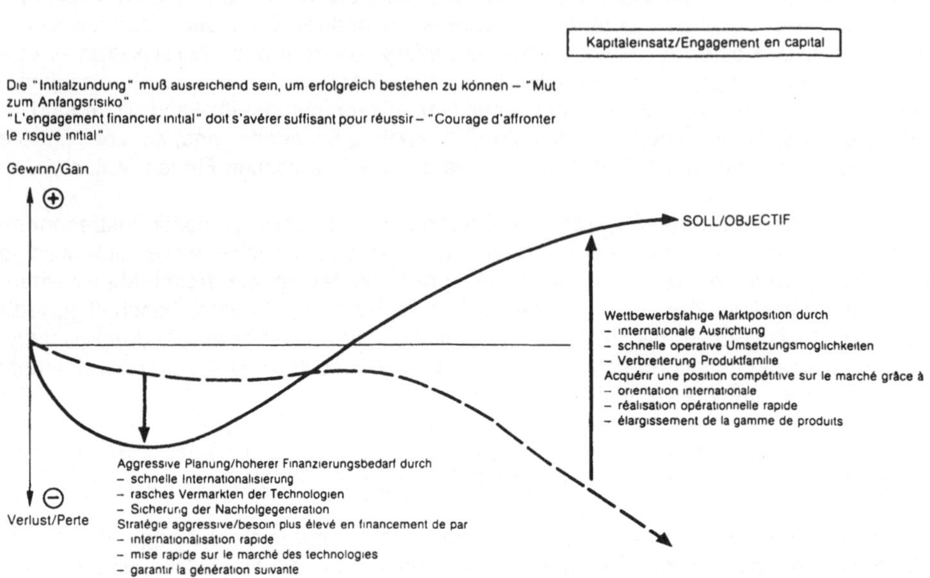

b) Man muß das Geld auch zum richtigen Zeitpunkt ausgeben. Das ist sicherlich ein Grund, warum bei uns in der Vergangenheit einige Kooperations- oder Internationalisierungsansätze gescheitert sind. **(Abbildung 7)**

Der Startzeitpunkt ist entscheidend für die Höhe der notwendigen Reserven und damit auch für die wirtschaftliche Gesamtbewertung des Projektes.

Nur wenn vom Unternehmer (und vom VC-Manager) frühzeitig die Chancen neuer Technologien, die Notwendigkeiten einer raschen Realisierung von Entwicklungsarbeiten und eines Aufbaus von Vermarktungsstrukturen erkannt und gefördert werden, kann wirtschaftlich eine nachhaltig absicherbare Marktposition erreicht werden.

Abbildung/Tableau 7: Kapitaleinsatz/Engagement en capital

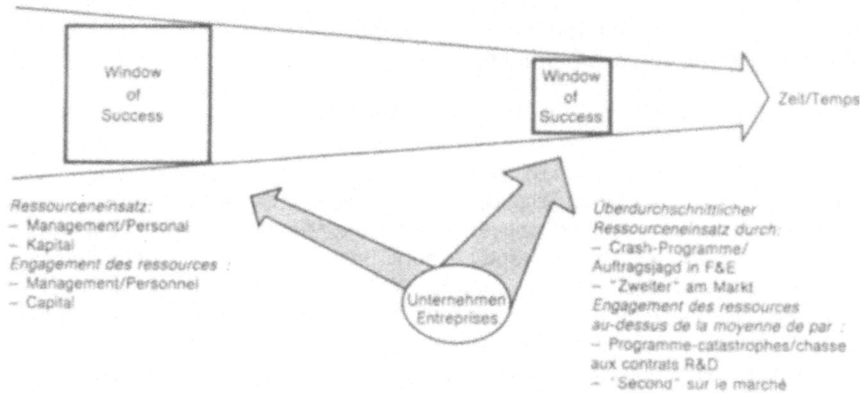

Abbildung/Tableau 8: Kapitaleinsatz/Engagement en capital

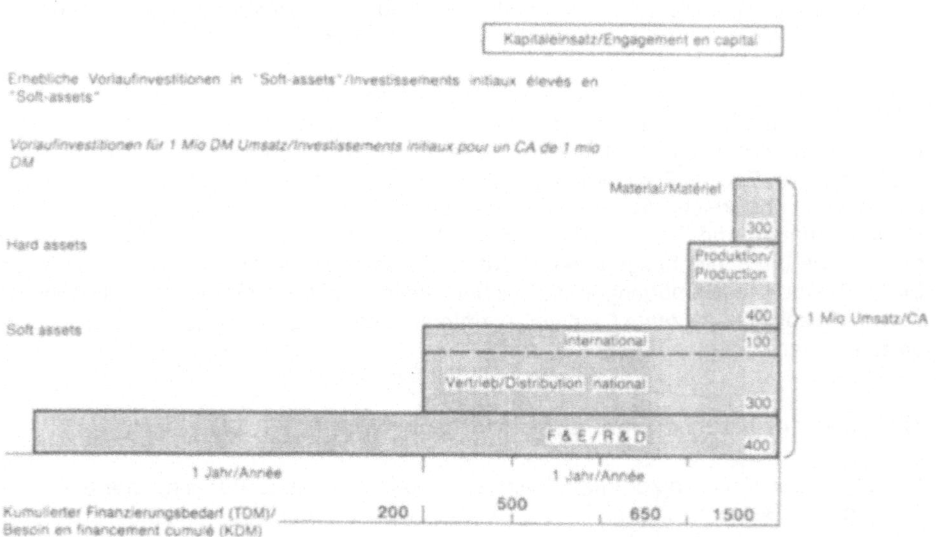

Noch eine Bemerkung zum *Kapitalbedarf;* sie gilt gleichermaßen für ein französisches Unternehmen, das den deutschen Markt erschließen will, wie auch für ein deutsches Unternehmen, das den französischen Markt erschließen will. Wenn ein Unternehmen, das im anwendungsorientierten Bereich arbeitet und z. B. teure erklärungsbedürftige Produkte wie etwa Meßgeräte hat, dann rechnen wir damit, daß dieses Unternehmen etwa ein Jahr, manchmal auch eineinhalb Jahre, Anlaufphase braucht, bis die ersten Umsätze realisiert werden. **(Abbildung 8)**

In dieser ganzen Zeit muß der Vertriebsapparat bezahlt werden. Das bedeutet: um eine Million Umsatz (ob Francs oder DM) generieren zu können, muß etwa die Hälfte vorher investiert werden, und in dieser Höhe entstehen Anlaufverluste. Die Ansprüche an die Finanzkraft eines solchen Unternehmens sind daher ganz extrem und überschreiten vielfach die Möglichkeiten der Unternehmen.

Die Probleme, die unserer Erfahrung nach am häufigsten auftreten, sind folgende:

Information: Die Markt- und Wettbewerbskenntnisse sind normalerweise völlig unzureichend. Es ist nicht oder nicht ausreichend bekannt, wie groß die Märkte sind, wie die Handelskanäle verlaufen; es sind teilweise auch die Wettbewerber unbekannt; das Preisniveau ist ebenfalls nicht hinreichend bekannt. Es fehlen vielfach die Kenntnisse der länderspezifischen und auch der kundenspezifischen Vorschriften. Wir haben heute morgen gehört, wie schwierig es für eine französische Firma ist, die Vorschriften der Deutschen Bundespost oder sonstiger staatlicher Stellen einzuhalten. Es ist unserer Meinung nach teilweise noch viel schwieriger, die Vorschriften großer deutscher (oder französischer) Unternehmen einzuhalten bezüglich spezieller Qualitätsvorschriften der Produkte bzw. spezieller Vorschriften über technische Details, die die Funktion des Gerätes gar nicht mehr beeinflussen. Große Unternehmen als Abnehmer haben aber ihre speziellen internen Vorschriften, und wenn ein Unternehmen diese nicht erfüllen kann, kann es im anderen Land z. B. kein "OEM"-Geschäft machen, also keine Großkunden finden. Das Management einer kleineren Firma hat normalerweise zu wenig Ressourcen, zu geringe internationale Erfahrung und teilweise auch zu geringe Sprachkenntnisse, um die durch die Vorschriften gesetzten Schwellen zu überwinden.

Kapital: Die eigene Kapitaldecke reicht normalerweise nicht aus, um frühzeitig ein anderes Land marktmäßig erschließen zu können. Es ist auch meistens gar nicht bekannt, wieviel Geld tatsächlich benötigt wird. Denn um zu wissen, wieviel Geld man braucht, müßte man ein Erschließungskonzept haben. Dieses Konzept umfaßt weit mehr als eine Marktstudie und reicht bis zur wirtschaftlichen Geschäftsplanung mit Gewinn- und Verlustrechnung und Finanzierungsbedarf. Aber um ein solches Konzept zu erarbeiten, muß wiederum Geld ausgegeben werden. Es ist gewissermaßen ein "Henne und Ei"-Problem. Die Bemühungen staatlicher Stellen (insbesondere in Frankreich), die Erstellung solcher Konzepte finanziell zu unterstützen, zielen in die richtige Richtung und sollten weiter forciert werden.

Hilfe bei der Internationalisierung durch eine VC-Gesellschaft

Die denkbaren Ansätze zur Internationalisierung im Marketing-Bereich, aber ebenso im Technologie-Bereich, sind so zahlreich, daß a priori eigentlich niemand richtig weiß, welcher Ansatz bei der Markterschließung gewählt wird und welcher Kapitalbedarf daraus resultiert.

344

Man kann mit Kooperationspartnern beginnen. Das ist sicherlich der geringste Aufwand in Richtung Information, Management und Kapital. Sie können sich freie Vertreter, "multicartes", suchen oder einen OEM-Partner, also einen Großabnehmer. Man kann auch aggressiver vorgehen: Aufbau eines Händlernetzes (mit existierenden Händlern oder eigener Vertriebsorganisation), eigene Tochtergesellschaften, Fusionen mit einem anderen Unternehmen in einem anderen Land – gerade wenn es vom Produkt und von der Vertriebsorganisation her in gewisser Weise komplementär ist. Der Erwerb einer bestehenden Vertriebsorganisation ist oft viel billiger und einfacher als der Aufbau einer eigenen Vertriebsorganisation.

Wir als Venture-Capital-Gesellschaft versuchen, Entwicklungen im Markt und in Technologien frühzeitig zu erkennen, geeignete Hochtechnologie-Unternehmen finanziell zu unterstützen und diese Unternehmen intensiv zu betreuen. Aus unserer Erfahrung sind wir davon überzeugt, daß in diesem Bereich überdurchschnittliche Ertragspotentiale ausschöpfbar sind.

Die *"Technologieholding"* ist eine unabhängige Venture-Capital-Gesellschaft ohne dominierenden Investor. Unsere Investoren sind Industrie-Unternehmen, Banken und Versicherungen, schwerpunktmäßig aus Deutschland und Frankreich.

Diese industriell orientierte VC-Gesellschaft hat eine klare *Schwerpunktsetzung,* die sowohl von Markt- und Wettbewerbsüberlegungen als auch vom Erfahrungsprofil des Managementteams getragen wird:

– Der Schwerpunkt der Markt- und Technologieausrichtung liegt bei der "Industrie-Elektronik": Fertigungsautomatisierung und PSS-Systeme, Optoelektronik, Lasertechnik, Sensorik, Meß- und Regeltechnik, Signal- und Bildverarbeitung, CIM und Einsatz künstlicher Intelligenz in diesen Bereichen. Das ganze ist sehr stark ausgerichtet auf Elektro- und elektronische Industrie. Wir haben den Bereich unter anderem deswegen gewählt, weil er eine Schlüsselindustrie – nicht nur in Deutschland – darstellt.

(Abbildung 9)

Die traditionellen Exportmärkte sind komplementär. Beide Länder haben einen hohen technologischen Stand. Es gibt, was ganz wichtig ist, zwischen den beiden Ländern *keine technologischen Transferbestimmungen.* Wenn Sie sehen, was es für Hochtechnologie-Unternehmen bedeutet, ein halbes oder ein dreiviertel Jahr später als ein amerikanischer Wettbewerber eine bestimmte Technologie auf dem Tisch zu haben, dann wissen Sie, wie wertvoll dies ist.

Im Venture-Capital-Bereich wird diese deutsch-französische oder auch europäische Ausrichtung noch wenig unterstützt. Ein Indiz dafür sind die grenzüberschreitenden Investitionen von VC-Gesellschaften, die immer noch in einer vernachlässigbaren Größenordnung von 5 % der Gesamtinvestitionssumme liegen. Als Teil unserer Aktivitäten bemühen wir uns, ausgesuchten französischen Hochtechnologie-Unternehmen, die unserer Meinung nach in Frankreich eine sehr gute Marktposition erreicht oder ein sehr gutes Produkt haben, zu helfen, den deutschen Markt zu erschließen. Wir bieten dabei eine Art Gesamtkonzept aus Information, Management und Kapital.

Wir erarbeiten dieses gemeinsam mit den Unternehmen, sammeln Markt- und Wettbewerbsinformationen, machen gemeinsame Wettbewerber- und Kundenbesuche, führen

Produkt- und Technologievergleiche durch und versuchen, ihnen bei der Durchführung
Hilfestellung zu geben. Wir werden für die Beratung bei Standortfragen, bei Personalsu-
che und bei der Auswahl der Kooperationspartner tätig. Wir glauben, daß dies ein sehr
interessantes und rentables, wenn auch nicht ganz einfaches Betätigungsfeld ist.

Wir selbst haben das Problem, daß wir mit unseren Markt- und Unternehmensanalysen
beginnen und dann im Laufe der Analyse und aus den unterschiedlichsten Gründen
feststellen, daß dieses Unternehmen kein geeignetes Investitionsprojekt für uns darstellt.
In einem solchen Fall haben wir eventuell viel Aufwand umsonst geleistet.

**Abbildung/Tableau 9: Technologiefocus = Schlüsseltechnologie/Focus technolo-
gique = technologie-clé**

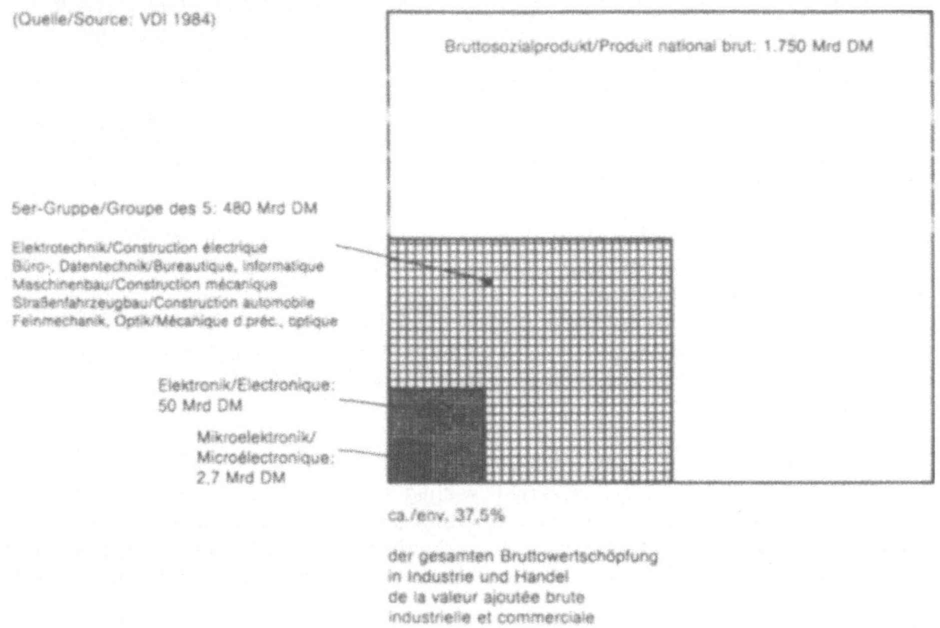

Schlußfolgerungen: Verstärkung der deutsch-französischen Zusammenarbeit

Aus unserer Sicht könnten die beiden folgenden Maßnahmen zu einer stärkeren technologischen Zusammenarbeit zwischen Frankreich und Deutschland, insbesondere zwischen jüngeren/kleineren Hochtechnologieunternehmen führen:

– *Etablierung eines weitgehend unformalisierten Austauschprogramms,* um kleineren Hochtechnologieunternehmen aus Frankreich und aus Deutschland erste Kontaktbesuche zu finanzieren und bei Erfolg auch einen längerfristigen Austausch von Technikern oder Vertriebsmitarbeitern zu ermöglichen. Dies dient neben der Verbesserung des Wissensaustausches auch dem Abbau der vorhandenen Barrieren, die nicht allein auf Sprachprobleme zurückzuführen sind.

– Ein Programm zur *finanziellen Unterstützung der kleinen und mittleren Hochtechnologie-Unternehmen bei der Erarbeitung eines praxisnahen Internationalisierungskonzepts.* Damit wird das Unternehmen in die Lage versetzt, basierend auf einem konkreten ausgearbeiteten Internationalisierungskonzept und einem dadurch definierten Finanzierungsvolumen, externe Finanzierungsquellen – wie Venture-Capital – ansprechen zu können. Hierzu könnten auch Überbrückungsfinanzierungen oder Bürgschaften für die zu erwartenden Anlaufverluste gehören.

Die Mikroelektronikbranche hat in Deutschland ein Umsatzvolumen von 2,7 Milliarden DM (1984). Diese 2,7 Milliarden DM beeinflussen wiederum sehr stark 50 Milliarden DM, das Volumen der gesamten Elektronikproduktion. Diese 50 Milliarden beeinflussen wiederum sehr stark eine sogenannte 5er-Gruppe mit einem Volumen von 480 Milliarden DM: die gesamte Elektrotechnik, die Büro- und Datentechnik, der Maschinenbau einschließlich des Fahrzeugbaus, die Feinmechanik und die Optik. Dieser Bereich beeinflußt wiederum in Deutschland 37,5 % der gesamten Bruttowertschöpfung in Industrie und Handel. Wir glauben, daß in dem Bereich gerade mittelständische Unternehmen, weil sie schneller sind, sehr gute Chancen haben. Sie müssen aber stärker in Richtung Internationalisierung aktiv werden.

– Der Fonds konzentriert sich auf jüngere wachstumsstarke Technologieunternehmen. Am Ertrags- und Wachstumspotential gemessen ist dieses Marktsegment zur Zeit das attraktivste des Venture-Capital-Marktes in Deutschland. **(Abbildung 10)**

Man kann den Venture-Capital-Bereich einteilen in Unternehmen, die sehr jung sind – "seed-financing", also eigentlich die Erstellung des Business-Planes –, in "start-ups", in growth-financing (also Entwicklungskapital, Wachstumskapital), bridge-financing und als letzte in die "buy-outs". Eine solche Klassifizierung entspricht dann auch dem jeweiligen Reifegrad der Unternehmen.

Die Technologieholding schließt mit der *Konzentration auf jüngere High-Tech-Unternehmen* die existierende Marktlücke in der Eigenkapitalfinanzierung, die sich durch den aktuellen Trend der traditionellen Venture-Capital-Gesellschaften zu weniger technologie-orientierten und stärker etablierten Unternehmen, dem "Financial Service-Segment", weiter vergrößern würde.

Abbildung/Tableau 10: Main Segments of Venture Capital Market

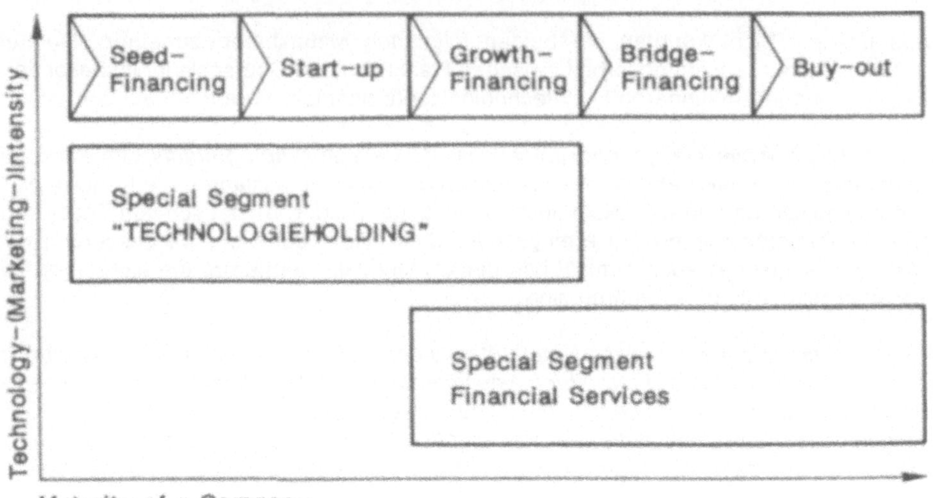

Abbildung/Tableau 11: Investment Volume per Country

(Quelle/Source: EVCA 1986)

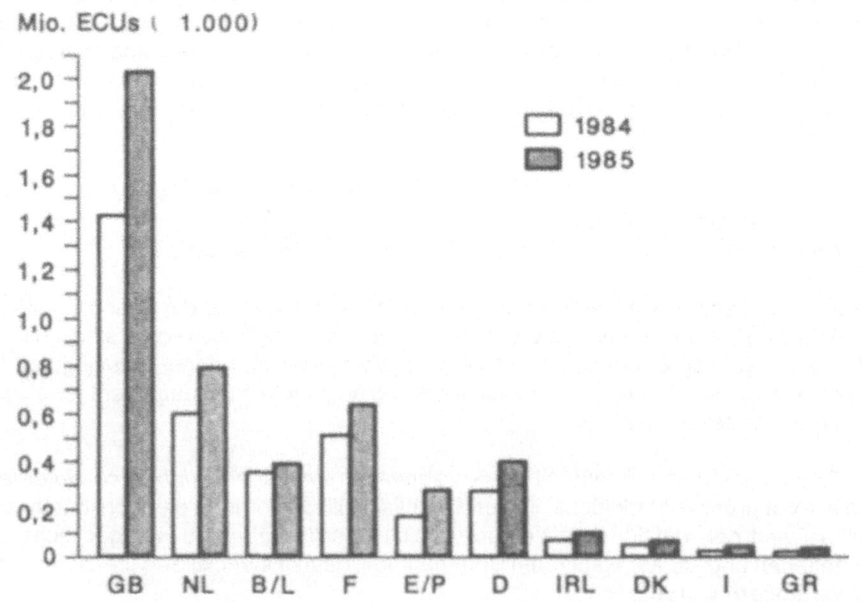

348

Wir erwarten in unserem Segment in der nächsten Zeit kaum Mitanbieter. Dies ist zum einen auf die hohen technologischen und industriellen Anforderungen in diesem Segment zurückzuführen, zum anderen aber auch auf das starke Wachstum im VC-Markt, der sowohl in Frankreich als auch in Deutschland noch nicht sehr stark entwickelt ist im Vergleich zu Großbritannien oder den Niederlanden. **(Abbildung 11)**

Dieser Nachholbedarf drückt sich dann auch wieder in den Wachstumsraten aus. In Deutschland wächst der Venture-Capital-Markt mit rund 100 % pro Jahr. Als Effekt zeigt sich, daß die Fonds-Manager (Analyse- und Betreuungskapazität) der VC-Gesellschaften tatsächlich den Engpaß im VC-Markt darstellen.

Das hat zum Ergebnis, daß der stark wachsende Bedarf an Venture-Capital von seiten der Unternehmer auf der anderen Seite – obwohl eigentlich Geld vorhanden ist – nicht befriedigt werden kann, weil die Analysekapazität fehlt. Das drückt sich dadurch aus, daß in Deutschland der arbeitsintensive "start-up-Bereich", also junge Unternehmergruppen, trotz des starken globalen Wachstums zurückgeht. **(Abbildung 12)**

Das hängt aber nicht damit zusammen, daß der Finanzierungsbedarf zurückgeht, sondern daß sich die VC-Gesellschaften in andere Richtungen (Wachstumsfinanzierung und buy-outs) konzentrieren. Der "start-up"-Bereich ist in Deutschland im Vergleich zu England stark unterproportional vertreten. Die jungen Unternehmen in Deutschland – das gilt nicht ganz in diesem Ausmaß, aber ähnlich auch in Frankreich – finden auf der Venture-Capital-Seite im Gegensatz zu England kaum Partner. Dies kann letztendlich im zweiten Schritt bedeuten, daß die reiferen Unternehmen dann vielleicht ebenfalls fehlen.

– Die Gesellschaft wird ihren regionalen Schwerpunkt im deutschsprachigen Raum haben, mit einer *starken deutsch-französischen Ausrichtung.*

Für diese Orientierung gibt es klare wirtschaftliche Gründe: Zum einen hat Frankreich wie auch Deutschland ein relativ großes Marktvolumen für ein Unternehmen, das an Exportmärkte zu denken beginnt. Die *Wettbewerbsintensität ist geringer* als in den USA. Auch wenn der amerikanische Markt größer ist, wird diese Größe durch die höhere Anzahl Wettbewerber meist relativiert. Frankreich und Deutschland haben hohe *Eintrittsbarrieren,* das ist richtig. Durch die hohen Eintrittsbarrieren ist eine gewisse Sicherheit vor Konkurrenz von außen, zumindest ein gewisser zeitlicher Vorsprung gegeben. Beide Länder sind jeweils die größten *Außenhandelspartner.* Wenn Sie z. B. als Zulieferindustrie Anlagen des Maschinenbaus liefern, dann haben Sie damit automatisch über die Exportmärkte und die Exportverbindungen Ihrer Abnehmerindustrie einen Weg in Richtung Nachbarland, und wenn es nur die Notwendigkeit ist, daß die Bauteile, die in eine deutsche Werkzeugmaschine hineinmontiert wurden, in Frankreich gewartet werden müssen. Diese starke Außenhandelsbeziehung hat einen direkten Einfluß auch auf die Notwendigkeit, in den anderen Märkten tätig zu werden.

Abbildung/Tableau 12: Investment Volume Germany 1984/85
(based on corporate development)

(Quelle/Source: EVCA 1986)

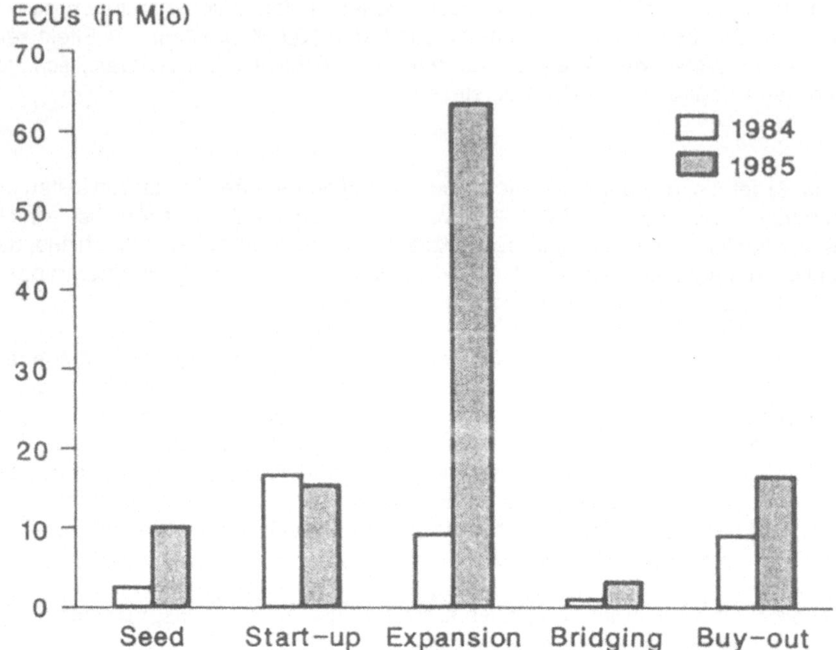

350